高等院校应用型特色规划教材

智能监控技术
(修订版)

王冠群　徐国栋　编　著

清華大學出版社
北　京

内 容 简 介

智能监控技术是安全防范技术专业的一门专业课程，主要是指将现代电子、通信、信息处理、计算机自动控制、多媒体应用等技术及其产品应用于以安全防范为目的的系统中的技术。本书主要讲述入侵报警技术、出入口控制与管理技术、视频监控技术等内容。以系统为框架，着重讲解各类监控器材设备的原理、安装使用方法、调试维护等知识。

本书既可以作为全日制安全防范技术类专业学生学习使用，也可以作为安防行业一线工程技术人员的参考工具书。

图书在版编目(CIP)数据

智能监控技术/王冠群，徐国栋编著. —修订本. —北京：清华大学出版社，2017（2024.1重印）
(高等学校应用型特色规划教材)
ISBN 978-7-302-48074-7

Ⅰ. ①智…　Ⅱ. ①王…　②徐…　Ⅲ. ①智能系统—监控系统—高等学校—教材　Ⅳ. ①TP277.2

中国版本图书馆 CIP 数据核字(2017)第 207815 号

责任编辑： 陈立静
装帧设计： 王红强
责任校对： 周剑云
责任印制： 沈　露
出版发行： 清华大学出版社
　　网　　址： https://www.tup.com.cn，https://www.wqxuetang.com
　　地　　址： 北京清华大学学研大厦 A 座　　**邮　　编：** 100084
　　社 总 机： 010-83470000　　**邮　　购：** 010-62786544
　　投稿与读者服务： 010-62776969, c-service@tup.tsinghua.edu.cn
　　质量反馈： 010-62772015, zhiliang@tup.tsinghua.edu.cn
　　课件下载： https://www.tup.com.cn，010-62791865
印 装 者： 三河市铭诚印务有限公司
经　　销： 全国新华书店
开　　本： 185mm×260mm　　**印　张：** 16　　**字　数：** 384 千字
版　　次： 2012 年 3 月第 1 版　2017 年 9 月第 2 版　　**印　次：** 2024 年 1 月第 7 次印刷
定　　价： 48.00 元

产品编号：073468-02

修订版前言

自《智能监控技术》第 1 版发行以来，已有六余年。这六年中，随着社会治理需求和人民群众对自身生命财产安全的日益重视，安全技术防范行业的发展突飞猛进。为了适应行业的快速发展，加强技术防范领域的监督管理，相关管理职能部门颁布了多项国家、行业、地方性的标准以及相关的技术性和管理性文件。其中，有对原有标准、文件内容的更新升级，也有对技防行业中出现的新设备、新功能、新要求制定的新规范。所以，对于《智能监控技术》这本书的修订需求迫切。

本次修订的重点集中在防盗报警技术、出入口控制与管理技术、访客对讲与电子巡更技术、视频监控技术以及停车场(库)管理系统、火灾报警系统，特别是视频监控技术方面。对在近些年中新应用与各个安防智能监控系统中的设备的原理、要求、应用、维护做了增补。

目前，国内技防行业中，北京、上海、深圳是技防发展的排头兵。三地出台的各类标准、文件最为丰富，涉及的子系统也最为全面。上海的辐射影响力十分广泛，这是由于上海地处长三角经济区域的核心位置，而长三角地区又是国内经济发展水平最高的地区之一。所以上海出台的相关地方标准、技术和管理性文件被周边省市广泛引用，成为当地的地方标准、技术和管理性文件的模板，甚至成为国家或者行业标准的基础。

由此，本次修订是基于第 1 版《智能监控技术》和多项上海市地方标准、技术和管理性文件的基础上，针对高等职业学校、高等专科学校、成人高校或其他本科院校举办的二级职业技术学院的安全技术防范、智能楼宇监控、物业管理等专业的教学需求，结合高职高专学生的学习特点进行修订。

本书编写过程中，引用了许多参考文献、资料和手册，在这里向这些文献、资料的作者，特别是本书第 1 版主编周永柏表示最诚挚的感谢。由于本次修订编者水平有限，难免有各种疏漏，有不足甚至不当之处，敬请批评指正。

编　者

第 1 版前言

随着社会的进步和科学技术的发展，改革开放的深入及市场经济的发展，大量需要具有安全防范技术设备的基础知识、专业知识和应用操作技能熟练的专门人才，他们能掌握国内外安全技术防范的先进技术，能进行各种安全技术防范工程的设计、施工、安装、调试运行、质量监理与工程验收等工作。同时，智能化建筑也已成为 21 世纪我国建筑业发展的主流，在我国加快实现农村城镇化建设的政策指引下，大量的居民住宅小区和各种智能型建筑也在不断地产生之中，为了适应构建和谐社会与安全城市的要求，它们对安全防范管理的智能化要求也越来越迫切。

本书主要讲述应用于各类社会公共安全防范系统中的各种监控技术与智能建筑中的安全防范自动化监控技术。这些监控技术主要是指将现代电子技术、通信技术、信息处理技术、微型计算机控制技术及多媒体应用等高新技术及其产品应用于以安全防范为目的的系统之中；因此，本书将详细讲述防盗报警技术、出入口控制与管理技术、访客对讲与电子巡更技术、视频监控技术以及停车场(库)管理系统、火灾报警系统等用到的相关技术，尤其还对以最新的技术应用于各种智能监控领域与安全防范系统中的新设备作一定的介绍。同时，在每个章节的后面均配有相当数量的习题，供学习本书的人员对加深理解各章节的内容起到一定的辅助作用。

本书可作为高等职业学校、高等专科学校、成人高校或其他本科院校举办的二级职业技术学院的安全技术防范、智能楼宇监控、物业管理等专业的参考教材，也可供相关工程技术人员参考。

本书编写过程中，引用了许多参考文献、资料和手册，在这里向这些文献、资料的作者表示深切的谢意。另外，由于编者水平有限，书中难免会有不足甚至不当之处，敬请批评指正。

编　者

目　　录

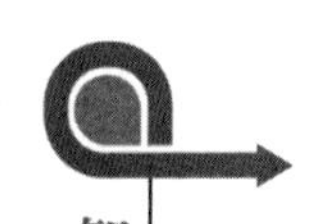

第 1 章　智能监控技术概述

智能监控技术应包含两层意思：一是监控；二是智能。就字面而言，监控是监视、监听与控制，即采用各种手段与技术来直接获得现场的各种信息并根据信息进行控制；而智能则是指能对各种信息所反映的客观事件进行合理分析、判断并采取有目的的行动或措施去有效地处理这些事件的综合能力。因此，使监控技术具有智能化特性，是各种监控技术努力的方向。

在我国实行改革开放以来，我国的国民经济、科学技术都得到飞速的发展，人民的生活水平也得到极大的提高，与此同时，以安全防范为目的的各种监控技术也得到飞速的发展；安全防范的措施从过去的应用于党政机关的要害部门、银行、博物馆、监狱等封闭与固定场所，逐渐开始应用于公共场所社会治安管理、交通管理、生产安全管理、公安警用指挥业务等场合，乃至与人民生活密切相关的居民生活小区甚至家庭的安全防范。这些应用中，大量用到各种不同的监控技术，其突出的特点是应用范围越来越广、系统规模越来越大，采集的信息量呈指数增加。如某些城市监控系统，单图像信息采集点就多达数万个，其他各种信息的采集数甚至多达数十万个，这些信息涉及公共安全、交通管理、布控追堵、城市管理、工商管理等众多业务。然而社会进步和经济的发展对安全防范提出了更高的要求。这些大量原始的，未经加工的资料和数据必须进行认真的分析才能得到真正有价值的信息，这就需要这些监控系统不再是分别、孤立地处理各种源信息，而是在各相关部门之间进行大规模的信息交换，全面地、从它们之间的相关性和变化过程的特征去分析和判定，从而得出预测性的结果。显然，使监控系统具有分析和判断能力并最终实现预测及预警功能是智能化的基本标志。

通过多年来的发展，传统的监控技术已经比较成熟了，尤其在全国各地开展的“平安城市”建设和公安部推进的“3111 监控报警联网系统示范工程”以来，我国各地各行各业建造的各类监控系统数量激增，据不完全统计，目前我国以安全防范为目的的各种监控系统数已达数百万个，其中视频监控系统最多。

本书将从传统的监控技术入手，着重介绍以安全防范为目的的各种监控系统所用到的技术，并对所用设备的原理作一定分析，同时对如何进行智能化改进与相关技术作一定叙述。

1.1　安全防范技术

安全，就是没有危险、不受威胁、不出事故；防范，就是预防、戒备，而预防是指做好准备以应付攻击或避免受害，戒备是指防备和保护。因此，安全防范的定义应该是：做好准备与保护，以应付攻击或避免受害，从而使被保护对象处于没有危险、不受威胁、不出事故的安全状态。

显然在这里，安全是目的，防范是手段，通过防范的手段达到或实现安全的目的，就

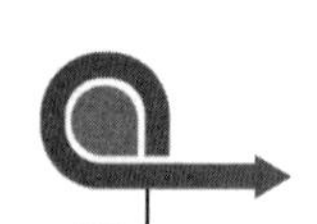

是安全防范的基本内涵。而安全防范技术则是为实现安全所采取的所有预防性技术措施，包括预防对身体、生命的伤害，预防国家财产的被破坏及贵重物品的被盗窃等，所以它是一个涵盖面非常广的概念。随着对安全防范更高的要求，上述所有这些犯罪活动产生之前的预测和分析判断也越来越被重视，这也就是安全防范技术智能化的要求。

安全防范手段通常有三大类，即人防、物防和技防。

(1) 人防，也叫人力防范，它是指依靠人员的值班、放哨、巡逻来发现不正常情况并加以处理的防范手段。这是一种古而有之并一直沿用至今的防范手段，现在的公安、保卫、保安人员的站岗、巡逻、守护、押运贵重物品等活动就是典型的人力防范。在技术防范飞速发展的今天，尤其随着各种技防设施智能化程度的不断提高，人防也被赋予了新的内容，要求从事安全防范工作的人员会操作使用各种先进设备，及时应对各种突发事件，从而增加和保证安全防范系统的有效性。

(2) 物防，即物理防范或称实体防范，它是由能保护防护目标的各种物理设施(如防盗门、防盗窗、防盗栅栏、保险柜等)构成，主要作用是阻挡和推迟罪犯作案的发生时间。但随着科技的发展，现代的物防设施，已不是单纯物理屏障的被动防范，而是越来越多地将高科技手段融入物防设施之中，使这些实体防范设施具有一定的智能，从而一方面使物理屏障被破坏的可能性变小；另一方面也使物理屏障本身增加探测和反应功能。

(3) 技防，即技术防范，是应用科学技术手段和先进的设备，对需要进行安全防范的单位和场所进行有效的控制、管理、守卫，预防和制止、延缓违法犯罪及重大治安事件的发生，维护公共安全的措施；也可以说是对人力防范和实体防范在技术手段上的补充与强化。它由探测、识别、报警、信息传输、控制、显示等技术设施所组成，其功能是发现罪犯，迅速将信息传送到指定地点。

大量的事实说明，在现今的社会，单独依靠上述三种防范手段中的任何一种，都是不完善的，为保证安全防范的有效性，必须将三类安全防范手段进行有机结合。换句话说，任何高科技的技术防范设备和系统，应用中都离不开实体防范设施的配合，更离不开高素质操作人员的操作与使用，也离不开高水平的组织管理，只有这样才能充分发挥技术防范的功用。

1.2　安全技术防范的重要性

随着科学技术的发展，犯罪手段更加复杂化、智能化和技术化。作案工具、凶器、作案手段逐步升级，隐蔽性也更强。因此，我们必须针锋相对，将先进的科学技术应用于以安全防范为目的的监控领域中，例如，利用先进的电子技术、传感技术、电视技术、计算机技术等，研制、生产各种先进的安全技术防范设备和系统。只有这样，才能更有效地防范和制止各种犯罪分子的破坏活动，维护社会安定和人民生命财产的安全。从传统的保卫手段来看，人力防范的力量是有限的。一方面，由于受经济条件和其他多种社会因素的制约，不可能无限地投入公安、保卫力量来进行人力防范，我们不可能在防范现场的每一处，每一个角落都安排人来守卫。守不到、看不到的地方就可能使犯罪分子有机可乘。另一方面，人力防范有其自身的缺陷，人力防范往往受到时间、地域和人的素质、体能等因素的影响，难免会出现漏洞和失误，造成不应有的损失。例如，人眼的视觉灵敏度在夜间或照明条件较差时会大大降低，人的视野有限，无法看清百米以外的防范现场。不仅如此，人的体能也是有限的。如工作时间过长，可能会因疲劳困倦而不能集中精力，如果再加上安全保卫人员的素质不高、不负责任，必将造成工作中的漏洞。物防则仅靠物理屏障抵御外来的入侵，本身作用就有限。而技术防范是将先进科学技术用于安全防范领域并逐渐形成一种独立的、新的防范手段，且随着现代科学技术的不断发展和普及应用，安全技术防范的内容也在不断地更新和发展。可以这么说，几乎所有的高新技术都将或早或迟地移植或应用于安全技术防范的设备与系统中，使新的设备、新的系统更具新的功能；使各种设施与技术更具智能化，也为安全技术防范领域的行业或企业提供了更为广阔的发展空间。近年来安全防范工作的实践表明，“技术防范”在安全防范中的地位和作用将越来越重要，它具有人防和物防不可替代的作用，将成为今后很长一段时期内安全防范工作的方向。

1. 安全技术防范的作用

(1) 安全技术防范设施可及时发现案情，提高破案率。利用安全技术防范设施，可以及时发现犯罪分子的破坏活动，降低各类案件的发案率，是打击和预防各类犯罪活动的有力手段和武器，从而有利于减少发案率。

(2) 安全技术防范设备协助人防担任警戒和报警任务，可节省大量的人力和财力。在安装了多功能、多层次、多方位的安全防范监控设备后，从室外到室内、重要的出入口、主要的通道、重点保护的房间、场所和贵重物品等都处于监控的范围之内。这就可以大大减少巡逻值班人员，提高了工作效率。

(3) 安全技术防范系统对犯罪分子具有威慑作用，加大犯罪分子的犯罪风险，致使犯罪分子不敢轻易作案。

2. 安全技术防范的特点

(1) 安全技术防范的应用范围广泛。安全技术防范可以应用在一切需要进行安全防范的单位和场所，从政府机关、工矿企业、科研单位、财政金融系统、商业系统、文物保护单位、交通要道乃至居民住宅小区。

(2) 安全技术防范系统具有快速反应能力。安全防范报警系统可进行远距离、多层次、多方位的有线和无线信息的高效率传输。能做到快速反应，及时提供发案时间和现场，即使案犯逃跑，也能为破案提供重要线索和证据。

(3) 安全技术防范系统的防范能力强。安全技术防范系统基于各自不同的技术特点，具有很强的防范能力，如视频安防监控系统，能使管理人员通过视频图像对监控覆盖范围内的现场实施管理，即使犯罪分子逃逸，也能做到及时取证。出入口控制系统能对授权者进入进行信息记录，对异常进入进行报警，入侵报警系统对非法入侵能及时报警，并能及时通知安保人员予以处置等。

1.3　安全技术防范系统

安全技术防范作为社会公共安全科学技术的一个分支，具有其独立的技术内容和专业体系。根据我国安全防范的技术内容和专业体系，结合我国安全防范行业的技术现状和未来发展，可以将安全技术防范按照学科专业、产品属性和应用领域的不同粗略地进行如下分类。

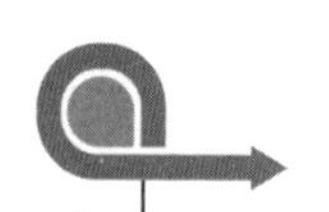

入侵探测与防盗报警技术、视频安防监控技术、出入口目标识别与控制技术、报警信息传输技术、移动目标反劫防盗报警技术、社区安防与社会救助应急报警技术、实体防护技术、防爆安检技术、系统网络与系统集成技术、安全防范工程设计与施工技术等。

需要指出的是，由于安全技术防范是正在发展中的新兴技术，因此上述专业技术的划分只具有相对的意义。实际上，上述各项专业技术本身，都涉及诸多不同的自然科学和技术的门类，它们之间又相互交叉和相互渗透，各专业技术的界限会变得越来越不明显，同一技术同时应用于不同专业的情况，也会越来越多。

安全技术防范系统，简单来说，就是安全技术防范产品的组合或集成，它以安全防范为目的，采用具有防入侵、防盗窃、防抢劫、防破坏、防爆炸功能的专用设备、软件构造成一个具有探测、延时、反应等综合功能的信息技术网络，组合成一个具有防范功能的有机整体。

安全技术防范系统的主要子系统包括：①入侵探测与防盗报警系统；②出入口控制管理系统；③视频安防监控系统；④保安巡查系统；⑤访客查询系统；⑥车辆和移动目标防盗防劫报警系统；⑦报警通信指挥系统；⑧其他子系统。

对具有特殊使用功能要求的建筑物或其内部的特殊部位，需要设计具有特殊功能的安全技术防范系统。安全技术防范系统的构建往往根据具体建筑物的特点和治安环境的需要将上述子系统有机地整合在一起，使各子系统之间既发挥各自特有的功能，又相互联系，充分体现出系统的整体功能。

而上述各类防范系统中的入侵探测报警系统、视频安防监控系统和出入口控制管理系统又往往是目前安全技术防范系统中最基本的组成部分，如图 1-1 所示。

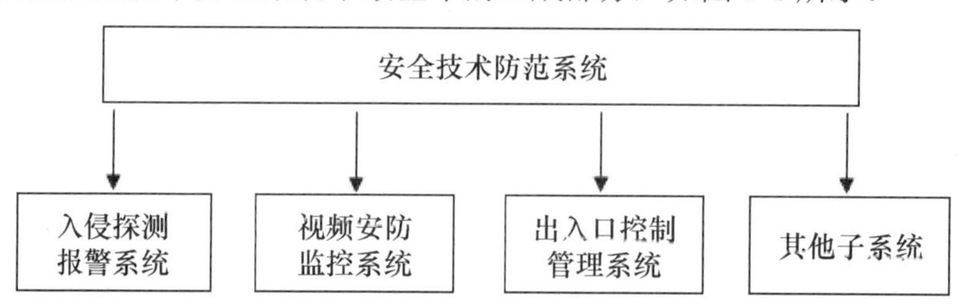

图 1-1　安全技术防范系统的基本组成

安全技术防范系统各子系统的结构，概括起来，都由系统的前端、传输和终端三大单元组成，如图 1-2 所示。但不同的系统，其具体设备和内容也不相同，这在后面的各章节中将会详细加以叙述。

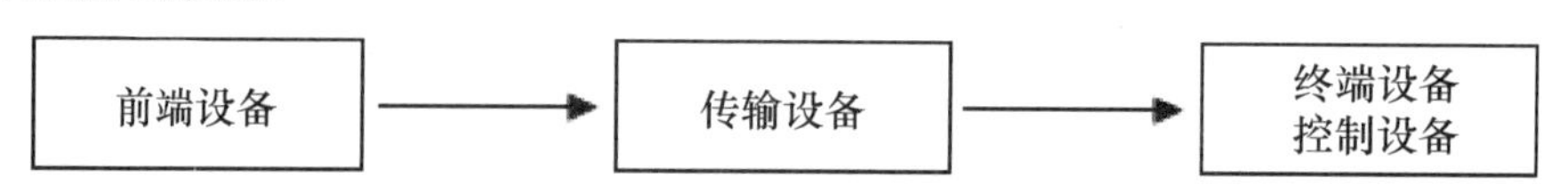

图 1-2　安全技术防范系统各子系统的结构

1.4　安全技术防范的应用和发展

在公共安全防范体系中，技术防范是一种新型的安全防范手段，同时又是一门综合性的技术，它以其特有的功效赢得社会广泛的应用。随着我国社会主义经济的发展、人民生活水平的提高和社会治安形势的变化，社会公共安全日益受到全社会的关注和重视，人们的安全防范意识也在不断增强。加强安全技术防范系统工程的建设显得越来越重要，它受到了应有的重视，发展极其迅速。为了维护社会的安定、团结，保障国家、集体财产和人民生命、财产的安全，有利于社会主义经济建设的健康发展，必须坚持群防、群治、人防、物防和技防相结合的原则，有效地打击和预防犯罪。近年来，随着治安形势的日趋严峻，国务院《企事业单位内部治安保卫条例》规定重点单位重要部位，如金融营业场所、金银饰品店(柜)、文物展览场馆、文博单位、宾旅馆、商务办公楼、大型超市、党政机关、医疗机构、学校幼儿园、交通要道、公交地铁、水务电力系统、燃气集团和治安复杂地区，乃至居民住宅小区、24 小时便利店和加油站等，都应安装技防设施。通过加强技防设施的建设，使这些地方安全防范能力得到提高，明显降低了犯罪活动的发案率。从近年来的安全防范工作可知，技术防范手段在与各种犯罪活动的斗争中有着很强的生命力，为维护当前社会的稳定和保护人民生命、财产安全做出了积极的贡献。可以肯定的是，今后随着技术防范应用面的不断扩大，其安全防范的作用会愈加明显，这是技术防范成为今后很长一段时期内安全防范工作的主要发展方向的原因之一。

安全防范领域的技术正处于快速发展的进程中，尤其在对各种监控技术提高其智能化的需求前提下，各种新的技术更是层出不穷，到目前为止，已取得的重大突破有以下几方面。

(1) 视频监控摄像机的图像清晰度已经达到 800 电视线水平。

(2) 出现了百万像素(1280×1024 像素)甚至以上和高清标准、超高清的摄像机。

(3) 在图像压缩方面推出了 H.264 编解码压缩技术，使图像在网络传输时所占用的带宽和图像的存储量下降了 50%，为图像的远程传输和实施监控创造了便利条件。

(4) 数字信号处理(Digital Signal Processing，DSP)芯片的功能更加强大，使用此类芯片使得系统复杂性大为提高，设备的体积却大为缩小。

(5) 随着技术的进步，高密度磁盘存储技术的使用使得硬盘容量大幅提升，数字录像设备已经不局限于硬盘录像机(DVR)，根据前端摄像机数量与要求保存视频图像时间长短的不同，后端的存储设备包括了硬盘录像机(即数字视频录像机，Digital Video Recorder，DVR)、网络视频录像设备(Network Video Recorder，NVR)和磁盘阵列。

(6) 具有视频图像的智能化分析(被称为智能视频)、影像的智能搜索和跟踪将是重点，摄像机目标跟踪功能正成为应用重点。“视频内容分析软件”需求旺盛，它通过自动识别和提取图像中蕴涵的信息，包括对人的行为分析、轮廓分析、颜色识别和分析等，而且在人流统计及自动行为识别方面得到应用，更有可能以其最新的识别技术，来实现捕捉位于公共存储子系统内的影像。

(7) 人体生物特征识别开始有较多的实际应用。目前主要有指纹识别、脸形识别、虹膜识别、声音识别、掌纹识别等，正在推出的还有掌静脉生物识别，包括手掌静脉识别、手背静脉识别、手指静脉识别等。最近国外正在研究步态识别，这是一种新兴的生物特征识别技术，与其他生物特征识别技术相比，步态识别具有非接触采集距离远和不容易伪装的优点。对一个人来说，要伪装走路姿势非常困难，不管罪犯是否戴着面具自然地走向银行，还是从犯罪现场逃跑，他们的步态就可以让他们露出马脚。

(8) 网络摄像机及软件正在成为 CCTV(指闭路电视系统)的标准配置而日益普及，除网

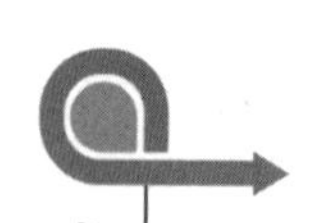

络摄像机外，还推出了网络球形摄像机、网络矩阵等。网络摄像机的发展趋势是要能支持TCP、RIP、Multicast 组播协议、Unicast 单播协议等多种网络协议，并有高分辨率和自动转换功能。

(9) 网络监控系统正在逐渐得到应用，推出了虚拟矩阵切换系统和基于流媒体技术的网络监控解决方案。存储区域网络和直接联网存储器将成为理想的存储介质。

(10) 红外夜视摄像机也正在被普及应用。其通过主动照射并利用目标反射红外光来实现观察的夜视技术，图像的分辨率要比通过目标自身发射红外辐射的热成像系统(一般为320×240 像素)高出许多。

(11) 各种子系统的数字化将是未来安防技术发展的主流，数字化监控软件与标准将会变得举足轻重，越来越要求开放性和便于系统升级。 在标准普及之前，为了能进行各种功能模块的组合，能够适用于分布的网络结构，以及能接入不同厂家的产品，提出了安防中间件的概念和技术，从而从根本上解决系统的联网问题。

(12) 网络化和智能化也将是安防技术发展的主流，联网和远程监控将得到广泛的应用，门禁控制系统将演变为联网门禁，传统的 RS485 端口在保证网络安全的前提下将逐步向TCP/IP 过渡。入侵报警系统也将无线和联网化。安全防范系统将更紧密地与居家网络相结合，开创安防领域的新局面。

复习思考题

1. 请简单叙述智能监控技术的含义。
2. 安全防范的定义是什么？安全技术防范主要包含哪几部分内容？
3. 什么是技术防范？它是由哪些技术设施组成的？
4. 安全技术防范的特点是什么？
5. 目前的安全技术防范系统通常由哪些子系统组成？

第 2 章　入侵探测与防盗报警技术

随着我国改革开放的不断深入，科学技术也得到飞速的发展，无论是城市居民还是乡镇居民的生活水平都有了大幅度的提升；尤其在我国加快实现农村城镇化建设政策的指引下，城市的规模在不断扩大，新的城市在不断产生，大量的居民住宅小区和各种智能型建筑也在不断地涌现。于是，盗窃与破坏等行为成了当前和平发展时期的最大危害之一，这也与我国提倡建设的“和谐社会”“平安城市”“安全社区”格格不入，如何有效地防范不法分子的入侵、盗窃与破坏也成了当前社会普遍关注的问题。然而，仅靠传统的人力来保护国家和人民生命财产安全是远远不够的；同时，各种犯罪分子的犯罪手段也更加复杂化、智能化和技术化，作案工具、凶器、作案手段也逐步升级，隐蔽性也更强，因此，我们必须未雨绸缪，将先进的科学技术应用于安全防范领域中，如利用先进的电子技术、传感技术、电视技术、计算机技术，研制、生产各种先进的安全技术防范设备和系统。只有这样，才能更有效地防范和制止各种犯罪分子的破坏活动，维护社会安定和人民生命财产安全。其中，以防非法入侵、防盗与防破坏为目的而使用上述设备组建的系统，即防盗报警系统，系统中所用到的各种主要技术，也即称为防盗报警技术。

近年来，随着“国家应急体系”“平安城市”“平安校园”3111 工程等安防项目在全国范围内的开展和深入，各地、各行业对安全防范认识的加深，各种安全防范需求领域日益拓宽，使我国防盗报警产品与设备持续保持强劲的发展势头，整体市场规模在迅速地扩大。同时，随着人们安全意识的提高，防盗报警产品已大量进入社区，进入家庭，更使防盗报警产品有了更广阔的市场需求空间。

2.1　防盗报警系统的基本组成

防盗报警系统是将各种入侵探测技术与报警技术组合在一起的一个安全防范监控网络。通常由入侵探测器、信号传输信道、报警主机、区域管理器、报警接收处理中心(警讯中心)等组成。图 2-1 即为防盗报警系统的基本组成方框图。

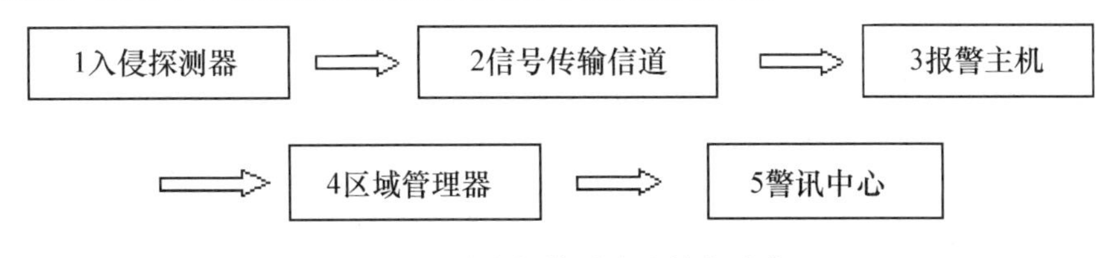

图 2-1　防盗报警系统的基本组成

图 2-1 中，1、2、3 框构成了最基本的防盗报警系统；它们可以独立地工作，完成防盗报警系统最基本的功能。当防范的区域较大时，则可以通过 4 框即区域管理器将若干个基本的防盗报警系统组合成较大规模的区域防盗报警系统；当防范的区域进一步扩大时，则

可进一步将若干个区域防盗报警系统与5框警讯中心联网，组成更大规模的防盗报警系统。当然，如有必要，警讯中心还可与当地公安“110”联网。

一个有效、智能的防盗报警系统中的各部分应具备如下的功能。

1. 入侵探测器

为了适应不同场所、不同环境、不同地点的探测要求，在防盗报警系统的前端、需要探测的现场安装一定数量的各种类型的探测器，负责监视被保护区域内的任何非正常入侵活动。报警探测器是利用各种不同的传感技术把入侵者的移动、温度、声响、压力、振动及人力破坏等物理量变化转换为易于处理的电量(电流、电压、电阻等)，再通过信号处理器或电子线路将这些电量转换成符合要求的报警信号(大多为开关信号)；报警探测器中也应包括主观判断面临被劫持或遭抢劫与其他紧急情况时，故意触发的紧急报警装置。总之，入侵探测器应能探测和预报各种因非正常入侵而出现的危险情况。

2. 信号传输信道

信号传输信道的作用是将前端探测器产生的报警信号快速并准确无误地传送至报警主机。信号传输通常有有线、无线和有线无线混用等不同的方式。

有线传输方式具有信号传输稳定可靠、系统结构简单、造价相对较低等优点，故目前在防盗报警系统中一般应优先使用，特别是在专用且独立的系统线路中。而只有在个别布线有困难或其他特殊的场合，才考虑采用无线传输方式。

随着报警技术的发展，如今已有通过公共网络构建的防盗报警系统，该类系统将探测器、紧急报警装置通过现场报警控制设备和网络传输接入设备与报警主机之间利用公共网络相连而组成。这种防盗报警系统覆盖面广，操作控制范围大，凡是在有公共网络的地方均可随时检测报警系统的情况。

3. 报警主机

它的功能是向前端探测器提供适合工作的电源，负责监视从各防护现场的探测器送来的报警信息，经分析、判断、处理并确认后，能以声、光等形式报警，同时指示报警部位及报警类型。此部分主要的设备是报警控制器，也叫报警主机，它应该具有如下的功能。

(1) 自身具有防拆、防破坏性能；

(2) 能对传输线路进行检测，当传输线路遭到破坏时能及时报警；

(3) 在开机或交接班时，能对系统进行检测，同时具有自检功能；

(4) 允许宽范围的电压输入，具有备用电源，在交流电停电后能连续工作8小时以上；

(5) 具有显示功能，并具有打印与记录的功能；

(6) 具有与其他系统联动或集成的专用输入、输出接口；

(7) 具有防区设置功能，且操作使用方便；

(8) 具有与上一级报警中心的联网功能。

其中，具有联网功能还应包括接入公共网络的报警控制设备，不过它应满足相应网络的入网接口要求。

4. 区域管理器与警讯中心

对于相对规模较大的防盗报警系统(如高层写字楼、高级住宅小区、大型仓库等)，其设置的探测器数量较多，可分设若干个基本报警系统并统一连至区域管理器，这就构成了区域报警系统。区域管理器具有报警主机的所有功能，结构原理也相似，只是输入、输出端口更多，通信能力更强。区域管理器与各报警主机采用总线制方式连接，并能以串行通信的方式访问每个报警主机下挂的报警探测器，以巡检它们的工作状态。

警讯中心也叫报警接收处理中心，用在大型和特大型的报警系统中，它把多个区域管理器以总线方式联系在一起。在实际的系统中，警讯中心通常是采用计算机运行专用的接警软件来实现其各种功能的，它能接收各区域管理器送来的信息，同时也能向各区域管理器发送控制指令，并直接检测各区域管理器防范区域内的各种情况，包括直接检测区域管理器下挂各报警主机以及主机下挂的探测器工作情况。

专用接警软件通常应具有以下功能：多级电子地图显示，能局部放大报警部位，报警时能发出声、光报警提示；实时记录系统开机、关机、操作、报警、故障等信息，并具有查询、打印、防篡改功能；能设定操作权限，还能对操作(管理)员的登录、交接进行管理；系统管理软件应具有较强的容错能力，应有备份和维护保障能力；一旦系统管理软件发生异常，应能在 3s 内发出故障报警。

2.2　入侵探测技术

入侵探测器直接安装于监控现场，是防盗报警系统的前端，也是系统的关键部分，它的作用是利用各种技术探测监控现场目标的各种物理量变化并转换成满足报警要求的电信号，因此该环节的性能优劣在很大程度上决定着报警系统的性能与可靠性。

2.2.1　入侵探测器的种类

入侵探测器的种类繁多，其分类方式也有多种。下面是最常用的几种分类方式。

(1) 按用途或使用的场所，可以分为室内型入侵探测器、室外型入侵探测器、周界入侵探测器与重点物体防盗入侵探测器等。通常室外型入侵探测器具有较好的野外环境适应能力，在结构上具备防水、防尘以及耐日晒与耐高低温等基本功能，而室内型则不具备。

(2) 按探测器的警戒范围，可以分为点控型入侵探测器、线控型入侵探测器、面控型入侵探测器及空间控制型入侵探测器。这些探测器所警戒的范围分别为一个点、一根线、一个面及一个立体的空间，而这些警戒范围的确定是根据不同探测器的传感原理与制造工艺来决定的。

(3) 按探测器报警信号输出端口类型，可以分为常开型(NO)、常闭型(NC)与常开/常闭转换型。对于常开型入侵探测器，而在探测器通电并监控现场情况正常时，信号输出端口是断开的；而在探测器被触发时，信号输出端口闭合，则表示发出报警信号。对于常闭型入侵探测器，情况正好相反，在探测器通电并监控现场情况正常时，信号输出端口是闭合的；而在探测器被触发时，信号输出端口断开，则表示发出报警信号。而转换型探测器是

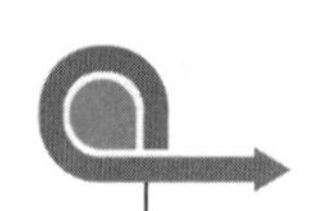

为了方便用户的选择，也便于与不同类型的报警控制器配套使用。

实际使用中，大多数入侵探测器的报警信号输出端口均采用常闭型。这是因为探测器通电时开关闭合，一旦因某种原因使探测器电源断电或信号线断线，也会输出报警信号，从而使这种信号输出端口兼具断电和断线报警功能。

(4) 按探测器与报警控制器的连接方式，大致可以分为四线制、二线制、总线制与无线制。

所谓四线制，是指探测器接进报警系统时有四根连线，其中两根接探测器供电线，两根接报警开关信号输出。而具体的探测器上向外连接的也应有四个接线端，如图 2-2 所示，当考虑探测器的防拆功能时，还可包含有防拆开关接线端，如图 2-3 和图 2-4 所示，不过其向外连接的仍为四个接线端。在下述讲解的各种探测器中，主动对射式红外探测器接收端、被动对射式红外探测器、微波探测器、双鉴探测器及三鉴探测器等大多采用四线制连接方式。

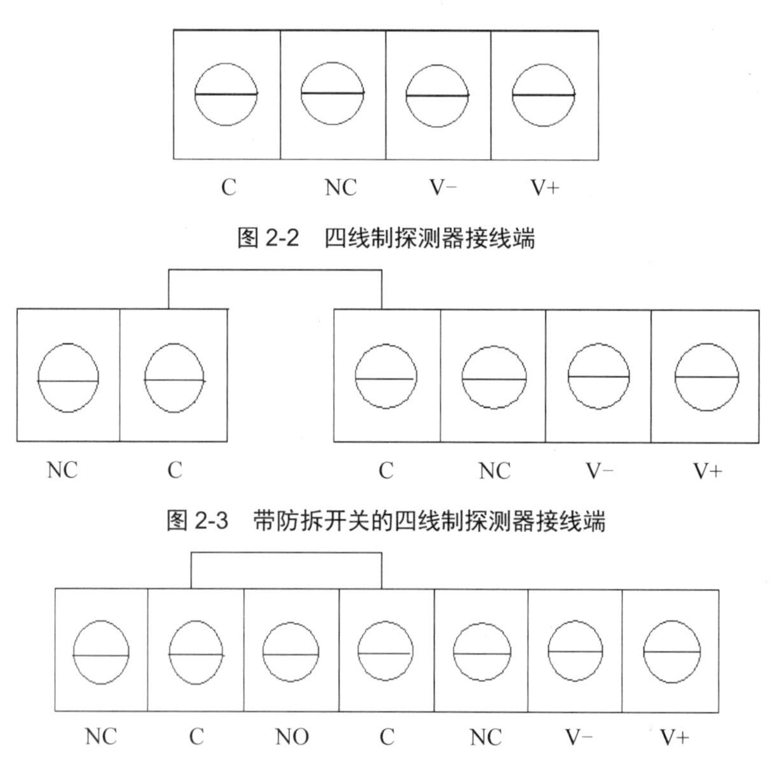

图 2-2 四线制探测器接线端

图 2-3 带防拆开关的四线制探测器接线端

图 2-4 带防拆与转换触点的四线制探测器接线端

二线制方式是指探测器接进报警系统时仅需两根连线，此两线即报警信号输出线(见图 2-5)。二线制方式适用于探测器本身无须供电，而只需两根开关信号线与报警控制器相连即可的情况；在各种探测器中，紧急按钮、门磁开关探测器、振动探测器等大多采用此种连接方式。

总线制方式是指报警系统中所有的探测器共用一组线(总线)，此组线既提供所有探测器电源，又是所有报警信号的传输线。为了区分防区，用于总线制的探测器都具有编码功能，其输出的报警信号也都是编码数字信号。显然，总线制方式大大简化了工程的安装与施工，同时也节省了接线的费用，特别是当防范区域较多，探测器数量较大时，这一优点更为突出。

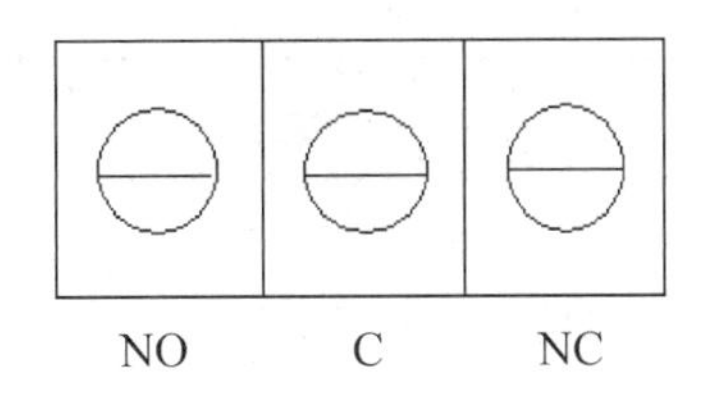

图 2-5　二线制探测器接线端

无线制系统采用专用的无线探测器与无线报警接收机，借助空间电磁波建立无线通信的方式连接成完整的报警系统。无线探测器是由探测器与无线发射机两部分组合成的，它需要由无线发射机将探测器部分输出的报警信号调制(调频或调幅)到规定范围内的载波，发射到空间，然后由无线报警接收机接收、解调后再送往报警控制器发出报警信号。为使一台无线报警接收机监视多台无线探测器，各探测器输出的报警信号还应包含该探测器的地址信息。无线报警接收机的无线接收与报警控制两部分既可制作在一起，也可分别是两个独立的设备；目前，功能比较完善的报警控制器大多已设计成既可接有线制探测器，也可接无线制探测器，这给系统的使用和扩容带来很大的方便。

2.2.2　入侵探测采用的技术

采用各种传感技术制成的各种不同原理的探测器，均能对各种入侵情况进行探测；但是正因为采用了不同的传感技术，导致所制成的探测器具有不同的防范区域，虽然可通过信号处理器或电子线路均转换成统一的报警信号，但为发挥它们最佳的探测工作状态，要满足不同的安装使用要求。

1. 主动对射式红外探测器

主动对射式红外探测器由发射机与接收机两部分组成。它是发射机与接收机之间的红外线光束被完全遮断或按给定的百分比被部分遮断时能产生报警状态的探测装置。

1)　主动对射式红外探测器原理

主动对射式红外探测器的工作原理是由发射端的红外发光二极管发出一束经过调制的红外线光束，在离其一定距离处，对准放置一台红外线接收机，它通过光敏晶体管接收红外光并转成电平，当收发之间的红外线光束被遮挡或被部分遮断时，光—电转换的电平将产生变化，再经电路放大处理后将产生满足要求的报警信号。为使收发之间可有足够的传输距离，在收发光管前方放置特殊的光学系统(一般为光学透镜)，发端可使发光二极管发出的红外线光聚焦成较细的平行光束，而收端则将收到的光聚焦到光敏管上，如图 2-6 所示。

如今常用的主动对射式红外探测器的发射机均采用脉冲调制方式，其占空比一般只有百分之零点零几，脉冲重复频率约几十赫兹。这种方式具有如下的优点：其一，可以降低发射机电源的功耗，如在调制脉冲占空比为 0.07%的情况下，探测器连续工作 24 小时，具体电路元器件实际工作时间只有 1 分钟。其二，可使探测器具有较强的抗干扰能力，提高工作的稳定性，还可以减少其他光源或红外线辐射源(包括太阳光)所产生的不同频率的红外线干扰。

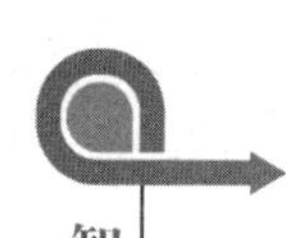

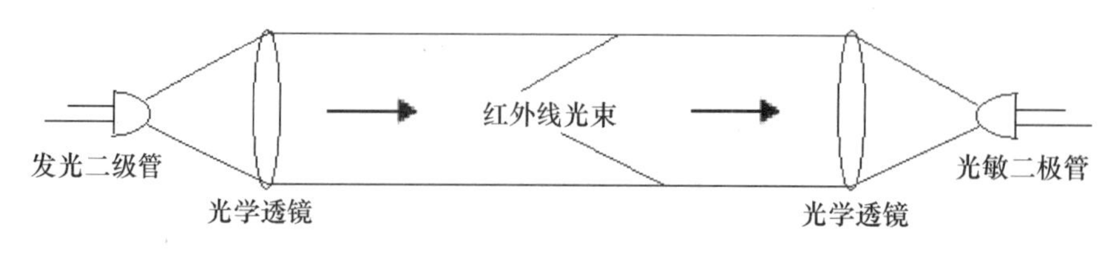

图 2-6　主动对射式红外探测器的光学系统示意图

为防止飞鸟、树叶等飘落物遮断红外线而产生误报警，实际的探测器常做成双光束或三光束组合形式，实际应用中只有当双光束或三光束同时被遮断时才发出报警信号，从而大大降低了探测器的误报率。

从性价比角度考虑，双光束探测器的性价比是最高的，因此也成为现今民用报警系统中的主选产品。如图 2-7 所示即为最常见的双束主动对射式红外探测器的外形与内部结构图。

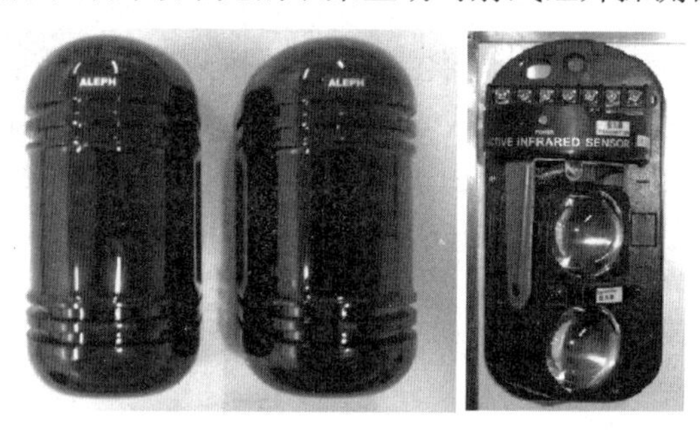

图 2-7　双束主动对射式红外探测器外形与内部结构图

2)　主动对射式红外探测器具体应用

主动对射式红外探测器一般用于围墙、草坪等需要直线防范的空间区域，安装灵活，还可以与其他探测器随意组合，安全、可靠、经济性好。在报警系统中，为了充分发挥这种探测器的功用，有多种其他的安装组合形式。

(1)　对射型安装。

①　一对一安装，收发之间形成一道看不见的红外线警戒线(见图 2-8)。

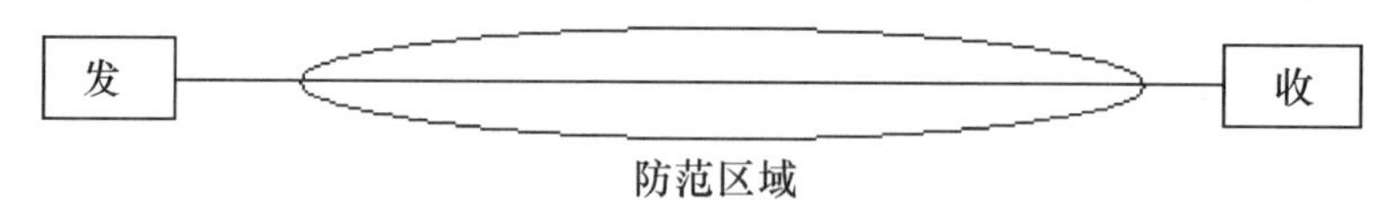

图 2-8　一对一安装方式

②　多对探测器平行安装，收发之间形成较宽的红外线警戒墙(竖)或警戒区(横)(见图 2-9)。

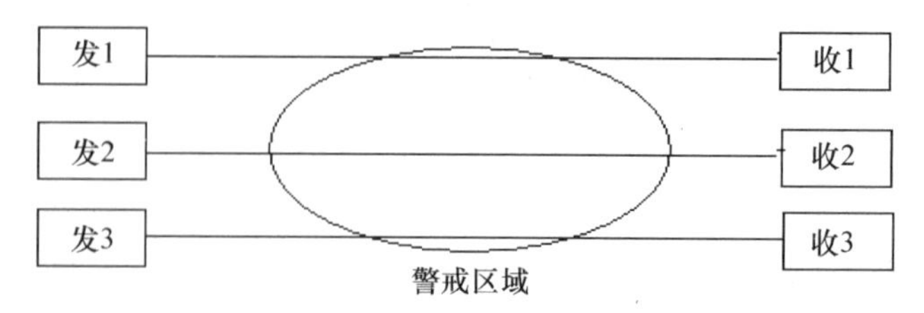

图 2-9　多对探测器平行安装方式

③　多组探测器安装于建筑物四周，可构成封闭的周界警戒线(见图 2-10)。

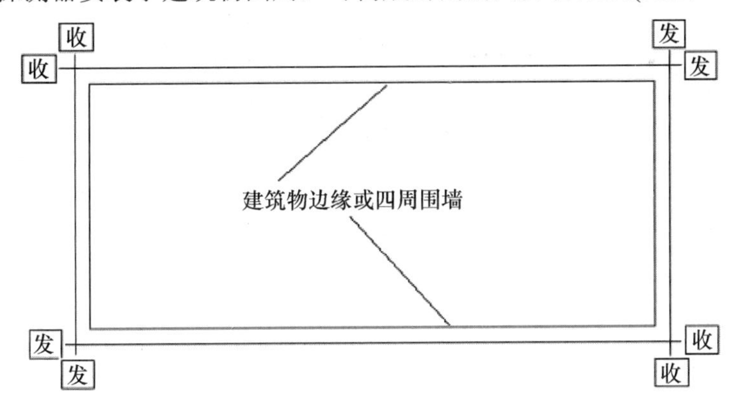

图 2-10　多组探测器构成周界警戒线方式

④　多组探测器组合成警戒网(见图 2-11)。

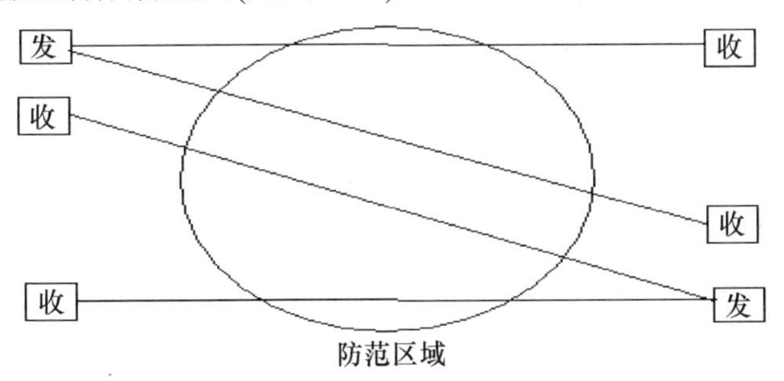

图 2-11　多组探测器组合成警戒网方式

⑤　当警戒距离较远时，可使用多组探测器组合成接力形式(见图 2-12)。

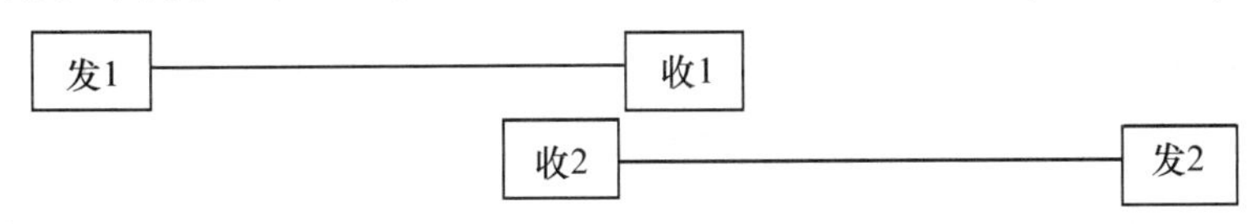

图 2-12　多组探测器接力形式

(2)　反射型安装方式。在这种方式中，红外线接收机并不是直接接收发射机发出的红外线，而是接收由反射镜或其他反射物(如石灰墙、金属板、木板、表面光滑的油漆层等)反射回来的红外线光束。采用此种方式，一方面可以缩短探测器收、发之间的直线距离，便于就近安装；另一方面也可以通过反射，扩展红外线光束的警戒范围。

①　单次反射式布局如图 2-13 所示。

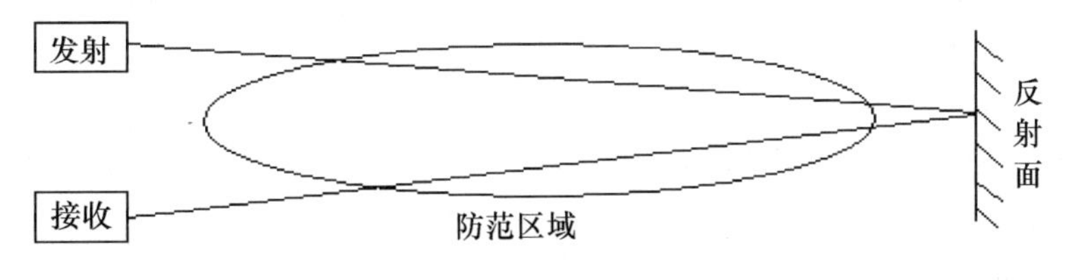

图 2-13　单次反射式布局示意图

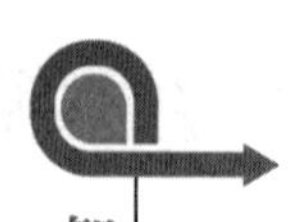

② 多次反射式布局如图 2-14 所示。

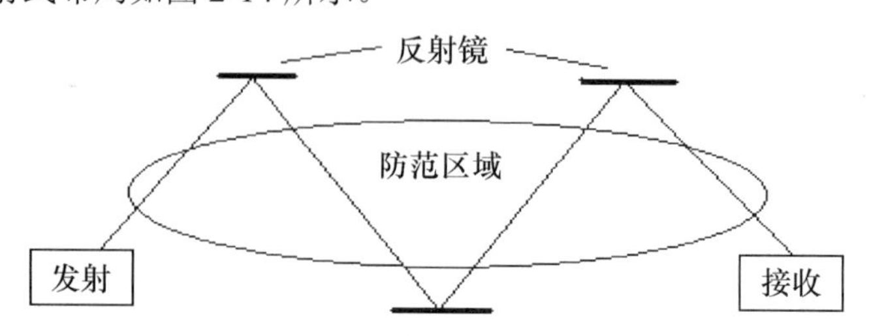

图 2-14 多次反射式布局示意图

3) 主动对射式红外探测器使用特点与注意事项

(1) 主动对射式红外探测器实际使用探测距离应不大于产品规定的标称探测距离的70% 。此类探测器属于线控制型探测器，大多用于室外的周界防范。气候环境如雨、雪、冰、霜、沙尘等，均会影响红外线的传播，使其监控距离缩短；而随着工作时间的积累，红外线发光管与光敏管也会因老化而性能下降，因此实际使用距离应留有一定的余量。

(2) 多组探测器构成周界警戒线时，拐弯处两组探测器的红外线应交叉(见图 2-10)。

(3) 多组探测器组合成接力形式时，相邻两组探测器的红外线应覆盖(见图 2-12)，

(4) 系统中有多组探测器组合使用时，为使连线方便，同类探测器应安装在一起。

2. 被动式红外探测器

被动式红外探测器不需要附加的红外线辐射光源，本身不向外界发射任何能量，而是由探测器直接探测来自移动目标的红外线辐射，因此称为被动式红外探测器。

1) 被动式红外探测器原理

被动式红外探测器主要由光学系统、热传感器(或称红外线传感器)、放大电路与报警控制等部分组成，如图 2-15 所示。

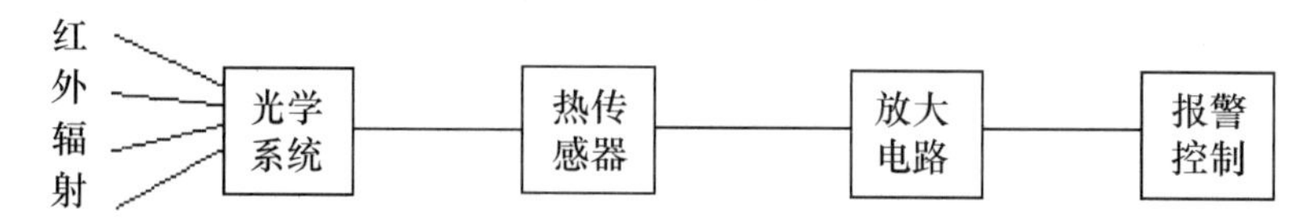

图 2-15 被动式红外探测器的基本组成

我们知道，自然界中几乎所有的物体均会产生红外线辐射，因为物体表面温度只要高于绝对零度(−273℃)时，都会产生热辐射，而热辐射中 90%的能量是红外线。人体具有37℃的体温，是一个比较强的红外线辐射源，当有人进入探测器的探测区域时，发出的红外线能量就会被探测器接收。

被动式红外探测器的核心部件是红外线传感器，它通过光学系统的配合作用，可以探测到某一个立体防范空间内的热辐射变化。红外线传感器是用热释电材料制成的，这种材料具有热释电效应；所谓热释电效应，是指材料表面在受到热变化时会释放电荷的现象。通过电子电路，将释放的电荷转换为电压，于是变化的电压即可反映材料表面温度的变化，因此也称这种传感器为热传感器。目前，用于制作传感器的热释电材料通常有硫酸三甘酞、钽酸锂、酞酸铅等。

必须指出，用热释电材料制成的红外线传感器只有在材料表面温度发生变化时才会输

出电压，如果红外线辐射始终不变地照射在热释电材料表面，则其表面温度就会保持在一个平衡值上而不产生电荷。因此，在实际制作红外线传感器时，总是想方设法使移动目标的红外线辐射作用在热释电材料表面上，形成最大的温度变化，这就需要借助各种不同的光学系统，它既能使移动目标的红外线辐射变成材料表面的温度变化，又能因结构的不同而使探测器具有不同的探测区域。

2) 被动式红外探测器种类

(1) 单波束型被动式红外探测器。单波束型被动式红外探测器采用反射聚焦式光学系统来收集警戒区域内的红外线辐射。它是利用曲面(通常是抛物面)反射镜将来自目标的红外线辐射汇聚在红外线传感器上。调节红外线传感器的位置在反射面的焦点附近，可使探测器具有较窄的警戒视场角度，但有较远的探测距离。当有人穿越它的探测区时，人体辐射的红外线能量就会被传感器接收而发出报警信号。这种探测器适合用来保卫狭长的走廊和通道，如图 2-16 所示。

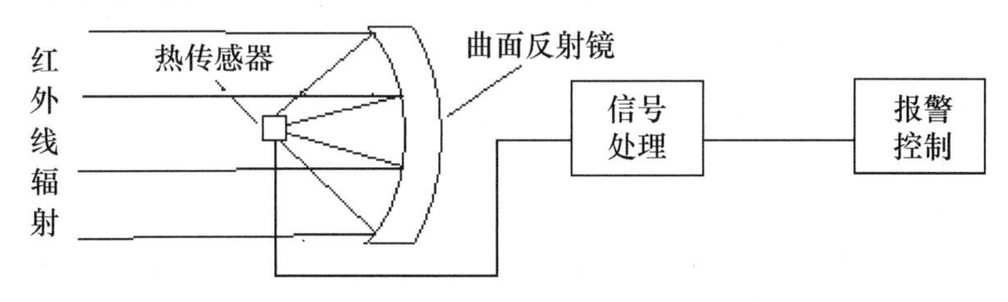

图 2-16 单波束型被动式红外探测器结构示意图

(2) 多波束型被动式红外探测器。多波束型被动式红外探测器采用透镜聚焦式光学系统来收集警戒区域内的红外线辐射。它利用特殊结构的透镜装置，将来自广阔视场范围内的红外线辐射经透射、折射、聚焦后汇集在红外线传感器上。做成的探测器外形如图 2-17 所示。

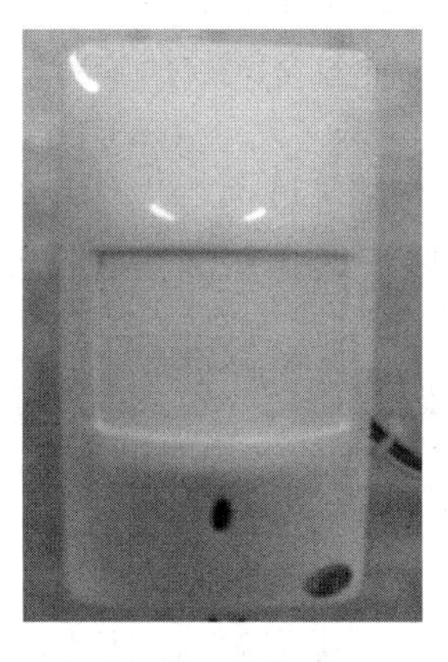
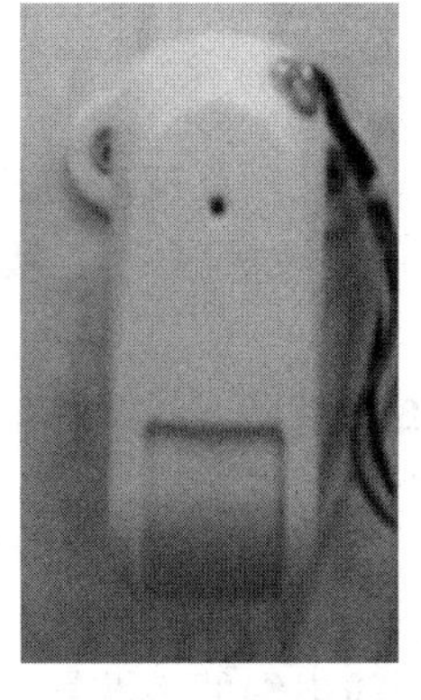

图 2-17 多波束型被动式红外探测器与幕帘式探测器外形

目前，多波束型被动式红外探测器大多采用性能优良的红外塑料制成的透镜——多层光束结构的菲涅耳透镜。如图 2-18 所示为某种三层结构的多视场菲涅耳透镜组，这种透镜组将透镜分成三排，第一排为远距离透镜，共 11 个；第二排为中距离透镜，共 6 个；第三排为近距离透镜，共 5 个，此 22 个透镜将警戒区视场按远近顺序分割为 22 个小视场区(又称敏感感应区)，各个小视场又被盲区隔开。当人体在警戒区域内移动时，必然会穿越于敏

感区、盲区之间；于是汇集在传感器上的红外线辐射能量将发生变化，从而使传感器输出相应的电压至报警信号处理电路，最终产生报警信号。

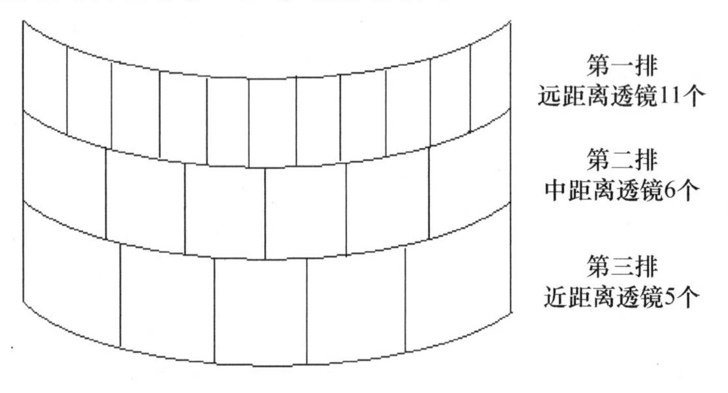

图 2-18　多层光束结构的菲涅耳透镜

类似此种菲涅耳透镜式光学系统，目前已有多种多样的组合模式，只要透镜组的透镜数量、焦距与规格不同，视场的探测模式就不同。如今可供用户选择的有：广角式短距离探测视场(水平视场角大于 90°，垂直视场角大于 60°，作用距离在几米到十几米)、小角度长距离探测视场(水平视场角小于 60°，作用距离达到几十米以上)、垂直扁平探测视场(幕帘式探测器)等。随着信号处理技术的发展，多波束型被动式红外探测器的视场探测模式和入侵处理方式也越来越多。

3)　被动式红外探测器使用特点与注意事项

(1)　被动式红外探测器属于空间控制型探测器，因本身不向外界辐射任何能量，故具有较好的隐蔽性；但由于红外线的穿透性较差，因此在防范区域内不应有较大型障碍物，否则障碍物的后方将出现探测盲区。

(2)　为防止误报警，被动式红外探测器不应对准任何温度有快速变化的物体，如电加热器、火炉、空调的出风口等。也要注意探测器不要安装在某些热源(如暖气片、供热管道等)的上方或附近。

(3)　根据此类探测器的探测原理，在其警戒区域内，人体相对探测器的横向移动要比径向移动更易被探测(即探测灵敏度高)，所以在选择探测器的安装位置时应尽量使入侵者的活动为横穿探测区域。

(4)　由于此类探测器以被动方式工作，因此在同一室内安装多个被动式红外探测器并同时工作，相互之间也不会产生干扰。

3. 微波探测器

微波探测器是利用无线电波的多普勒效应，实现对运动目标的探测。它的工作原理与多普勒雷达相似，故又称为雷达式微波探测器。

1)　微波探测器原理

所谓多普勒效应，是指信号发射源与接收者之间有相对径向运动时，接收者收到的信号频率与发射源的频率之间发生差异的现象，这种频率差异也叫多普勒频差。这种现象在人们日常生活中经常遇到：当我们站在马路边，有汽车鸣着喇叭高速向我们驶来，将会听到喇叭声调特别高，而当汽车驶离我们时，又发现喇叭声调突然变低，这就是声音的多普勒效应。电磁波的多普勒效应与上述情况类似，只是信号源的频率要高得多。

微波探测器具有一个微波振荡源，能产生频率约为 10GHz 甚至更高的电磁波向探测区域中辐射，并以光速向前传播，当电磁波传输中遇有径向运动的物体时，反射回来的电磁波频率将与振荡源发出的频率出现差异(多普勒频差)，只要设法检出此频差，即可知道探测区域内有运动物体存在。显然，探测区域内的固定物体也会反射电磁波，只是反射波与振荡源之间不存在频差；因此，微波探测器是一个典型的动目标探测器。它的基本组成如图 2-19 所示。

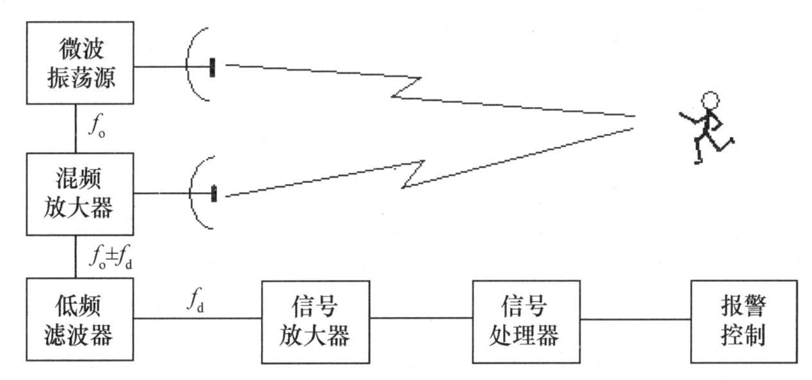

图 2-19 雷达式微波探测器的基本组成

必须指出，示意图中各有一根发射与接收天线，而实际的微波探测器却往往只用一根天线实现收发共用。

2) 微波探测器使用特点与注意事项

(1) 微波探测器属室内型探测器，一般不适用于室外。微波探测器对警戒区域内活动目标的探测是有一定范围的，其探测区域是一个立体的空间(大致如图 2-20 所示)，然而根据微波振荡源发射功率与天线结构形式的不同，探测区域的形状和范围也会有所不同。

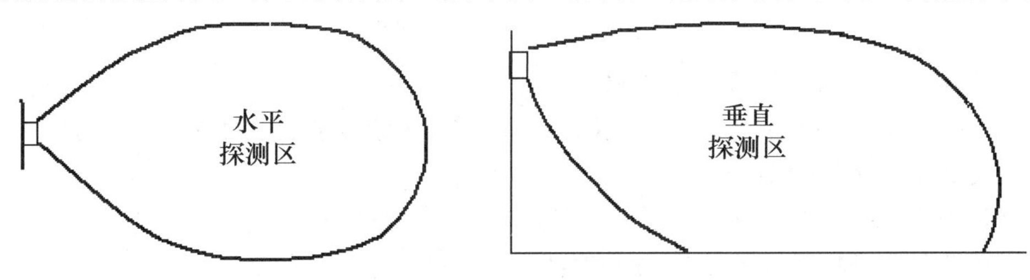

图 2-20 雷达式微波探测器的探测区域示意图

(2) 微波具有较强的穿透性，这既有好的一面，也有坏的一面。好的一面是可以用一个微波探测器监控几个房间，同时还可外加装饰物进行伪装而不影响其工作，便于隐蔽安装。坏的一面是如果安装调整不当，防范区域以外的移动物或人会引起误报警。

(3) 微波探测器不应对准室内会动的物体，如窗帘、风扇、排气扇等，否则这些物体会成为移动目标而产生误报警。也不应对准日光灯、水银灯等气体放电光源，这类光源的 100Hz 辐射频率可能直接干扰探测器信号处理电路而产生误报警。

(4) 根据微波探测器的探测原理，在其警戒区域内，人体相对探测器的径向移动要比横向移动更易被探测(探测灵敏度高)。

(5) 微波不能穿透金属，因此在防范区域内不应有较大型金属障碍物(如金属橱柜等)，否则障碍物的后方将形成探测盲区。

(6) 微波探测器主动发射微波信号，因此在同一室内一般不能安装两台以上的探测器，否则会相互干扰而产生误报警。如果需要必须安装两台以上的微波探测器，则它们之间的发射频率应相差 30MHz。

4. 双鉴探测器与三鉴探测器

各种不同的探测技术都有其优点，也有其不足之处。为了降低使用各种探测技术的不同探测器的误报率，人们提出了多种探测技术进行互补的方法，最常用的是将两种不同的探测技术组合在一起，组成双技术复合报警探测器，即双鉴探测器。其工作原理是将两种不同探测技术独立做成的探测器组装于同一壳体内，并将两种探测技术产生的结果进行“与”处理，即只有两种技术同时检测到入侵，才可发出报警信号，相当于对探测区域内的入侵情况作双重鉴证，从而提高了探测的可靠性。目前主要有：超声波—微波双技术组合、双被动式红外双技术组合、微波—被动式红外双技术组合、超声波—被动式红外双技术组合等。通过对这些组合方式探测器性能的试验，结果表明，微波—被动式红外双鉴探测器的误报率最低，报警输出信号的可信度最高，是上述各种组合中最理想的组合方式，因此微波—被动式红外双鉴探测器获得了广泛应用。

随着数字信号处理技术的发展，尤其是微处理器技术在各种设备中的应用，人们将微处理器技术也用于探测器中。将微波—被动式红外双探测技术与先进的微处理器技术进一步进行组合，就构成了三技术探测器，也叫三鉴探测器。微处理器对两种探测技术探测到的信号进行分析、处理、判断，大大提高了探测器的智能化程度，从而把误报率降低到最小，探测的可靠性提到最高。

5. 开关式探测器

开关式探测器是一种结构比较简单，使用也比较方便、经济的探测器，它将各类开关的闭合或断开直接作为探测器的报警输出信号。这类探测器一般不需要外加工作电源，适合二线制方式连接的报警系统。开关式探测器通常属于点控制型探测器。

开关式探测器种类介绍如下。

(1) 磁控开关探测器。磁控开关探测器又称门(窗)磁开关探测器，如图 2-21 所示为两种不同形状的门磁开关探测器，它由永久磁铁与干簧管两部分组成。

干簧管是一个内部充有惰性气体的玻璃管，其内装有两个金属簧片并形成两个触点，受控于永久磁铁，当磁铁靠近干簧管时，两个金属簧片的触点闭合；磁铁离开干簧管时，簧片的触点断开。将干簧管安装于固定的门框或窗框上，而将永久磁铁安装在活动的门或窗上，当入侵者强行打开门或窗时，永久磁铁离开干簧管而使触点断开，形成报警信号输出。

磁控开关体积小、价格低廉、寿命长、使用方便，但要求安装磁控开关的门窗具有较好的质量，不会因缝隙过大或结构松动而引起误报警。另外，磁控开关一般不宜安装在钢铁材料制作的门窗上，此种门窗会削弱永久磁铁的磁性，而导致磁控开关探测器工作出现不稳定。

(2) 紧急报警开关。当在银行、家庭、机关、超市、工厂企业等场合出现入室抢劫、盗窃等险情或其他异常情况时，往往需要采用人工操作来实现紧急报警，紧急报警开关就可以起到这一作用的。

根据需要，紧急报警开关可以做成人工按下式(见图 2-22)、脚踏式或脚挑式，所有这些动作将使开关的状态发生改变(如常闭触点断开)。使用中，常将它们安装在隐蔽的地方，一旦出现紧急情况，人为操作可不为犯罪分子发现。这种开关安全可靠，不易被误按，也不会因振动等因素产生误报警；只是要解除报警状态时，必须由人工用专用的钥匙复位。

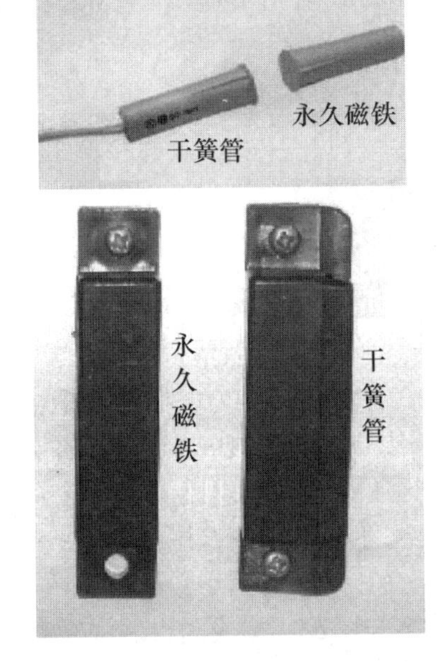

图 2-21　磁控开关外形

图 2-22　紧急按钮外形

(3) 微动开关探测器。这种探测器将微动开关做成一个整体部件，需要靠外部的作用力通过传动部件带动来使内部触点闭合或断开。它可以安装在门窗的铰链处，门窗打开，微动开关触点断开；也可将其放置在需保护物体的下方，靠物体自身的重量使开关闭合，一旦有人取走物体，微动开关断开，产生报警信号。

微动开关探测器的优点是结构简单、体积小巧、价格低廉、安装方便，且不怕振动，也不受铁磁材料的限制。

6. 振动探测器

振动探测器是以探测入侵者的走动或进行各种破坏活动时所产生的振动信号来作为报警依据的，其核心组成部件是振动传感器。它可以将各种原因所引起的振动信号转变为电信号，经信号处理电路处理后转换为报警信号；也有某些结构简单的机械式振动传感器直接将机械振动转换为开关信号，而此开关信号则可直接作为报警信号使用。

应当指出，产生振动的原因是多种多样的，如爆炸、凿洞、敲击、切割等，而各种活动所产生的振动波形是不一样的，即产生的振动频率、周期与幅度均不相同，因此振动探测器的种类也有多种，不同的振动传感器就是设法捕捉这些参数的变化。

目前，比较常用的振动探测器主要有机械式振动探测器、惯性棒电子式振动探测器、

电动式振动探测器、压电晶体振动探测器、电子式全面型振动探测器等多种类型，分别使用不同的振动探测原理。近来比较常见的以压电晶体振动探测器居多，其原理是利用压电晶体的压电效应，将施加于其上的机械作用力转变为相应大小的电信号，其电信号的频率及幅度与机械振动的频率及幅度成正比，当信号的某些参数值达到设定值时就会发出报警信号。

振动探测器基本属于面控制型探测器，它可用于室内，也可用于室外。用于室内时最适合于文件柜、保险箱等贵重、机特物件的保护；用于室外时适宜与其他系统结合使用，来防止盗贼破墙而入或在人为设置的防护屏障遭到破坏之前及早发现。

7. 玻璃破碎探测器

玻璃破碎探测器是专门用来探测玻璃破碎功能的一种探测器，当入侵者打碎玻璃闯入室内时，即可发出报警信号。

1) 玻璃破碎探测器种类

玻璃破碎探测器按照工作原理的不同，大致分为两大类。

(1) 单技术玻璃破碎探测器。

① 声控探测型。这类探测器实际上是一种具有选频作用的具有特殊用途的声控报警探测器。它利用驻极体话筒作为接收声波的声电传感器并将其转换为电信号，通过带通滤波器取出玻璃破碎时发出的高频信号(通频带为 10～15KHz)，而对 10KHz 以下的声音信号(如说话声、走路声)具有较强的抑制作用；取出的高频信号经处理电路处理后转换为报警信号。经过分析与实验表明，在玻璃破碎时发出的声音中，主要的频率范围处在 10～15KHz，而周围环境的噪声很少能达到这么高的频率。

② 振动探测型。利用压电陶瓷片的压电效应、多金属簧片构成的机械式微动装置或水银式开关等做成探测器，直接粘贴于玻璃表面，检测玻璃破碎时产生的强烈振动而发出报警信号。

(2) 双技术玻璃破碎探测器。

① 声控—振动型玻璃破碎探测器。

声控—振动型玻璃破碎探测器是将声控与振动探测两种技术组合在一起，只有同时探测到玻璃破碎时发出的高频声音信号和敲击玻璃引起的振动时，才输出报警信号。

② 次声波—玻璃破碎高频声响型玻璃破碎探测器。

次声波—玻璃破碎高频声响型玻璃破碎探测器是将次声波探测技术和玻璃破碎高频声响探测技术组合到一起，只有同时探测到敲击玻璃和玻璃破碎时发出的高频声响信号及引起的次声波信号，才输出报警信号。次声波是指频率低于 20Hz 的声波，属于不可闻声波；而在敲击门窗等处的玻璃时会发出一种超低频率的机械弹性波，就是一种次声波。

2) 玻璃破碎探测器的安装及使用注意事项

不同的玻璃破碎探测器，因其工作原理的不同，其安装的方式与要求也不相同。除振动探测型玻璃破碎探测器应粘贴于玻璃表面外，其他类型的玻璃破碎探测器则可以根据探测灵敏度的不同安装在合适的地方。要尽量靠近所要保护的玻璃，尽量远离噪声干扰源，像尖锐的金属撞击声、铃声、汽笛的呼叫声等，以减少误报警。

8. 高压脉冲式电子围栏探测器

高压脉冲式电子围栏探测器是在非出入通道的周边区域设置一道电子围墙进行防范和管理的系统。虽然目前常用主动对射式红外探测器组成周界防范系统，但它并不具备实体防范功能，当安装于围墙上时，能感知入侵者的非法翻越，却不能有效阻止其非法翻越。而高压脉冲式电子围栏探测器则具有实体防范功能，当有人非法翻越围墙或破坏围栏时，电子围栏既可立即将警情传送到管理中心，也可有效阻止入侵者。且电子围栏不易受环境(如树木、小动物、振动等)和气候(如雨、雾、风、雪等)影响，所以误报率很低。

高压脉冲式电子围栏探测器的前端用合金导线组成网状围栏，安装于围墙之上，如图 2-23 所示，每两根合金线之间都带有高压脉冲电能，这些高压脉冲的峰值电压达 5000～8000V，脉冲宽度≤0.1s，脉冲间隔≥0.75s；因此每个脉冲能量较低(小于 5 焦耳)，虽不会对人构成生命威胁，却使入侵者因不能忍受高压电脉冲而失去闯入的能力。

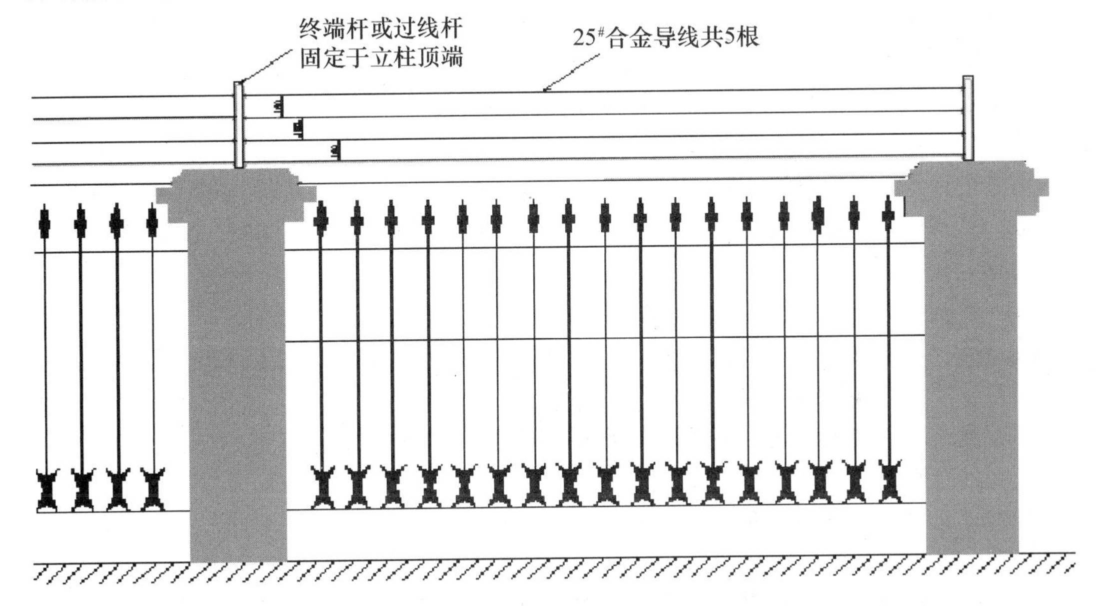

图 2-23　高压脉冲式电子围栏探测器示意图

高压脉冲式电子围栏探测器设备主要由脉冲主机和围栏两部分组成，脉冲主机向前端围栏分别发射高压低频脉冲，在前端围栏上形成回路后，再把脉冲送回主机接收端口。如果有入侵者攀爬、遭受高压脉冲的电击或入侵者扯断电子围栏，造成回路开路，或者在攀爬过程中，因围栏的柔性 PV 过线杆和专用合金线不支持人体的重量而使相邻的两根平行合金导线相碰，形成回路短路等，主机均会立即报警。

当与以计算机运行专用软件的报警中心相连后，计算机上会显示出入侵区域，或在设定的电子地图上显示报警区域，同时，外接的声光报警器开始报警；此时中心值班人员就可以通知相应的保安人员立刻赶往现场处理警情。

高压脉冲式电子围栏探测器通常安装在围墙上，高度应合适(2～2.5m)，安装过低则应防止人员正常活动误触围栏，安装过高则可能因翻越者触电摔下造成间接后果；以河道为界的周边防范区域，也应慎装高压脉冲式电子围栏。另外，在一些有液化气或其他可燃气

体的地方绝对不能安装和使用高压脉冲式电子围栏。

9. 张力式电子围栏探测器

张力式电子围栏探测器是另一种具有实体防范功能的新型周界防入侵报警设施，它是由防止人体逾越的障碍物(钢丝绳围栏网)和感知攀爬、拉压、剪断等行为的机电装置的集合体。整个设备由张力探测器、总线通信模块、防区控制器以及钢丝绳、控制杆、受力杆、支撑杆、弹簧、万向支架、万向轴承支架、紧固螺母等以一定方式组装而成。张力式电子围栏可以在风霜、雨雪、浓雾、沙尘、高温、低温等严酷环境下始终忠于职守，全天候稳定可靠地工作。它通过与传输线、通信模块、报警信号控制设备、电源控制器及报警管理中心设备组合，即可构成完整的张力式电子围栏周界防入侵报警系统。

张力式电子围栏探测器的核心部件是张力探测器，它是根据电子围栏上钢丝绳的张力特征，对于攀爬、拉压、剪断钢丝绳等入侵行为作出响应，当和防区控制器配套使用时，可产生报警信号。张力式电子围栏探测器的主要特点是：

(1) 控制杆和钢丝绳等机械部件不带电，对入侵者没有人体伤害，符合现行技防要求；

(2) 张力式电子围栏既是有形的防入侵障碍物，也是周界防入侵报警产品；

(3) 钢丝绳的静态拉力和防误报等级可为100～300N间任意设定，每根钢丝绳的拉力可以不完全一致，安装方便；并可有效防止飞鸟、小动物、树叶、小树枝等干扰引起误报；

(4) 具有钢丝绳松弛报警、剪断报警：钢丝绳松弛报警阈值为50～200N可选，静态张力为0～10N时即发出剪断报警；

(5) 控制杆具有防拆报警功能，拆开控制杆盖板即发出报警信号；

(6) 环境适应性强，性能稳定可靠，能够自动跟踪张力随环境温度和时间的变化，可保持张力报警阈值的稳定可靠；

(7) 可适应各种复杂地形环境，不留防范死角；

(8) 具有断电报警功能。

张力式电子围栏探测器前端设施装配示意如图2-24所示，张力探测器与控制杆相连接，用以探测多条钢丝绳张力的变化。通常钢丝绳的数量不少于2道，较常用的是4道和5道，当然也可以设置更多道，可根据具体安装地的实际需求来决定。一般情况下，支撑杆与控制杆、支撑杆与受力杆、支撑杆与支撑杆的间距不大于4m，钢丝绳之间的间距不大于200mm，一个防区的最大防范距离不大于50m。

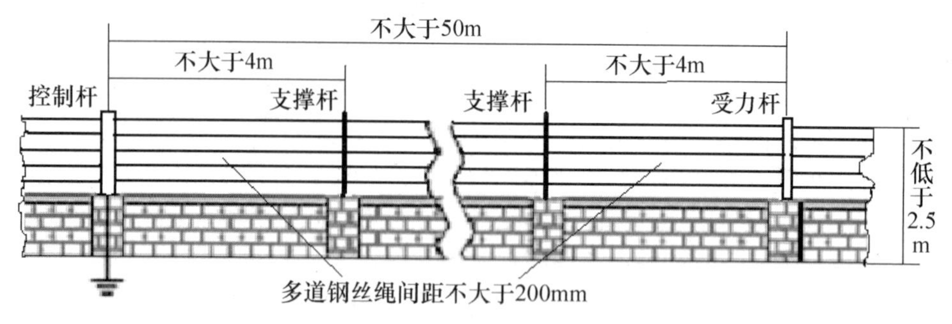

图2-24　张力式电子围栏探测器的安装示意图

10. 泄漏电缆入侵探测器

泄漏电缆入侵探测器是另一种用于室外周界的防入侵探测设备。

这种探测器的核心是泄漏电缆传感器，该传感器结构类似普通同轴电缆，其中心是内导体铜导线，外面包围着绝缘材料(如聚乙烯)，绝缘材料外面用两条金属丝网层以螺旋方式交叉缠绕作为外导体并留有方形或圆形的孔隙，电缆最外面再覆聚乙烯保护层，如图 2-25 所示。当这种电缆传输电磁能量时，外导体的空隙处便会将内导体的部分电磁能量向空间辐射，而这种电缆用于接收电磁能量时，空间电磁能量会通过空隙处进入内导体而被接收。

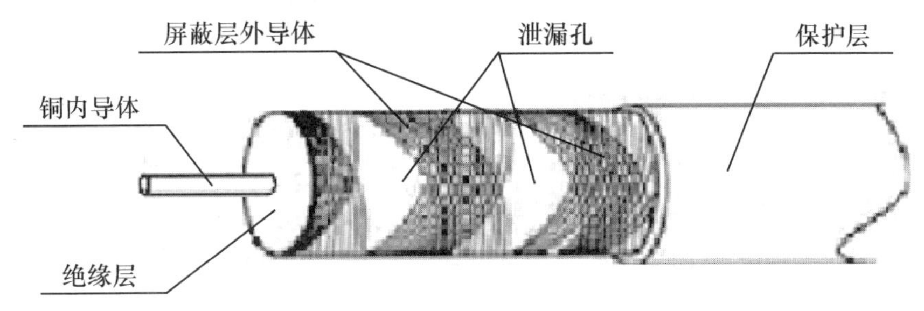

图 2-25　泄漏电缆入侵探测器结构示意图

将两根这样的电缆平行地浅埋于地面表层下方，一根用于电磁能量发射，一根用于电磁能量接收，如图 2-26 所示，并分别接至探测控制器，就构成了完整的泄漏电缆入侵探测器。

这样安装的两根电缆，可在其周围形成空间电磁场，当入侵者进入探测区域时，将使空间电磁场的分布状态发生变化，从而使接收电缆收到的电磁能量发生变化，这个变化量就是入侵信号，经过分析处理后可使报警器动作。

泄漏电缆入侵探测器的安装形式隐蔽，不受地理环境形状和地表植被影响，可随地势的起伏和弯曲敷设，不需去除防范区内的绿化植物。它主要适用于银行、金库、高级住宅、监狱、仓库、博物馆、电站、军事目标等重要建筑外围的警戒。

如某型号泄漏电缆入侵探测器由两根长 104m 的泄漏电缆与长 10m 的非泄漏电缆及终端匹配负载组成。收发泄漏电缆的前端均通过非泄漏电缆与探测控制器相连接，末端与终端匹配负载相连，当将其如图 2-26 敷设后，可构成长约 100m、宽约 2.5m、高约 1m 的空间报警探测区域，如果有入侵者闯入探测区域，空间电磁场的分布状态将发生变化，经探测控制器分析处理后将产生报警信号。

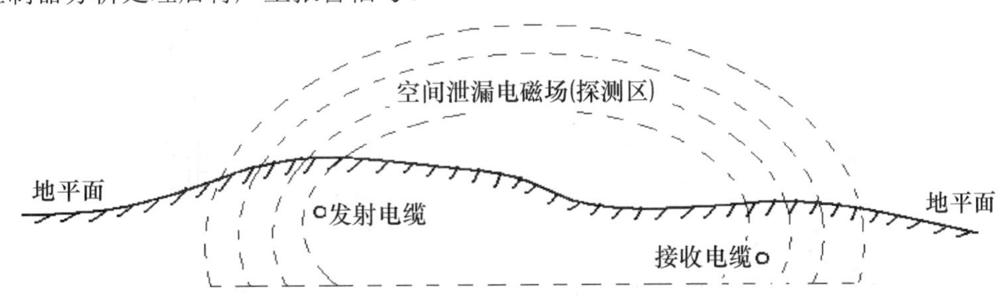

图 2-26　浅埋于地下的泄漏电缆形成空间探测场示意图

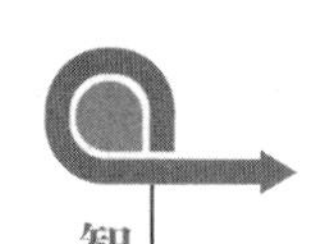

2.3 报警控制技术与报警控制器

报警控制器通常置于用户端的值班中心，是报警系统的主控部分，也称报警主机，它可以向报警探测器提供电源，接收各报警探测器传来的信号并对其进行分析、判断和处理。当确认为入侵报警事件发生时，能即刻发出声光报警信号，并指示发生报警的部位，还能启动其他报警装置如警笛、警灯以威慑犯罪分子，避免采取进一步的破坏活动，或启动相关部位的摄/录像机进行监视与录像，供事后进行备查与分析。同时，报警控制器还具备向上一级接警中心报告警情的功能，即与上一级系统联网的功能；因此报警控制器又可称为报警控制/通信主机。

根据上述要求，报警控制器大多采用微处理器系统组成，通过对微处理器操作执行程序的编写，完成各种不同的功能。报警控制器一般还应有系统自检功能、故障报警功能以及对系统的用户编程功能等。系统自检功能和故障报警功能可实现对整个入侵报警系统各部分设备与传输线路等是否处于正常工作状态进行检测，如有不正常情况则发出故障报警信号；系统的用户编程功能则体现了报警控制器的智能化程度与微处理器操作执行程序的编写水平。良好的系统用户编程功能可使报警控制器很好地满足不同用户的防范需求，使报警系统发挥更大的效果，也使报警控制器功能更强大、使用更方便。

通常，小型报警控制器的外形会因各生产厂家的不同而不同，但操作控制键盘则大多直接与微处理器系统做在一起，如图2-27所示即为几种不同型号的小型报警控制器外形图；而较大型的报警控制器则可外接一个专用键盘用于操作控制，也可接多个专用键盘进行异地操作。在使用计算机运行专用的接警软件的报警控制中心，则可直接借用计算机的标准键盘来进行操作与控制。

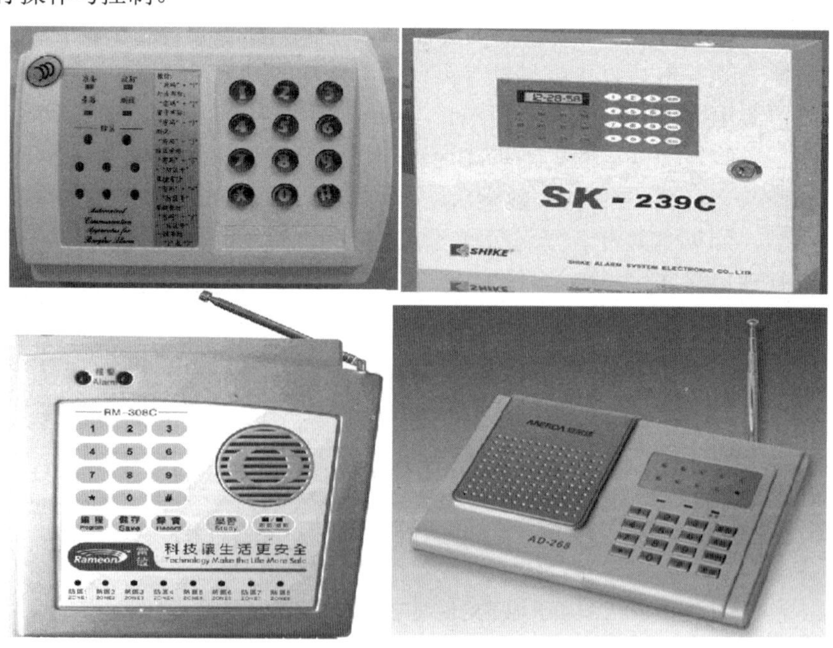

图2-27　不同型号报警控制主机外形图

2.3.1　报警控制器的分类

报警控制器根据使用要求和系统规模的大小不同，可有繁有简。最简单的是单路报警控制器，它只控制一路报警探测器，只有一路报警声响及显示。复杂的可控制几路、几十路乃至几百路甚至上千路的报警探测器，同时具有多种形式的报警功能，以适应不同的报警信号输入、不同的警报声提示不同的报警状态，以及不同的光提示形式等。因此，报警控制器可分为小型报警控制器、中型报警控制器和大型报警控制器。从其结构与安装方式来分，则有挂壁式、台式与柜式，通常小型报警控制器常做成挂壁式；而大型报警控制器常做成柜式，或直接由计算机运行专用的接警软件。

2.3.2　报警控制器的工作状态

将报警探测器与报警控制器相连，组成报警系统并接通电源，操作人员即可在操作键盘上按不同厂家规定的操作码进行操作。只要输入不同的操作控制码(即系统用户编程功能)，就可对报警控制器的工作状态进行设定。

报警控制器(报警主机)主要有以下几种工作状态：布防、撤防、旁路、24 小时监控、系统自检与测试状态。

1. 布防状态

布防(又称设防)状态是指操作人员执行了布防指令后，使该系统的探测器开始进入工作状态(俗称开机)，并进入正常警戒状态。此时，如果探测器探测到防范现场出现异常情况，报警控制器将会发出声光报警并显示报警部位。

实际的报警控制器往往有多种不同的布防状态，以适应多种不同的情况，下面以小型报警控制器组成的家庭(也可是办公区域)防盗报警系统为例来说明各种布防状态。

(1)　外出布防。当最后一个人离开家庭或办公场所，需对安装的报警系统进行外出布防操作。这种情况下，报警系统会经过一段“退出延时”的时间后才真正进入布防状态，目的是给操作人员离开现场留出时间。同样，当家庭成员或工作人员归来时，报警系统又会有一段“进入延时”的时间，使操作者能在这段时间内让系统撤防。

(2)　留守布防。当有家庭成员或工作人员在防护区域，特别是晚上睡觉时，也需要某些探测器正常工作，以保护本人的人身安全和室内财产的安全，此时可以进行留守布防操作。这种情况下，报警系统会自动将人员活动区域的探测器旁路掉，其他探测器则照常工作，但对出入通道防范探测器的报警信号，会有一段“进入延时”的时间。

(3)　快速布防。当有家庭成员进入晚上睡觉，又确定没有其他人员晚归时，可以进行快速布防操作。这种情况下，报警系统也会自动将人员活动区域的探测器旁路掉，其他探测器则照常工作，但对出入通道的防范探测器却不提供“进入延时”的时间，若有非法入侵，则立即报警。

(4)　单防区布防。接有若干个报警探测器的报警系统中，某些时候只需个别探测器正常工作，此时可以进行单防区布防操作。这种情况下，只有布防的探测器信号可以触发

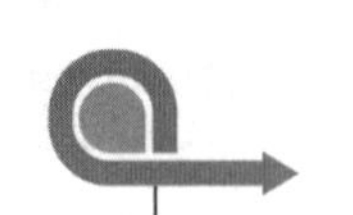

报警。

(5) 全防布防。当人员需要较长时间离开，而系统的所有探测区域均应加以布防时，可以进行全防布防操作。这种情况下，报警系统中出入通道的防范探测器只提供“退出延时”的时间，而没有“进入延时”的时间。

2. 撤防状态

撤防状态是指操作人员执行了撤防指令后，使该系统的探测器不能进入正常警戒工作状态，或从警戒工作状态下退出，使探测器无效(俗称关机)。此时，即使探测器探测到防范现场的异常情况，报警控制器也不会发出声光报警与显示报警部位。

3. 旁路状态

当一个报警控制器接有若干个报警探测器，而在某些时候个别探测器的探测区域是人们正常的活动范围，显然此时此探测器的报警信号应无效，旁路状态就是针对这种情况的。旁路状态是指操作人员执行了防区旁路指令后，该防区的探测器就会从整个探测器的群体中被旁路掉(或使之失效)。旁路状态操作可以只将系统中一个探测器单独旁路，也可以将多个探测器同时旁路。

4. 24 小时监控状态

24 小时监控状态是指某些防区的探测器处于常布防的全天时工作状态，一天 24 小时始终担任着正常警戒(如用于火警、匪警、医务救护用的紧急报警按钮、感烟火灾探测器、感温火灾探测器等)。此状态下的探测器不会受到布防、撤防状态操作的影响。

5. 系统自检、测试状态

这是在系统撤防时操作人员对报警系统进行自检或测试的工作状态。可对各防范区域的各种探测器进行测试，当某一防区被触发时，报警控制器内的蜂鸣器会发出声响。

2.3.3 报警控制器的防区类型

防区，顾名思义应该是防范区域，在报警系统中则是：利用探测器(包括紧急报警装置)对防护对象实施一定范围的防护，在控制设备上能被识别并可明确显示部位的区域。

对报警控制器而言，防区的概念却是若干供探测器信号输入的端口，根据控制器规模的大小，可控制探测器的数量可多可少，即防区的数量可多可少。为了适应不同探测器的探测特性，这些输入端口可有不同的特性，使探测器起到不同的防范功能；这就是报警控制器的防区类型。虽然不同厂家生产的报警控制器输入端口特性各不相同，但大致可以有如下几种防区类型。

1. 出入口防区

作为探测器而言，出入口防区是指探测器监控的是主要出入通道区域，是整个防范区域内正常出入的必经之路。适合此防区的探测器主要有被动式红外探测器、微波探测器、双鉴或三鉴探测器、门磁开关探测器等。

对报警控制器而言，适合此类探测器连接的端口具有“退出延时”功能，使操作者对报警控制器进行布防操作后，有足够的时间离开现场。在延时时间段内，即使探测器被触发，也不会使报警控制器报警。也就是说，只有当“退出延时”的时间结束，报警控制器才进入正常警戒状态。同时，这种端口还具有“进入延时”功能，在报警控制器正常警戒状态时，触发该区域探测器，报警控制器也不会报警，只有当“进入延时”的时间结束，报警控制器才报警。此功能给操作者正常进入防范区域时有足够的时间进行撤防操作。通常，“退出延时”与“进入延时”的时间相同，也可通过系统编程来设定，不过延时时间的设定应考虑实际使用情况，并非越长越好。

2. 内部防区

作为探测器而言，内部防区是指探测器监控的部位在整个防范区域的内部，如内厅、休息室、卧室等需经过出入口后才能到达的区域。适合此防区的探测器主要有被动式红外探测器、幕帘探测器、微波探测器、双鉴或三鉴探测器等。

对报警控制器而言，适合此类防范区域探测器连接的端口与出入口防区具有“跟随延时”的功能，“跟随延时”的时间与“进入延时”的时间相同。在布防状态下，正常的情况总是先经过出入口，继而进入内部防范区域，依次触发两区域探测器，报警控制器非但不报警，还使正常进入者获得两倍“进入延时”的时间，对置于内部的报警控制器进行撤防操作。但当进入者并未触发出入口防区探测器，而是直接触发内部防区探测器，则报警控制器将立即报警，无任何延时，以告知这种非正常的进入。这种防区适合于防范在系统布防前已躲在该内部区域的潜伏作案者。

3. 周界防区

用于这类防区的探测器主要是保护防范区域的周边场所，一般在人员正常活动范围之外，如外部的窗、阳台、围墙、围栏等，可看作防范区域的第一道防线。适合此防区的探测器主要有主动对射式红外探测器、高压脉冲式电子围栏、张力式电子围栏、泄漏电缆探测器以及玻璃破碎探测器等。

与这类探测器相配合的报警控制器输入端口，无任何延时，在报警控制器布防后一旦收到探测器送来的信号，报警控制器将立即报警。

4. 日夜防区

用于这类防区的探测器 24 小时均处于警戒状态，但白天与夜晚有不同的工作状态，一般主要针对某些敏感地区的监控，如商店的贵重橱窗、仓库大门、需要密切注意的出入口或区域等。适合此防区的探测器主要有振动探测器、玻璃破碎探测器、双鉴或三鉴探测器等。

对报警控制器而言，适合此类防范区域探测器连接的端口也具有两种工作状态：在撤防状态下(如白天)，触发该防区，控制器会发出快速蜂鸣声并显示防区号，以示警告；而在布防状态下(如夜晚)，触发该防区则立即报警。该类防区报警无任何延时。

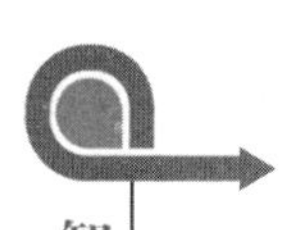

5. 24 小时报警防区

接于这类防区的探测器 24 小时均处于警戒状态，没有白天与夜晚的分别，如有毒有害气体监测、可燃气体或火灾监测，贵重物品柜、珠宝柜台、收银台等的防护场合。适合此防区的探测器主要有特殊气体探测器、火灾探测器、振动探测器、玻璃破碎探测器及紧急按钮等。

为适应此类防范区域的特殊要求，报警控制器相应的连接端口具有不受撤布防影响的特点，只要报警控制器上电，这类防区就处在警戒状态，一旦触发，立即报警，没有延时。

实际的报警控制器对这类防区的设定还有不同，通常有 24 小时无声报警防区、24 小时有声报警防区、24 小时辅助报警防区、火警防区等，可根据需要设定。

对于具有多个防区的报警控制器，为了提高它的适应性以满足不同用户的不同需求，报警控制器的防区类型可以通过系统用户编程功能灵活设置，使控制器的输入端口特性满足探测器的工作特性，发挥各类探测器的最大防范效果。

2.4　报警信号传输技术

报警信号的传输就是将报警探测器的报警信息传送至报警控制器去进行处理、判断，确定有无入侵行为发生。根据前述可知，报警信号的传输可有有线、无线和有线无线混用等不同的方式。

2.4.1　有线传输方式

有线传输是将报警探测器探测到的信号通过导线传送给报警控制器。根据报警探测器与报警控制器之间连接方式的不同，有线传输方式又可分为多线制传输和总线制传输。

1. 多线制

多线制也叫分线制，这种连线方式是指：探测器、紧急报警装置通过多芯电缆与报警控制器之间采用一对一专线相连；每个报警探测器与控制器之间都有独立的信号回路，各探测器之间也是相对独立的。其连接方式一般为电源线、公共地线为所有探测器共用，而各探测器的报警信号线则分别接至报警控制器不同输入端(不同防区)。如图 2-28 所示即为多线制连接方式的连接示意图。

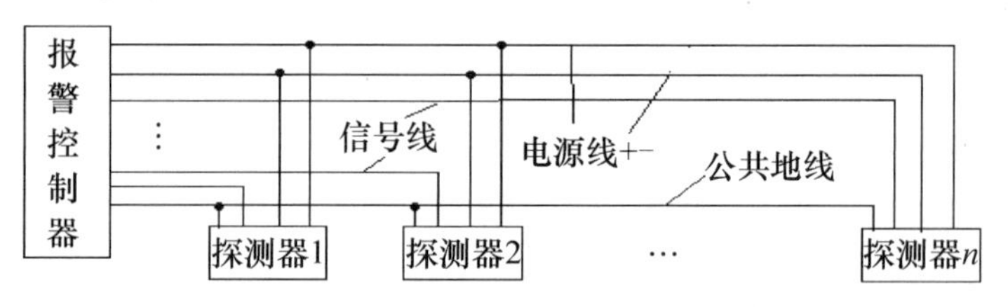

图 2-28　多线制连接方式示意图

多线制连接方式的优点是探测器的连接电路比较简单，维修也比较方便；缺点是用线量大，工程实施中配线管直径大，穿线较为复杂，倘若出现线路故障查找比较麻烦，故这

种方式通常只适用于小型报警系统。

2. 总线制

总线制是指将各种探测器与紧急报警装置通过其相应的编址模块与报警控制主机之间采用 2～4 根报警总线相连。每个报警探测器与紧急报警装置都具有各自独立的地址编码，而报警控制器则采用串行通信的方式按不同的地址访问每个探测器，了解当前的工作情况或报警情况，并对不正常现象进行处理。

总线制连接方式的最大优点是建成的系统用线量少，设计与施工方便，尤其是规模扩充十分容易，因此在现今的防盗报警系统中被广泛使用。如图 2-29 所示即四总线传输方式的连接示意，图中四线分别为：探测器电源线、公共地线、检测线(按地址访问)和信号线。

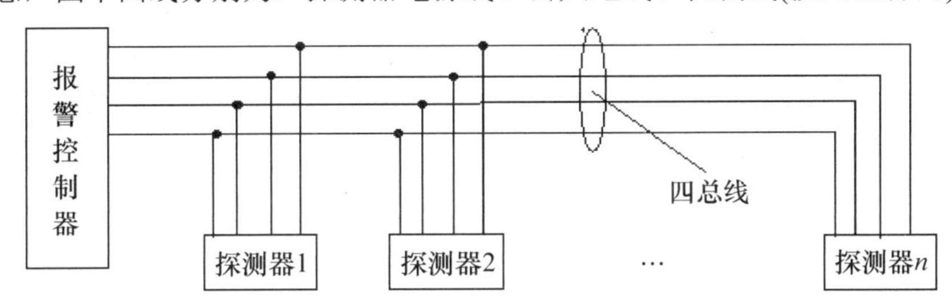

图 2-29　总线制连接方式示意图

3. 多线、总线混合方式

在报警系统的构建中，也有采用多线、总线混合方式的。这是因为有的传感器结构简单，如门磁开关、紧急按钮、微动开关等，此时如果采用总线制连接方式，势必使电路结构复杂，成本增加；而多线制又使报警控制器与各探测器之间连线太多，不利于设计与施工。若将多线、总线方式混合使用，则不失为一种好的解决办法。具体是在一个范围不大的防范区域内加设一个防区扩展模块，该区域内的所有探测器与之采用多线制连接，若干这样的模块及其他类型的探测器与报警控制器则仍以总线方式连接。

无论何种传输连接方式，在有线线路敷设时应尽量考虑隐蔽、防破坏，并根据传输路程的远近选择合适的导线芯截面，来满足系统前端设备供电容量和允许线阻引起的电压降要求。

2.4.2　无线传输方式

无线传输方式是将报警探测器或紧急报警装置的报警信息、地址信息乃至报警现场的声音甚至图像通过相应的无线传输设备与报警控制主机建立通信连接，而控制中心接收到信号后应能判断报警类型、报警部位。

现在用于报警信息无线传输的设备有多种，选型时除应考虑载波频率(国家无线电管理委员会指定可用的业余频段有几十个，其中用于报警信号传输的频率大多为 3.5～3.6MHz、28～29.7MHz、50～54MHz、144～148MHz、315 MHz 和 443 MHz)和发射功率(小于 0.5W，选用功率过大的发射机应在国家无线电管理委员会备案)需符合国家相关管理规定外，还应注意探测器的无线发射机电池有效使用时间不少于 6 个月；在发出欠压报警信号后，电源

应还能支持发射机正常工作 7 天；无线紧急报警装置应能在整个防范区域内触发报警；无线报警发射机应有防拆报警和防破坏报警功能。报警接收机的安装位置通常应由现场试验确定，保证能接收到防范区域内任意发射机发出的报警信号。

由于报警信息无线传输产品自身的工作原理和技术特性决定了其对安装和使用环境有更高的要求，不同的安装方式和使用环境对无线报警系统的使用效果(主要是误报漏报率)影响非常大，如不能很好地理解无线报警系统的技术原理和其安装方式，势必会产生过高的误报率和漏报率，使建成的无线传输报警系统不能很好地工作。

2.5 防盗报警系统

将上述各种报警探测器、报警控制主机和其他相关安全技术防范的产品采用合适的信息传输方式组合起来，完成特定的防盗功能，就构成了防盗报警系统。实施这种组合的过程，就是防盗报警系统工程。

2.5.1 防盗报警系统的应用

随着我国改革开放的不断深入，科学技术的飞速发展，人民生活水平的大幅度提升，人们安全防范意识也在不断地提高；各种盗窃与破坏已成了当前社会普遍关注的问题，各行各业对安全防范的需求也从原来的被动接受变为主动防范，正因为如此，防盗报警系统的应用范围越来越广泛。除公安机关与国家相关部门明确规定的银行、金库、博物馆、档案室、重要办公室及军事要地等必须安装防盗报警系统外，商场(超市货物区和收银台)、学校乃至幼儿园、居民住宅小区以及居民家庭也正在大量使用防盗报警系统，它们为人民生活的安定、构建“和谐社会”“平安城市”起到了极大的作用。

2.5.2 防盗报警系统设计中应注意的问题

(1) 防盗报警系统在设计中必须根据国家有关标准、公安部门有关规范要求进行，必须全面了解建设单位的性质、要求，从而确定防护范围、警戒设防的区域，并根据各区域的不同要求确定保护级别和风险等级。设计应从实际需要和要求出发，尽可能使系统简单、可靠，技术先进，经济合理。

(2) 应全面勘察设防的范围，了解各设防区域的特点，包括地形、建筑结构、气候条件、可能产生的各种干扰以及可能发生入侵时的方向、路线、地点与时间等。

(3) 确定防盗报警系统要达到的功能及不同防范区域的不同要求，选择不同探测器的种类。报警探测器的安装位置在不影响性能的基础上应尽量隐蔽，当探测器受到损坏时，应易于及时发现并及时处理。

(4) 系统探测器、线路出故障或受破坏时，应能报警提示，并告知故障区域，以便及时出警和维修。

(5) 系统设计时应根据不同探测器的性能画出布防图、探测范围的覆盖图。必要时应进行现场试验，并结合实体防范部分和守卫力量的情况，对设计系统的各项技术指标、预

期效果做出评估，最终做出完整的防盗报警系统设计方案。

(6)　设计方案要报送有关主管部门审批，对其技术、质量、费用、工期、售后服务以及预期效果做出评价，设计者应根据审批意见进行修改，并做出正式设计方案。

2.5.3　防盗报警系统的形式

防盗报警系统按实际要求系统的大小及布防区域的多少，可以分为单级防盗报警系统和多级防盗报警系统。

1. 单级防盗报警系统

单级防盗报警系统是最简单的报警系统，由若干探测器通过传输线和一台报警控制器相连而构成。前面介绍的小型报警控制器，具有 6～8 个防区，可以下挂 6～8 个探测器，就非常适合构建单级防盗报警系统，如图 2-28 和图 2-29 所示的系统结构就是典型的单级防盗报警系统结构。

2. 多级防盗报警系统

因单级防盗报警系统监控的范围小，所能起到的防盗报警作用受到限制，故实际的防盗报警系统大多为多级系统，规模可以是二级、三级、四级乃至更高。将若干上述的单级防盗报警系统进行联网，可以组成一个区域的报警系统；将若干区域的报警系统进一步联网，可以组成规模较大的报警控制中心；将若干报警控制中心再进一步联网，则可以组成规模更大的报警控制网，甚至最终与公安局“110”接警中心联网。其网络拓扑结构如图 2-30 所示。

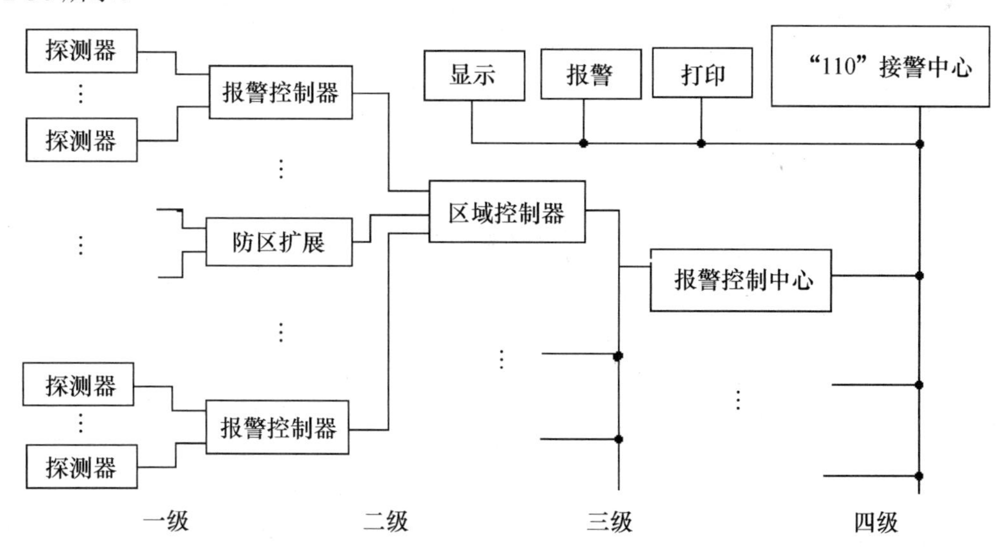

图 2-30　多级防盗报警系统网络拓扑结构

3. 利用公用电话网传输的多级报警系统

如图 2-31 所示为某利用公用电话网传输的多级防盗报警系统，从图中可见，其与图 2-30 所示的多级防盗报警系统差别在第二级网络以后，将图 2-30 中的“区域控制器”更换为“报

警控制/通信主机”，即可与公用电话网相连，于是前端探测器的报警信息，就可通过电话网传至任何地方。同样，接警中心采用“报警接收/处理设备”直接从公用电话网上获取报警信息并配套警情处理装置、显示与打印设备，即可构成全系统。

如图 2-31 所示为利用公用电话网传输的多级报警系统，其最大的优点是可以方便地利用现有的城市或单位、部门的程控电话交换网来作为传输网络，既适用于街道派出所辖区乃至公安分局组建防盗报警网，也适合银行、宾馆、饭店、工厂等所有有电话交换设备的企事业单位组建内部防盗报警网，组网方便，施工简单，节省费用。这种系统的工作过程是这样的：当用户端一旦有入侵或其他警情发生时，报警控制器将收到报警信息，并将信息传送至“报警控制/通信主机”，无论是报警控制器还是报警控制/通信主机均会在此时发出声光报警信号，并显示报警部位与警情，提醒用户端值班人员立即进行警情处理；与此同时，“报警控制/通信主机”会立即自动拨号通过电话线向接警中心报警并传送报警信息。接警中心的“报警接收/处理设备”不但可以准确地区分报警类型，还能通过显示装置显示出报警的单位、地址、电话号码及联系人信息等，或直接在电子地图上显示报警用户的位置、单位名称等，打印设备则可打印出相关报警信息。

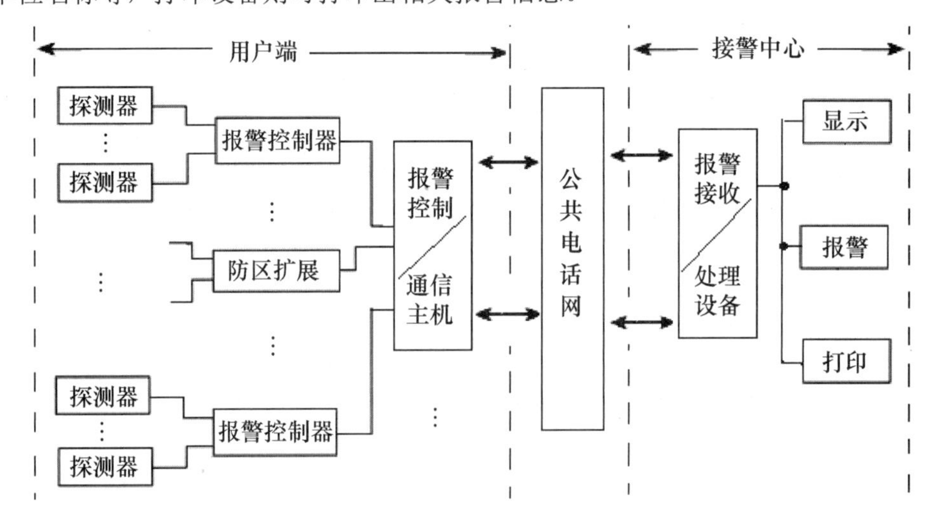

图 2-31　利用公用电话网传输的多级防盗报警系统

“报警控制/通信主机”在接警后的自动拨号是人工设置的，通常可以设置若干组(8～10 组)电话号码，同时还可设置何种警情拨何组号码；有的“报警控制/通信主机”还具有接通电话后带 10～20s 的语音报警功能。显然在现代移动通信发展非常迅速的情况下，将移动电话的号码也预置在自动拨号之中，则可使接警和处警的范围更大，使用更方便。

4. 无线联网的多级报警系统

无线报警系统的联网可以根据防范区域的大小、防范报警要求的等级以及防范报警的功能等方面合理配置，并可将有线及无线报警系统有机地组合在一起，构成一个庞大的无线联网型多级报警系统。有线及无线报警系统的组合可有多种形式，如无线—有线、有线—无线，无线—有线—无线、无线—有线—有线，有线—无线—有线、有线—无线—无线等。

如图 2-32 所示即为一个由各防范单位或居民住宅小区值班室与片区派出所、公安分局、直至公安局的四级联网无线报警系统示意图。图中用虚线上下隔开的为各级报警系统，图中的圆圈代表各级报警系统的无线收发中心，因在系统内所处的地位不同而处于不同的级别。

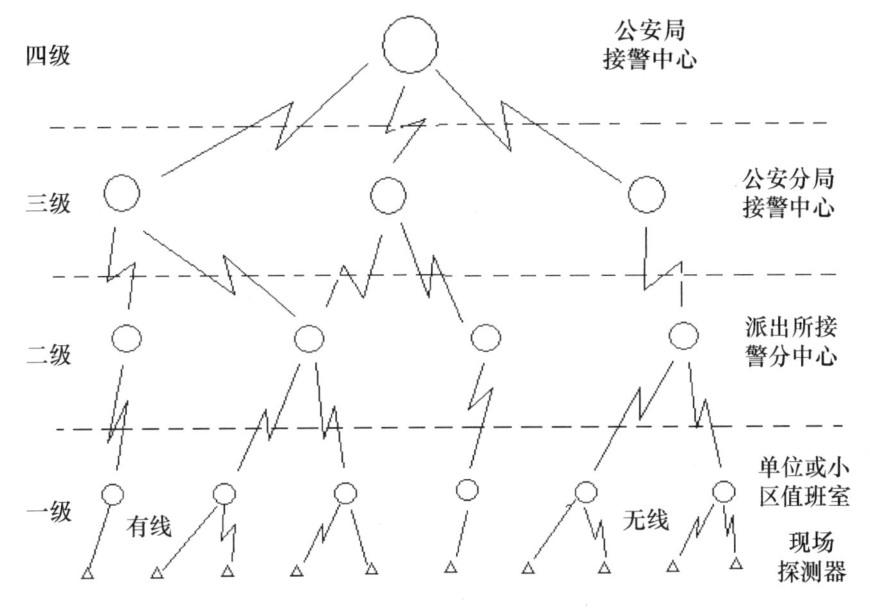

图2-32　四级联网无线报警系统示意图

复习思考题

1. 什么是防盗报警系统？防盗报警系统主要由哪些部分组成？

2. 请简单叙述入侵报警探测器的主要探测原理。

3. 防盗报警系统信号传输部分的作用是什么？

4. 请简单叙述报警控制主机的主要功能要求。

5. 防盗报警探测器按其警戒范围来分有哪些种类？各种探测器的警戒范围是由什么决定的？

6. 请简单叙述主动对射式红外探测器的探测原理，这种探测器使用时应注意哪些问题？

7. 请叙述被动式红外探测器的探测原理、特点与使用注意事项。

8. 请叙述微波探测器的探测原理、特点与使用注意事项。

9. 什么是双鉴探测器和三鉴探测器？

10. 高压脉冲式电子围栏探测器的探测原理是什么？

11. 张力式电子围栏探测器的探测原理是什么？

12. 请简单叙述泄漏电缆入侵探测器的探测原理。

13. 报警控制器(报警主机)主要有哪几种工作状态？

14. 何谓防区？对报警控制器而言，有哪些防区类型？请简单叙述不同类型防区的功能特点。

15. 报警信号的传输主要有哪几种方式？

16. 请简单叙述多级防盗报警系统的组成。

第 3 章　出入口控制与管理技术

出入口控制与管理技术是对人、车和物等目标的出入进行控制与管理的技术，是早在 20 世纪 70 年代后期就发展起来的安全技术防范，至今仍是各种保安区域内管理各种目标出入活动的有效方法。出入口控制与管理行业属于安防行业的子行业之一，是安全技术防范领域的重要组成部分。

出入口控制与管理系统也叫门禁管理系统，随着科学技术的不断进步，此类系统已经逐渐发展成为一套现代化的、功能齐全的管理系统。门禁管理系统是采用现代电子技术与信息技术，根据建筑物或各防范区域安全技术防范管理的需要，采用各种身份识别技术，并结合计算机技术、控制技术和网络通信技术，对需要控制的各类出入口，按各种不同的通行对象及其准入级别，对其进出时间、通行位置等实施实时控制与管理的系统；通俗地说就是：它保证授权人员自由出入，限制未授权人员的进入，对于强行闯入的行为予以报警，并同时对授权出入人员的代码、出入时间、出入门代码等情况进行记录与存储。与传统的安防产品相比，出入口控制与管理系统不仅具有安全防范的功能，还具有“智能管理手段”的特点，从而达到安全防范、提高管理效率的效果。

国内出入口控制与管理行业是随着国内居民对生活质量要求的提高以及国家对公共安全要求及其标准的不断提高而迅速发展起来的。20 世纪 90 年代以前，国内基本是依靠人工和机械式大门对人流、车流进行控制与管理，随着我国国民经济的飞速发展、“城镇化”进程的快速进行、科学技术的进步、和谐社会的构建和信息化水平的提高、城镇人口的急剧膨胀，加上汽车保有量的快速增长，急需采用科学的、先进的管理方式对人流、车流进行控制与管理，从而对行业产生巨大的需求推动。

出入口控制与管理系统涉及的应用领域非常广泛，既有各类党政机关、展览会场馆，又包括学校、幼儿园、医院、通信单位、电力系统、金融营业场所、零售商业网点、度假村等各种场所乃至现代智能化建筑与居民住宅等；既有大众熟知的城市轨道交通、地铁、高速公路、码头、机场，又包括大众平时难以接触到的诸如枪支弹药生产、经销、存放，射击场，剧毒化学品、放射性同位素集中存放场所等特殊领域。从技术应用角度来看，随着生物识别技术及 IP 智能分析技术的发展，出入口控制与管理系统已进入全面成熟期，各种采用先进技术的系统，在安全性、方便性、智能化管理等方面都各有所长，应用领域也越来越广。

3.1　出入口控制与管理系统的基本组成

3.1.1　出入口控制与管理系统的基本组成

出入口控制与管理系统是由目标信息与识读部分、传输部分、系统管理/控制设备、执行部分和其他外设以及相应的系统软件组成。

(1) 目标信息可以是卡信息、密码、指纹、手掌、脸形、眼虹膜等信息，还包括自定义特征信息、模式特征信息、物品特征信息等与之相关的信息；其中自定义特征信息包括人员编码和物品编码，人员编码是为目标人员设置的编码信息，物品编码是为目标物品附属的编码载体；模式特征信息主要是人体生物特征，人体生物特征是目标人员个体与生俱有的、不可模仿或极难模仿的那些体态特征信息或行为，且可以被转变为目标独有特征的信息；物品特征信息是目标物品特有的物理、化学等特性且可被转变为目标独有特征的信息。

(2) 识读部分主要是进行身份信息的采集，可由身份识读设备(如读卡机)来完成身份信息(卡信息、密码、指纹、手掌、脸形、眼虹膜等)的采集工作。

(3) 传输部分就是将采集的身份信息提供给控制设备，并以总线信号的方式向中心传输，通常是采用屏蔽多芯电缆(4 芯、6 芯或以上)和 2 芯双绞线或 2 芯屏蔽双绞线等。

(4) 系统管理/控制设备具有存储信息的功能和独立处理数据的能力，识读部分采集的信息与系统控制设备内部存储的信息核对，如与存储的卡信息或生物信息无异，则通过执行部分联动电锁开启所控制的门；如有异，则不会输出联动信号。系统管理/控制设备还有将所有信号上传至管理中心计算机等功能。

(5) 执行部分主要是指联动电控锁或其他能起到“门”作用的可控设施。授权卡信息和人体生物特征信息核对无误，由执行部分设备输出信号启动电锁或“门”。

系统管理/控制设备的运行完全依靠系统操作软件，通常应包含如下内容：①管理系统软件，包括操作员管理系统、人事管理系统、卡片管理系统、数据备份与恢复等功能模块；②系统控制软件，包括对系统硬件进行设置调试和管理控制、系统设置、系统信息控制、实时监控等。

在管理系统软件中，操作员管理系统主要功能是对系统操作员的使用权限进行管理，指定系统各功能选项分别由相关人员进行操作管理。人事管理系统软件主要是对系统人员资料的输入、更改、删除，包括单位、部门、人员、职务、类别等。卡片管理系统软件的主要功能是对卡片的发行及类型进行管理等，其中卡片发行包括长期卡和临时卡的发卡、挂失、退卡、换卡、卡片激活、密码修改、授权等，类型管理则包括卡片押金、卡片充值、批量充值、充值报表等。数据备份与恢复的主要功能是定期对数据库的数据进行备份与恢复，确保数据的安全。

在系统控制软件中，系统硬件的设置调试和管理控制是指通过软件设置、控制每个人员的开门权限、开门时间等；通过信息提取和查询，可以查看指定出入口控制系统所有读卡信息记录；实时监控指定出入口控制系统的开门状态与人员进出信息等。系统设置主要用于对门禁控制器的初始化、测试、修改、设置时钟等操作，以及系统用户的增减、校时、恢复、查看门禁用户信息等。

3.1.2 出入口控制与管理系统的具体结构

比较完整的出入口控制与管理系统通常应具有如图 3-1 所示的结构，它包括三个层面的设备或部件；最底层设备是直接面向出入口进出对象的，如人或车辆，主要设备有读卡机、电控门、出门按钮、报警传感器、声光报警器等，它们用来接收出入口进出对象输入

的信息，并将信息传至控制器中；中层设备主要是门禁系统控制器，它们接收最底层设备发来的相关信息，与已存储的信息进行比较并做出判断，随后再向最底层设备发出处理信号，同时还将全部信息包括处理结果等上传至管理中心；管理中心是系统的上层设备，也是整个门禁系统分析处理各种信息、发出各种指令的核心，它汇总所有来自各门禁系统控制器的信息，经过分析、判断后发出相应的控制指令，并将信息记录储存。

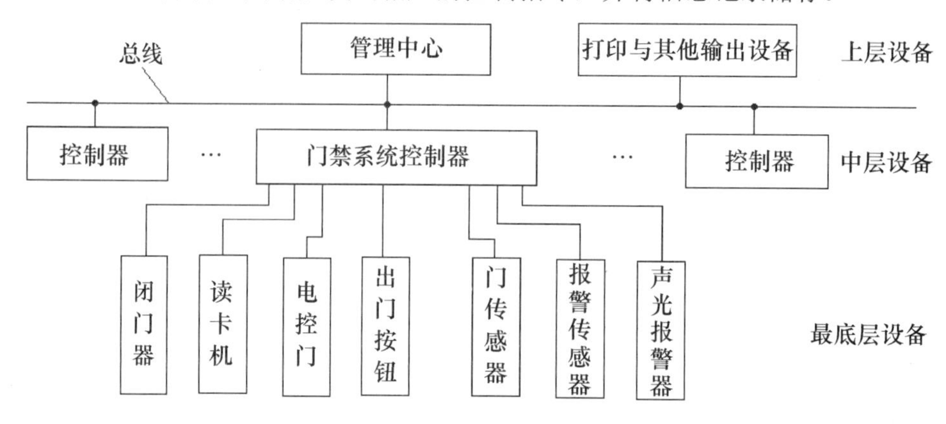

图 3-1　出入口控制与管理系统的结构图

由图 3-1 中可见，最底层设备种类繁多，其中最关键的设备是读卡机和电控门。其实在构成门禁系统时，除关键设备外，其他设备的种类和数量并不一定要十分齐全，可根据实际需要及不同的功能要求进行灵活配置。最简单的出入口控制与管理系统可由单个门禁系统控制器与部分最底层设备组成，用来管理一个或几个门；若干个门禁系统控制器组成的小系统又可通过总线连接成规模较大的出入口控制与管理系统，而每个小系统的配置也不必相同。

3.1.3　出入口控制与管理系统的功能特点

作为一个完善的出入口控制与管理系统，通常应具备如下的功能特点：

(1) 每个用户持有一个独立的卡、指纹或密码，它们也可以随时从系统中取消。所用的卡一旦遗失，可使其失效，而不必像机械锁那样重新配钥匙，或更换所有人的钥匙甚至换锁。

(2) 可以预先设置任何人的优先权或权限。一部分人可以进入某些部门的某些门，另一部分人则可以进入另一些部门的另一些门，这样可以控制什么对象什么时间可以进入什么地方，同时还可以设置任何对象在哪几天或者一天内多少次进出哪些门。

(3) 具有进出通道的时段设置功能。可以对允许进出的对象设置在什么时间范围内可以进出，超时将自动禁止出入。

(4) 具有信息记录和查询功能。该功能可将系统所有的活动(包括无效刷卡)都记录下来，以备随时查询或用于事后分析。

(5) 系统的管理操作用密码控制，防止任意改动。

(6) 整个系统有后备电源支持，保证在停电后的一段时间内仍能正常工作。

(7) 具有紧急全开门和紧急全闭门功能。

对于某些技术先进的出入口控制与管理系统，还可具有一些其他的特殊功能。

(1) 异常报警功能：在出现非法侵入、门超时未关等异常情况时可以实现报警。

(2) 反潜回功能：持卡人必须依照预先设定好的路线进出，否则下一通道刷卡无效。

(3) 防尾随功能：持卡人必须关上刚进入的门才能打开下一个门。

(4) 消防报警联动功能：在出现火警时，门禁系统可以自动打开所有电控门，让里面的人随时逃生。

(5) 逻辑开门功能：可以设置不同的逻辑才能打开电控门锁，例如一个门需要几个人同时刷卡或顺序刷卡；也可对同一种鉴别方式进行多重检验；或采用多种鉴别方式进行重叠检验等。

(6) 网络设置管理监控功能：可以在网络上任何一个授权的位置对整个系统进行设置监控查询管理，也可以通过 Internet 进行异地设置管理监控查询。

3.2　出入口控制与管理系统的设备与相关技术

从图 3-1 所示的结构图中可见，底层设备是直接面向出入口进出对象的，设备的种类繁多，且每种设备又各具不同的功能，下面对其中主要的设备进行介绍。

3.2.1　电控门

电控门是出入口控制与管理系统的执行机构，它依据对出入凭证的检验结果来决定门的启闭，从而最终实现是否允许进出对象的出入。通常，根据所用门的材料及配置的锁具不同，可有如下不同的电控门种类：①电磁锁电控门，断电后是开门的，符合消防要求。这种锁具适用于单向的木门、玻璃门、防火门、对开的电动门等。②阳极锁电控门，这种电控门也是断电开门型，符合消防要求。阳极锁安装在门框的上部。与电磁锁不同的是，阳极锁适用于双向的木门、玻璃门、防火门，而且它本身带有门磁检测器，可随时检测门的安全状态。在目前常规的门禁系统中，这类电控门的应用是最多的。③阴极锁电控门，一般为通电开门型，适用于单向木门等。安装阴极锁电控门一定要配备 UPS 电源，因为停电时阴极锁是锁门的。

事实上，在各种出入口控制与管理系统中，“门”的概念已被大大地扩展了，已不再局限于传统的门。如各公共出入场所的通行闸、地铁入口通行闸、汽车通行道路的电动栏杆与道闸等，它们同样作为出入口控制与管理系统的执行机构，同样依据对出入凭证的检验结果来决定闸门的启闭。在电子技术尤其是计算机技术发展与普及的今天，还有许多虚拟的“门”，也被广泛应用于虚拟的“出入口通道”中，如银行账户、证券账户、个人电脑系统、各种专用设备操作系统的进入等。

3.2.2　出门按钮与门传感器

出门按钮通常安装在各类电控门的内侧，一般按一下即可打开电控门，适用于对出门无限制的情况。门传感器则用于检测门的安全开关状态，并将检测状态上传至门禁系统控

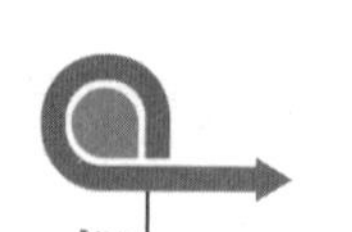

制器。

3.2.3 读卡机与身份识别技术

在出入口控制与管理系统中，读卡机是真正面向出入口进出对象的设备，它直接从进出对象处获取信息，所以也叫识别器或出入凭证检验装置。此设备的主要功能是通过对出入凭证的检验，判断出入对象是否有授权出入，只有对象的出入凭证正确才予以放行，否则将拒绝其通行或产生报警。

随着各种新技术的不断发展，用于出入口控制与管理系统中的出入凭证种类繁多，有许多已大大超出传统的“卡”的概念，则读卡机也将做相应的变化。

不论何种凭证，其基本功能是必须携带出入对象的主要信息，这些信息又必须为检验装置所接收。目前使用较多的出入凭证大致有以下 3 大类。

1. 以各种卡片作为出入凭证

随着卡片的材料、技术的不断更新，卡片也向多样性、适用性、安全性、方便性方向发展，其中以安全性最为重要。

(1) 光学卡：这种卡片利用不透光的塑料或纸片以不同的排列方式打孔，而利用机械或光学系统读卡，仅获取卡号。这种卡片成本低廉、复制方便、安全性极差，目前已基本被淘汰。

(2) 磁码卡：就是通常说的磁卡，它是把磁性物质粘贴于塑料卡片上制成，磁卡可以包含较多的信息内容，用户可以随时更改自己的密码，使用比较方便，目前已被广泛应用于商业及银行信用卡系统中。其缺点是易被消磁、磨损，尤其是磁条内的数据易被复制而导致伪造磁卡相对容易，故此种卡的安全性也不高。

(3) 条码卡：也叫条形码卡，它是用一组彼此间隙很小、宽度不同的黑白平行条纹组成，以条纹宽度和间隙大小的不同来进行编码；条形码阅读机则对条纹进行扫描，并将获取的数据送到译码电路，经译码后，实现编码的识别。条形码卡价格低廉，但很容易被复制，只能用于安全性要求不高的出入口控制场所。

(4) 铁码卡：这种卡片中间用特殊的细金属丝排列编码，采用金属的磁扰原理制成，卡片一旦遭到破坏，卡内的金属丝排列也必然会遭到破坏，所以无法复制，防伪造效果好。与之相应的读卡机不用磁的方式阅读卡片，卡内的金属丝也不会被磁化，所以它能有效地防磁、防水、防尘，可以长期在恶劣的环境中使用，是目前安全性较高的一种卡片。

(5) IC 卡：也叫集成电路卡，它将 3μm 以下半导体技术制造的集成电路芯片封装于塑料卡片之中，外形与磁卡相似。IC 卡具有数据的写入和存储能力，存储器的内容根据需要可以有条件地供外部读取，或供内部信息处理和校验。根据卡内所用集成电路的不同，目前的 IC 卡大致可分成 3 类。第一类为存储器卡，此类卡中的集成电路为 EEPROM(电擦除可编程只读存储器)，它仅有数据存储能力，没有数据处理功能。第二类为逻辑加密卡，此种卡片中的集成电路具有加密逻辑和 EEPROM，在对卡中的数据进行操作前，必须验证每张卡的操作密码，此过程由卡中的芯片完成；卡中还设有一个错误计数器，如果连续 3 次验证密码失败，则卡中数据被自动锁死，该卡将不能再使用。第三类则为智能 IC 卡，卡中的集成电路包括 CPU(中央处理器)、EEPROM、RAM(随机存储器)以及固化在 ROM(只读存储器)中的片内操作系统，由于有了 CPU，卡的功能更强，安全性和保密性更好。

IC 卡具有如下的特点。①卡的存储容量大，可以从几个字节到几兆字节，可以存储文字、声音、图形、图像等各种信息。因内含微处理器，还可将存储器分成若干个应用区，便于一卡多用，方便管理；②安全性非常高，卡内信息加密后不可复制，且安全密码核对错误时还有自毁功能；③IC 卡防磁，防一定强度的静电，抗干扰能力强；④使用寿命长，一张卡可以重复读写十万次以上；⑤IC 卡的读/写机构要比磁卡的读/写机构简单可靠，造价便宜，维护方便。正由于上述特点，IC 卡的应用得到迅速的普及，不仅仅被应用于出入口控制与管理系统中，也被广泛地应用于金融、电信、智能大厦等领域。

(6) 感应卡：感应卡中封装有可编程集成电路芯片和射频电子电路，这种卡的识读过程是这样的，即读卡机产生特殊的射频信号，在一定的范围内具有电磁场能量，当感应卡进入该区域范围时，卡内的射频电路被激活从而发出电磁波，将该卡的信息传回读卡机。感应卡也有多种不同的种类，根据卡的能量来源可分为主动式感应卡和被动式感应卡，主动式感应卡中的电子线路依靠与它们封装在一起的长寿命电池供电，当卡片进入读卡机能量范围时，长寿命电池在卡内射频电路激活时供电；而被动式感应卡则不带电池，卡片进入读卡机能量范围时，直接吸收读卡机的射频能量将其转换为卡片内电子线路所需要的电能而工作。显然，被动式感应卡没有电池寿命的限制，使用时更方便、可靠，寿命更长，应用也更普遍。根据读卡机和卡的工作频率可分为低频卡和高频卡，低频卡的工作频率通常在 33～500KHz，而高频卡的工作频率则在 2.5MHz 和几百兆赫兹之间，有的甚至高达数 GHz。一般工作频率越高，阅读范围与通信速度越大，当然系统的成本也相应提高。另外，根据卡内封装的集成电路芯片类型还可分为只读式感应卡和可擦写式感应卡，只读式感应卡的编码通常在制造时就确定一组特定的码序，使用中是无法更改的，而可擦写式感应卡的数据区要比只读式感应卡大，并且可根据系统管理人员的需要灵活编程。

感应卡具有如下的特点。①感应卡因采用非接触工作方式，即使是频繁地读、写或移动，也不会引起接触不良或数据遭破坏等故障，使用人员只要将卡装在衣服、包里或佩戴于胸前，即可被正常阅读，使用迅速方便。②可以在门内外两侧感应阅读(也称隔墙感应)，因此读卡机及发射天线可以预先隐蔽安装在墙的建筑结构内，增加了隐蔽性，也不易遭到破坏。③适用于多尘、潮湿或其他环境恶劣的地方工作，读卡设备可以全封闭。

正由于感应卡及其系统具有保密性强、环境适应性强、工作可靠、稳定、使用方便等特点，它正获得越来越广泛的应用。图 3-2 所示为各种卡片的外形。

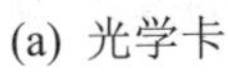

(a) 光学卡

(b) 磁卡

图 3-2　各种卡片的外形

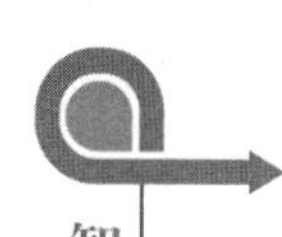

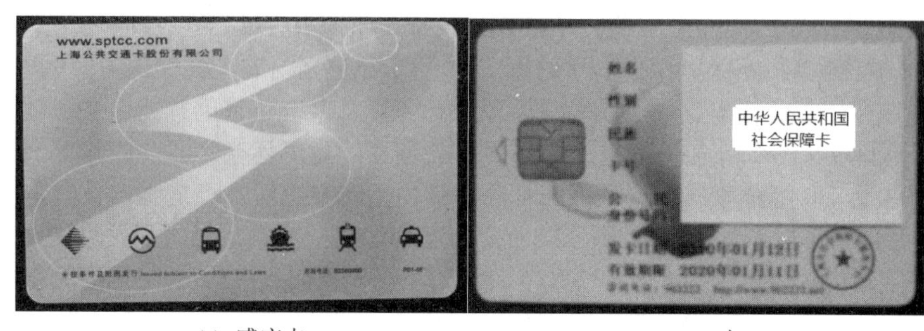

(c) 感应卡　　　　(d) IC 卡

图 3-2　各种卡片的外形(续)

2. 以个人身份识别码作为出入凭证

这是指每个有权出入的人所对应的一组代码，作为身份识别的依据(也称密码)，这个代码被预先保存到出入口控制与管理系统中。当用户想进入时，可以通过键盘输入他的身份识别代码，系统则将其与预先存储的代码进行比较，如果一致，则允许其通过；反之则拒绝其出入。通常，这组代码可以由用户选择，也可以由系统来指定，一般为 4～6 位数字。

个人身份代码的输入，一般均通过键盘来进行。键盘的输入方式常有两种：固定式键盘与乱序式键盘。固定式键盘上，0～9 十个数字的位置是固定的，当用户在输入密码时，容易被他人在远处记住而进行仿冒，保密性不好；而乱序式键盘通常是计算机显示屏上的软键盘，其 0～9 十个数字的排列是随机的，对应每个用户的使用都是不一样的，可以有效地避免他人窃取或冒用密码，提高了系统的安全性。

以个人身份识别码作为出入凭证，具有明显的缺点，即它可以由合法用户提供给无权出入该通道的人，在特殊情况下，还能通过强制手段获得密码。为增加系统的安全性，如今常将密码输入与卡片控制方式两者同时使用。

3. 以人体特征作为出入凭证

人体特征识别系统是建立在每个人所具有的一些独一无二的生物特征基础上的识别系统。目前已投入使用的这类设备主要有：手形(掌形)识别、指纹识别、人脸识别、视网膜识别、虹膜识别、签字及语音识别等，由于这些人体特征的唯一性，使由这些设备所构成的出入口控制与管理系统安全性极高，因此常用于安全要求较高的场合，如机要部门、银行金库、重要军事情报部门等。

1)　手形(掌形)识别技术

对于手形(掌形)进行识别的设备是建立在对人手或掌形的几何外形进行三维测量的基础上的，因为每个人的手形(掌形)都不一样，所以可以作为识别的条件。它主要通过人手或掌形的若干外形特征，如手和手指间在不同部位上的宽度、手掌上的条纹、手指的长度、手指的厚度、手指弯曲部分的曲率等来实现识别。

为了测量这些特征，手(掌)形检测系统将光束通过一对镜面反射照向手掌(俯视及侧视)，投射到一个反射镜面，然后送入一个由光敏管组成的阵列，并将映像经过数字化处理作为一个手(掌)形样本存储到设备的存储器中。通常此类设备可以存储 10 000 个以上的样本。

在使用这类设备时，使用者通常还必须有一个经有效编码的卡或 4 位以上的个人身份识别码，同时将手放到测试板上，调整放在测试板上的手指位置等待扫描；为帮助使用者将手调到合适的位置，有的设备还安装了 LED 指示灯，平时常亮，当手掌的摆放符合要求时，LED 灯熄灭，同时进行扫描，扫描后的结果会与已存于存储器中的样本进行比对，以此实现识别功能。注册过程与识别过程相似，只不过对注册者的手要检测 3 次，然后将 3 次检测的结果取平均值来构成样本。

如图 3-3 所示为某型号手(掌)形检测仪的外形图片，该仪器上部为输入个人身份识别码部分，下部为使用者手掌摆放的测试板部分。在通常情况下，使用此类设备的错误拒绝发生率约为 0.03%(也叫拒认率，即正确的输入却拒绝接受)，而错误接受发生率约为 0.1%(也叫误认率，即错误的输入却被接受)，一般系统完成一次识别只需 1s。

2)　指纹识别技术

指纹是指人类手指上的条状纹路，它们的形成依赖于胚胎发育时的环境。目前，许多国家都将指纹作为官方采集的个人信息数据存入身份识别数据库中，也为司法部门作为身份鉴定的一种手段。

作为最传统、最成熟的生物鉴定技术，指纹有以下两个突出的优点：①稳定性，从胎儿在 6 个月时手指完全形成到人死后尸体腐烂前，手指上的纹线类型、结构、统计特征的总体分布等始终没有明显变化；②独特性，在世界上至今还找不出两个指纹完全相同的人。

指纹比对通常采用特征点法，抽出指纹上凸状曲线的分歧或指纹中切断部分(端点)等特点来识别。最近几年，随着电子技术的发展，指纹自动识别的性能已有很大提高，通常情况下，指纹识别系统可以注册登记数千枚指纹样本，识别时间一般只需 1 秒左右，错误拒绝发生率小于 2%，错误接受发生率小于 0.0001%。

但是，为了提高可靠性，指纹识别设备对手指的摆放位置有一定的要求，此外，系统对手指的实际情况也有一定要求，对脏手指或干手指的识别率会降低，对受伤的手指则不能识别。图 3-4 为某型号指纹仪外形。上部为信息显示部分，下部则为手指安放处。

图 3-3　某型号手(掌)形检测仪

图 3-4　某型号指纹仪外形

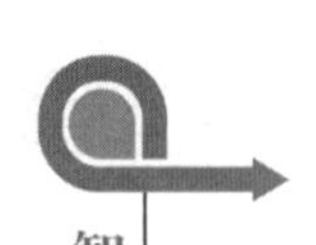

3) 指(掌)静脉识别技术

指(掌)静脉识别技术是近年来才发展起来的一种识别技术，它是利用近红外线照射活体人手指(掌)静脉，通过取得静脉图像并进行编码、认证的技术。医学研究证明，人类手指(掌)静脉的形状具有唯一性和稳定性，即每个人的手指(掌)静脉图像都不相同，同一个人不同的手指(掌)的静脉图像也不相同；健康成年人的静脉形状不再发生变化，这就为指(掌)静脉识别提供了医学依据。与指纹识别技术相比，其隐藏在身体内部，且要求活体指(掌)静脉，所以被复制或者盗用的机会基本不存在，被检者心理抗拒性低，受生理和环境因素的影响小，克服了皮肤干燥、油污、灰尘、皮肤表面异常乃至受伤等因素，原始静脉影像从被捕获到数字化处理，整个过程不到 1s，并具有极高的识别准确率(错误拒绝发生率约为 0.01%，错误接受发生率约为 0.0001%)。这些重要的特点，使其在安全和使用便捷上远胜于指纹识别技术。

4) 视网膜识别技术

视网膜识别原理是通过分析视网膜上的血管图案来区分每个人。如果视网膜不被损伤，一般从三岁起人的视网膜上的血管分布图案将终身不变，且由于人的血管路径差异很大，被复制的可能性相当小。视网膜扫描是用低强度红外线照亮视网膜，以拍摄下主要血管构成的图像。由于视网膜位于眼球的后面，因此采集过程需要用户高度配合，以保证正确的照亮和对准视网膜，并且要求站在距离 2～3 英尺的地方，保持静止 1～2s 的时间。更重要的是，被辨识者对视网膜扫描技术的忧虑，他们担心会影响眼睛健康。由于这些原因，视网膜识别技术并未成为生物识别技术中的主流技术。

5) 虹膜识别技术

虹膜是瞳孔周围的环状颜色组织，它有丰富而各不相同的纹理图案，构成了虹膜识别的基础。虹膜的形成由遗传基因决定，人体基因表达决定了虹膜的形态、颜色和总的外观。人到 2 岁左右，虹膜就基本上发育到了足够尺寸，进入了相对稳定的时期。除极少见的反常状况、身体或精神上大的创伤造成虹膜外观上的改变外，虹膜形貌可以保持数十年基本没有变化，另外，由于虹膜的外部有透明的角膜将其与外界相隔离，因此，发育完全的虹膜不易受到外界的伤害而产生变化。虹膜识别技术是通过一种近似红外线的光线对虹膜图案进行扫描成像，并通过图案像素位的差异来判定相似程度。虹膜识别过程首先需要把虹膜从眼睛图像中分离出来，再进行特征分析，理论上找到两个完全相同的虹膜的概率是一百二十万分之一，这也是目前已知的所有生物识别技术中最为精确的。

虹膜识别因为设备复杂，扫描距离短，以及使用者心理上对健康的担心，也未能在民用市场大量使用。在实验室环境下的测试数据表明，视网膜识别和虹膜识别的错误拒绝发生率小于 0.4%，错误接受发生率几乎为零。图 3-5 为某型号虹膜识别仪外形。

6) 人脸识别技术

人脸识别技术也叫面部识别技术，这是基于人的脸部特征信息进行身份识别的一种生物识别技术，是一项新兴的生物识别技术，是当今国际科技领域攻关的高精尖技术。面部识别设备主要分析脸部形状和特征，这些特征包括眼、鼻、口、眉、脸的轮廓、形状和位置关系，乃至人脸内的骨骼结构等，并用摄像机采集含有人脸的图像或视频，同时自动在图像中检测和跟踪人脸，进而对检测到的人脸图像采取一系列相关技术措施，包括人脸图像采集、人脸定位、人脸识别预处理、记忆存储和比对辨识，达到识别不同人的目的。

图 3-5　某型号虹膜识别仪外形

人脸识别系统以人脸识别技术为核心，它广泛采用区域特征分析算法，融合计算机图像处理技术与生物统计学原理于一体，利用计算机图像处理技术从视频中提取人像特征点，利用生物统计学的原理进行分析建立数学模型，具有广阔的发展前景。

人脸识别系统其实是台特殊的摄像机，判断速度相当快，一般只需 0.01s 左右。由于还利用了人体骨骼的识别技术，所以即使易容改装，也难以骗过它的眼睛。人脸识别系统还可以识别出摄像头前的人是一个真正的人还是一幅照片，杜绝使用者用照片作假；当然此项技术需要使用者作脸部表情的配合动作。另外，人脸识别系统具有存储功能，只要把一些具有潜在危险的"重点人物"的"脸部特写"输入存储系统，重点人物如擅自闯关，就会在 0.01s 之内被识别出来，同时向其他安保中心报警。另外，某些重要区域(如控制中心)只允许特定身份的工作人员进出，这时候面部档案信息未被系统存储的所有人全都会被拒之门外。图 3-6 为某型号人脸识别仪外形。

图 3-6　某型号人脸识别仪外形

人脸识别系统如今已有较广泛的应用，如人脸识别出入口管理系统、人脸识别门禁考勤系统、人脸识别监控管理系统、人脸识别电脑安全防范、人脸识别照片搜索、人脸识别

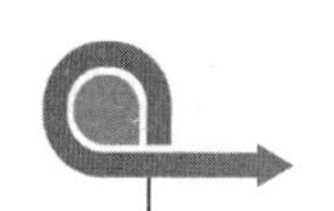

来访登记、人脸识别 ATM 机智能视频报警系统、人脸识别监狱智能报警系统、人脸识别 RFID 智能通关系统、人脸识别公安罪犯追逃智能报警系统，等等。

7) 签字识别技术

利用签名来确认一个人的身份早已获得广泛的应用(如在金融业或其他行业中已应用多年)，尽管伪造者能够造出在外形上非常相像的签名，但是不太可能正确复制笔画的速度、笔顺、笔运、笔压等，签字识别技术就是利用这些参数来进行识别的。

自动笔迹识别系统正是根据笔迹的一些动力学特征进行识别(如笔迹的走向、速度、加速度等)。对这些数据的统计分析表明，每个人的签名都是独特的，并且自身可保持一致性；这些数据可通过安装在书写工具或签字板上的传感器来获得。

8) 语音识别技术

语音识别技术是利用每个人所特有的声音为辨识条件的一种识别技术。其方法是将被检测人的语音特征与系统内预先已存储注册的声音样本进行比对而达到识别的目的。

人们的发音方式取决于多种因素，包括地理影响、声带和嘴形等。通过某个人重复说一套单字或短语，可以获得他的声音波纹模板。

语音自动识别系统的应用是与数据自动处理技术分不开的，语音中可用于识别的特征包括声波包络、声调周期、相对振幅、声带的谐振频率等；这几种特征当前都可以用于安全检测方面，而且都具有较好的发展前景。但是人的语音特征会受感冒及环境噪声的影响而发生错误判断，另外好的高保真的录音也有可能蒙骗该系统。

3.3 各种常用识别方法性能的比较

上述介绍的各种识别技术，由于识别的原理与方法不同，具有不同的性能。

(1) 个人身份代码识别也就是密码输入法，这种方法最明显的优点是使用者无须携带任何物品，只要在键盘上输入代码即可，但其缺点是不能识别个人身份，且有时密码会遗忘或泄露，使用者应经常或定期更改密码。

(2) 各类卡片由于轻便、便于携带、使用起来方便，目前已成为各种出入口控制管理系统中使用最普遍的识别手段之一。但因卡片的种类繁多，不同的卡片其性能特点又各不相同，目前使用最多的是磁卡、IC 卡与各种感应卡。其中以磁卡的价格最为便宜，但因放置不当会引起消磁而使磁卡失效，另外复制与伪造也比较方便，所以在实际使用中通常与个人身份代码识别同时使用，以提高这种卡的使用安全性，如今许多银行的信用卡仍大量使用磁卡。IC 卡内可存储的信息量大，复制与伪造困难，是目前各类卡片中安全性最高的一种卡，且这类卡的读/写机构简单可靠，造价便宜，维护方便；但卡的成本相对较高，如今在安全性要求较高的场合使用，如个人社会保障卡、个别银行的高档信用卡等。感应卡(尤其是被动式感应卡)则因使用方便、伪造困难、经久耐用而得到广泛的使用，如今的公交卡、各类考勤卡、学校的校园卡等都属此类卡。

不论何种卡片，都有一个共同的缺点，那就是要求使用者必须妥善保管，任何遗忘或丢失均会导致无法实现识别而被各种出入口控制与管理系统阻挡在系统之外。

(3) 生物特征识别技术是建立在人体独一无二的生物特征基础上的识别技术，所以是各种识别技术中安全性最高的，随着各种出入口控制与管理系统安全性要求的不断提高，这类系统的应用也越来越多。目前，较多使用的生物特征识别技术主要有指纹识别技术、虹膜识别技术和人脸识别技术，其中指纹识别系统的设备易于小型化，其应用范围较易扩展；虹膜识别则因其不可伪造性而可用于各种非常重要的地方；而人脸识别在各种智能监控场合尤其在各种公共安全防范领域中的需求不断升温，随着“国家应急体系”“平安城市”“金安工程”“数字景区”等重大项目工程的深入展开，人脸识别在有的地方已经开始被列为强制标准。如在 2007 年上海质监局发布的城市轨道交通安全防范系统地方标准中就明确要求在安防分控室中必须强制使用人脸识别装置，并对相关技术提出了具体的标准。另外，在公安、银行、海关等行业对各类案件的刑侦、针对伪卡现象的持卡人辨别、出入境管理等均已出现了对人脸识别的迫切需求。与其他识别技术相比，生物特征识别技术设备的造价较高，使用维护要求相对较高，在进行实际工程设计时，应权衡考虑各方面因素。

3.4　出入口控制系统的管理

从图 3-1 的出入口控制与管理系统的结构图中可见，完善的入口控制系统最终将由系统计算机(图中的管理中心)来完成所有的管理工作，系统各种功能的有效发挥以及如何进行方便有效的管理，则完全取决于计算机内运行的出入口控制与管理系统软件。通常，成熟的商用系统在出售时本身就有生产厂家设计好的管理软件，而系统集成商则还可以根据用户的特殊要求或按照门禁控制器提供的接口协议自行编制管理软件，以满足不同用户不同的需求。

从图 3-1 中可见，即使由单个门禁系统控制器与部分底层设备也可以组成最简单的出入口控制与管理系统，用来管理一个或几个门，相应的管理软件则直接安装在控制器内，软件规模也相对较小；实际上这种独立的系统目前应用最广。

然而，不管是独立的小系统，还是完整的大系统，出入口控制与管理系统的管理软件通常应包括如下几个部分。

(1)　系统管理：这部分软件的功能是对系统所有设备和数据进行管理的核心，主要应包含下列内容。

①　设备注册。在增加门禁系统控制器或识别用卡片时，需要重新登记，以使新添设备与卡片有效；在减少门禁系统控制器或卡片遗失、人员变动时，需要重新注册，以使被排除人员或遗失的卡片失效。

②　级别设定。在已经注册的门禁系统控制器和卡片中，哪些人只能通过哪些门，哪些卡片对哪些门无效，均可通过管理中心计算机进行设置，并且还可设定哪些人员可以进行设置操作，用以进一步提高出入口控制与管理系统的安全性。

③　时间设置。可以设定某些门禁系统控制器在什么时间或时间段可以或不可以允许持卡人通过，可以设定哪些卡片在什么时间或时间段可以或不可以通过哪些门(其中还包括日期的设置管理)。

④　数据库的管理。系统在正常运行时，对各种出入事件、异常事件及其处理方式进行记录，并保存在数据库中，以备日后查询，数据至少要能保存一个月。对于重要的数据，要能随时进行转存、备份、存档和读取处理。

(2)　报表的生成：能够根据要求定时或随机地生成各种满足要求的报表。例如，可以

查找某个人在某个时间段的所有出入情况，或某个出入口在某个时间段的所有进出情况等，并生成一目了然的报表，同时可以通过打印机打印出来。

(3) 网络通信：当系统不是作为一个最简单的独立的出入口控制与管理系统时，则必须具有向其他系统或上级管理部门传递信息的功能，这就是网络通信功能。在有非法闯入尤其是强行闯入时将响应报警，系统一方面向上级部门发出警情报告，同时还能向其他联动系统发出指令，比如启动电视监控系统，使摄像机能立即监视该处情况，并进行录像；或直接启动报警系统，用以终止非法闯入事件的进一步恶化；又如在出现火警等情况时，能启动消防设施，并能自动开启所有的门，让里面的人随时安全离开等。

此外，作为管理系统的软件，除完成所要求的功能外，还应有漂亮、直观、友好的人机界面，使管理人员便于操作与管理，同时还应支持用户提出的其他要求。

3.5 楼宇对讲系统

在我国加快实现农村城镇化建设的政策指引下，大量的居民住宅小区和各种智能型建筑也在不断地出现。为了适应构建和谐社会与安全城市的要求，对安全防范管理的智能化要求也越来越迫切，其中尤以各种商务楼、办公楼乃至居民生活小区的物业管理显得日趋重要，而访客登记及值班看门的管理方法已完全不适合现代管理快捷、方便、安全的需求。楼宇对讲系统在当今错综复杂的社会环境中，为防止非正常人员的入侵，确保商务楼、办公楼乃至居民生活小区的安全，起到了非常有效的防范作用。在多数大中城市，楼宇对讲系统已被广泛的应用，有的城市已将是否有楼宇对讲系统作为新建居民小区的验收标准之一，它能带给住户一种安全感，同时也提升了楼盘的销售价值。所以楼宇对讲系统已成为目前使用最普遍、市场需求最大的一种出入口控制与管理系统。

3.5.1 楼宇对讲系统介绍

楼宇对讲系统也叫访客对讲系统，它是指安装在居民住宅、楼宇以及要求安全防卫场所的出入口，室内人员可根据与入口处访客的对讲(包括可视对讲)情况决定是否为访客电控开门的系统。该系统还可用钥匙、密码或卡片开门，并具有自动闭锁功能。该系统能在一定的时间内抵御一定条件下的非正常开启或暴力入侵，整个系统由电控防盗门实体和对讲(包括可视对讲)电控设备组成，而对讲电控设备主要由对讲主机、用户分机、电源和传输线路等组成。

这些设备一般具有如下的功能。

(1) 对讲主机是安装在楼宇电控防盗门入口处用以选通、对讲的控制装置。如图 3-7 所示为某型号楼宇对讲系统的对讲主机。由图中可见，上述的密码或卡片开门均可由此机输入。

(2) 用户分机是安装于各用户或各房间内用以通话(包括可视)对讲及控制开锁的设备。图 3-8 所示为某型号楼宇对讲系统的单对讲型用户分机和可视对讲型用户分机。

(3) 电控门的关键是电控锁，它具有电控开锁功能和钥匙或卡片开锁功能。

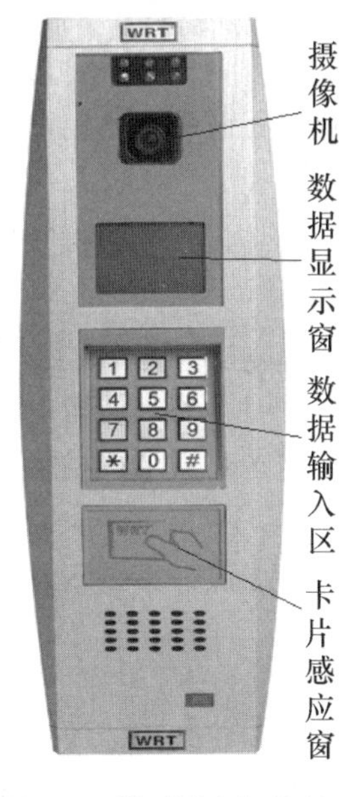

图 3-7　某对讲主机外形

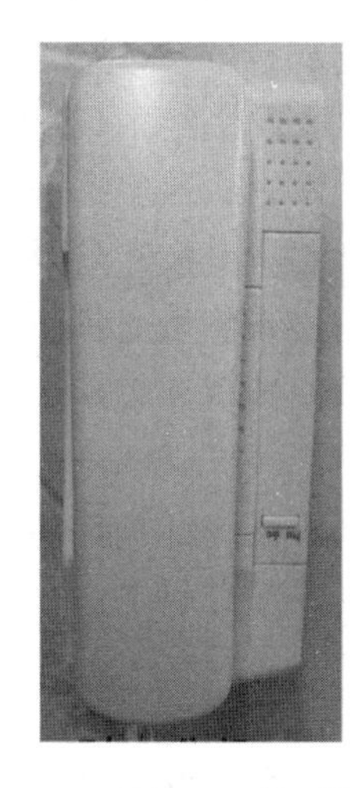

图 3-8　某型号单对讲型用户分机和可视对讲型用户分机

(4)　闭门器安装在电控门上，可使电控防盗门在开启后受到一定限制，并实现自动关闭电控门。通常闭门器的闭门速度可以根据要求调节，且闭门噪声不得大于 75dB。

(5)　电源箱是提供对讲主机、用户分机、电控锁等各种设备用电的装置，通常楼宇对讲系统的电源必须具有后备电源支持，当市电停电后能维持系统正常工作 24h 以上。

(6)　传输线路在构成完整的楼宇对讲系统时用来传输各种信号，其中包括对讲用的音频传输线、电源线、开锁线、振铃线、报警控制线等。

3.5.2　楼宇对讲系统的技术要求

在中华人民共和国公共安全行业标准《楼宇对讲电控防盗门通用技术条件》(GA/T 72—1994)中，明确列出了这类系统的技术要求。

1. 使用环境条件

环境温度-40～+55℃。

相对湿度 45%～95%。

大气压力 86～106kPa。

2. 外观及机械结构要求

(1)　主机、户外安装的电源箱、电控锁等应能在淋水试验后正常工作，并能符合规定的抗电强度试验和绝缘电阻的要求。

(2)　主机、用户分机及电源箱的外壳应能承受一定的压力试验，试验后不应产生永久性变形或损坏。

(3)　主机、用户分机的各按键、开关应操作灵活可靠，零部件应紧固牢靠。

(4)　装有电控开锁线路的主机，其外壳应有防止非正常拆卸的保护措施。

3. 基本功能要求

(1) 选呼功能。用对讲主机能够正确选呼任一用户分机，并能听到回铃声。各用户分机(有的产品)也能呼叫主机。

(2) 通话功能。选呼后，能实施双向通话，话音清晰，谐波失真不应大于 5%，信噪比大于 40dB，不能出现振鸣现象。

(3) 电控锁功能。在每台用户分机上可以实施电控开门。

(4) 对可视对讲系统而言，用户分机上的显示图像必须清晰可辨，能看清来访者的面孔。对讲主机摄像头附近还应该安装有红外照明装置，以保证在无可见光时摄像机拍摄图像的清晰度。

(5) 具有备用电源自动切换功能。在市电断电 24h 内，备用电源应能保证系统正常工作，当备用电源电压降至额定值下限时，应能报警提示，并有保护措施。

4. 耐久性要求

系统在额定条件下进行选呼、通话、电控开锁 20000 次应无电路或机械的故障，也不应有器件损坏或触点粘连，按键的字符清晰可辨。

5. 人为故障要求

产品在人为造成电路故障时不应有触电或温升引起火灾的危险。

6. 音频输出功率

应答通道(指用户分机发话，对讲主机收话的音频通道)的音频输出不失真功率应大于 10mW，主呼通道(指对讲主机发话，用户分机收话的音频通道)的音频输出不失真功率应大于 5mW。

3.5.3 楼宇对讲系统的分类与性能比较

1. 按功能来分

楼宇对讲系统可以分为单对讲型和可视对讲型。两者的差别仅在于对讲主机是否有摄像机、室内用户分机有没有可视功能。随着门禁系统安全要求的提高，可视对讲系统正在迅速得到推广应用，考虑到已建的系统中已有较多的单对讲型系统，现今的可视对讲系统大多与原单对讲型系统兼容，这样，在进行旧系统改造时，可以根据用户的具体要求，决定是否更换原单对讲型用户分机或新选可视对讲型用户分机。

2. 按系统线制结构来分

大致可分为多线制、总线多线制和总线制三种结构。

(1) 多线制系统。通话线、开锁线、电源线共用，每个用户分机需增加一根门铃线，如果是可视系统则还应有视频线。这种系统结构简单可靠，但是布线较多，例如，一栋七层楼的一梯四户楼房，共有 28 户住户，那么单元门口机就需要接 33 根线，用户越多，布

线就越多，其系统接线示意图如图3-9所示。这种线制目前已很少使用。

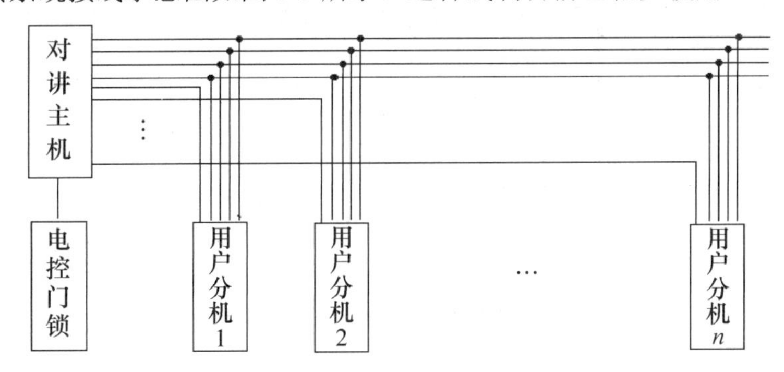

图3-9　多线制楼宇对讲系统的接线示意图

(2) 总线多线制系统。采用数字编码技术，通常每个楼层配置一个解码器，每个解码器下方可以挂接4～8个乃至16个用户，解码器与解码器之间以总线方式连接，一般单对讲型系统用4芯线为总线，而可视对讲型系统则用6芯线为总线，整个系统呈星形连接，系统功能多而强。现今大多数楼宇对讲系统在总线上可连接32个楼层解码器甚至更多，也就是说，一台对讲主机至少可以连接512个用户分机或更多。其系统接线示意图如图3-10所示，图中分机数可4～16不等。目前这种线制应用最为广泛。

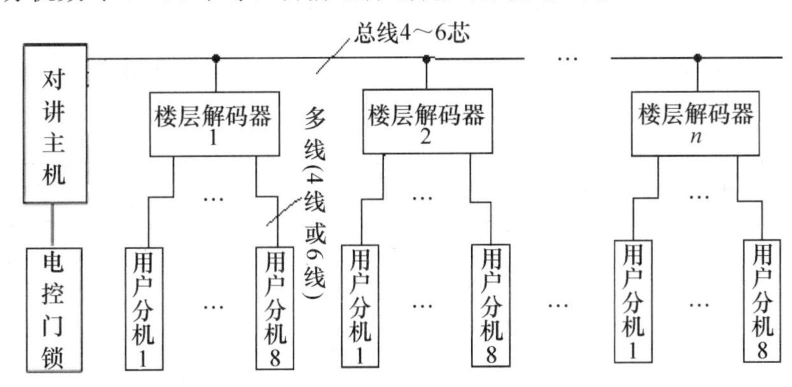

图3-10　总线多线制楼宇对讲系统的接线示意图

(3) 总线制系统。将数字编码移至每个用户分机中，从而省去了楼层解码器，构成完全的总线连接方式，工程布线时只要放置一组4芯或6芯线为总线，所有的用户分机则全部并接。所以系统连接更灵活，适应性更强。但是，如果某个用户分机线路出现短路，则会造成整个系统工作不正常，不过这类故障在主机上很容易进行控制。目前，这种线制应用也比较广泛，且因其突出的优点必将得到更为广泛的应用。其系统接线示意图如图3-11所示。

楼宇对讲系统的上述3种线制结构，各有自己的特点，但总的来讲，多线制系统因其施工比较烦琐、线材消耗较多、系统功能比较单一，尤其是规模不易扩充等原因而逐渐被淘汰出市场；总线多线制系统和总线制系统则因性能大大优于多线制系统而被广泛地应用，其中又以总线制系统发展前景更为广阔。

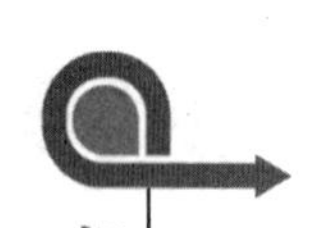

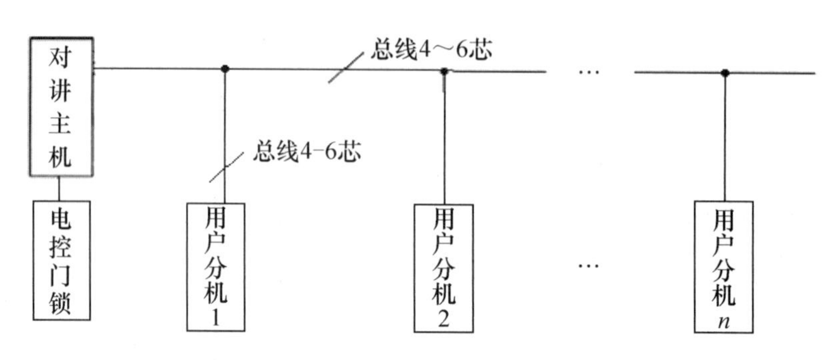

图 3-11　总线制楼宇对讲系统的接线示意图

3.5.4　联网型楼宇对讲系统

上述楼宇对讲系统其实是一种最基本的系统，也称为单元型楼宇对讲系统，而实际的居民住宅小区却不可能仅一栋楼及一个门洞，为对住宅小区内所有的居民楼或其他楼宇进行有效的管理，上述单元型楼宇对讲系统的对讲主机必须具有联网功能。当配以管理员机、管理中心机和其他设备并与所有楼宇单元对讲主机联网后，就组成了联网型楼宇对讲系统，这种系统具有很多先进的功能，可以协助物业公司更好地管理物业，也使使用该系统的居民生活更安全。其系统结构如图 3-12 所示。

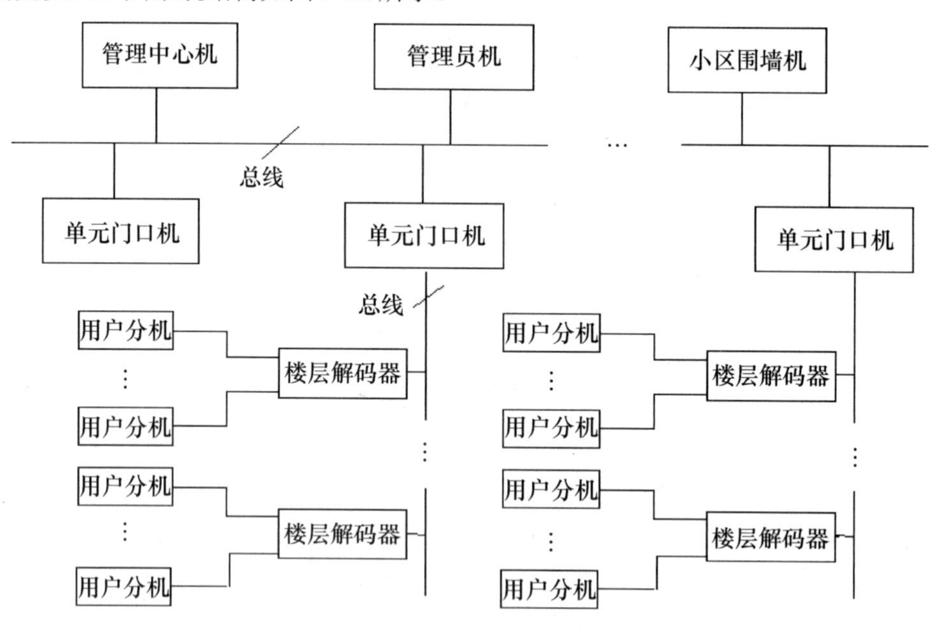

图 3-12　联网型楼宇对讲系统结构

1. 管理员机的性能特点

与单元型楼宇对讲系统不同的是，联网系统中配备了管理员机。通常管理员机安装在小区物业管理办公室或门卫值班室内，也是管理人员管理整个小区楼宇对讲系统的总机。

管理员机具有如下的性能特点：可以管理最大容量达 999 台门口机；可遥控打开辖区内任一栋入口电控门锁；可监视入口处情况；可与任一台门口机对讲；也可监听任一门口

主机的呼叫和对讲，具备群呼功能；可与计算机联网；可接收住户的报警或呼叫；并显示报警的时间、地点、报警内容，能循环存储 99 组报警地址信息，并可随时打印报警记录数据；还具有断电保护功能，不会因断电而丢失资料。当所管辖的住宅小区比较大时，可设置多台管理员机，分别负责不同的楼宇，此时任一管理员机还有呼叫其他管理员机的功能，并可与之对讲。当系统内配置有围墙机时，还能接收围墙机的呼叫，图 3-13 所示为某型号联网型楼宇对讲系统管理员机，其外形酷似普通电话机，但带有图像显示屏。

图 3-13　某型号联网型楼宇对讲系统管理员机

2. 围墙机的性能特点

围墙机是安装于居住小区围墙入口处的机器(仅适合具有围墙又无人值守的居住小区，或有多个出入口却无人值守的门)，与门禁系统管理员机不同的是，围墙机直接面向来客；它虽非管理员机，然而其部分功能却与系统管理员机相类似，同时又具有门禁对讲主机的大部分功能。

围墙机具有如下的性能特点：最大容量可与 238 栋楼宇对讲主机联网；可呼叫小区内任何一栋楼宇的住户分机；可视与非可视兼容，双向对讲；可密码开锁，或 IC 卡开锁；在必要时可以直接呼叫管理员机，并与之对讲，或叫管理员机代为开锁。图 3-14 所示为某型号围墙机的正视图。

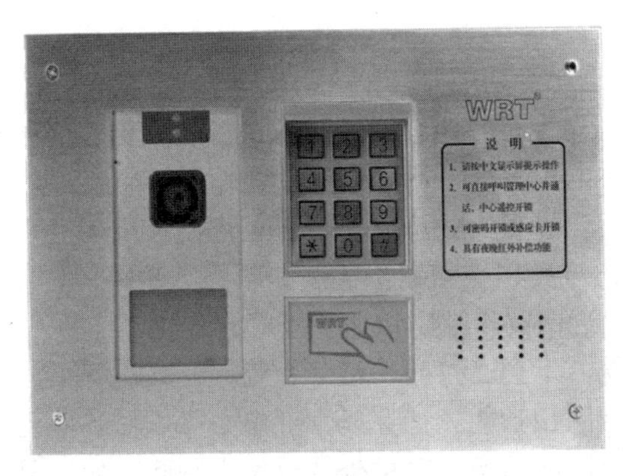

图 3-14　某型号围墙机的正视图

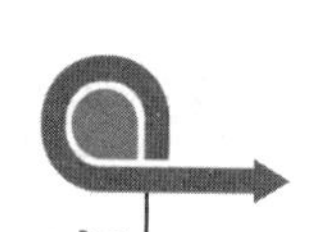

3. 管理中心机

管理中心机实际是由计算机运行专用的软件组成。当小区较大时，则应配备管理中心机，也叫楼宇对讲计算机管理系统。如今楼宇对讲系统的生产厂家，大多提供性能良好的专用软件，使原楼宇对讲系统功能更强大，如有的系统增加了家居自动报警系统、门禁、在线实时巡更等控制子系统，使小区管理中心能及时进行分析和查询记录，给住户和物业管理带来了极大的方便。

管理中心机一般具有如下功能。

(1) 设置小区建筑分布图和楼宇对讲系统分布图；

(2) 实时监视各监测点的状态，并对其录音、录像；

(3) 接收报警，指明报警地点及报警警种；

(4) 自动记录报警事件，并可查询、打印；

(5) 管理中心可与各门口主机对讲并具备开锁功能；

(6) 业主资料管理等。

某些性能先进的联网型楼宇对讲系统还具有其他的功能。

(1) 防尾随技术。住户在开启单元对讲门时，可以采用密码开锁的方式，密码通常为 8 位数字。当被不法分子跟踪或胁迫时，可多按一位设定好的胁迫码，这样警情就在不法分子毫不知情的情况下传送到管理中心，保安或小区管理人员可根据房主密码准确地找到事发地点，及时排除警情。还可通过门口机的摄像机对现场情况进行录像和照相，作警情资料存档。

(2) 信息发布功能。有的系统增加了信息发布功能，充分利用门口机的高清度液晶屏，除功能选择菜单及提示外，兼具信息发布功能，多种信息发布方式任由业主挑选。或者直接显示小区公共信息，如举办活动、停电、停水、停煤气等。显示方式为与待机画面交替显示。

(3) 可有待机画面或温馨祝福、节日祝贺等。可设置每个单元门口机在待机时显示时间和定制的欢迎词，也可在住户已登记的纪念日直接将中文信息或语音发往用户分机(如显示“您好，今(明)天是您的生日，祝您生日快乐，事事如意”)等。

(4) 分机可有多种振铃声。当住户分机被呼叫时，分机能识别呼叫源，并用语音提示住户，如“中心呼叫”“单元门口机呼叫”等。如果住户不喜欢语音提示，也可改用和弦音乐或歌曲。

(5) 呼叫转移功能(或托管功能)。当户主外出时，户主可以将自己的留言在管理中心进行登记。当有访客在门口主机呼叫该户主时，系统会将访客信号接至管理中心，同时管理中心计算机会弹出户主的留言。此时，中心管理员可接听呼叫并告诉访客该户主的情况。

(6) 故障自检功能。当设备有故障时，可自动退出在线运行，不会影响其他设备正常工作。系统安装调试时，难免出现差错，如线路断路、短路等，中心计算机(或管理机)会弹出故障原因、地点，这给调试和维修带来了极大的方便。若主干网上的通信 IC 损坏，该设备自检时也会退出系统，不会“拉死”整个系统。

(7) 监视监听，录像照相功能。计算机管理中心可以对各单元入口的楼宇门口机随时进行监视和监听，掌握小区的情况，对意外及时做出判断。如有警情，还可以通过软件将该门口情况拍摄下来，以便随时调用，相当于在小区中增加了与门口机相同数量的监控点。

(8) 智能家居控制、家居报警控制和远程操控功能。家用电器的智能化控制是通过家居的总控模块实现的，该总控模块可以与楼宇对讲总线相连，也可以与互联网或通过电话线与电话网相连。报警控制技术是非常成熟的技术，当安装有家居报警系统时，也可以与楼宇对讲总线相连，或与互联网或电话网相连。这样不管您处在何处，只要有互联网或电话网络(包括手机)，就可对家里的电器或报警系统进行远程操控。在 Internet 网上，还可以发送文字信息至室内分机。

3.6　电子巡查(巡更)系统

3.6.1　电子巡查系统的作用

电子巡查系统又称电子巡更系统，是指在防范区域内制定保安人员的巡更路线，并在规定应该到达的主要点位安装信息钮(巡更站点)，巡查人员携带巡更记录器(巡检器)，按指定的路线和时间到达巡更点，进行记录并将记录信息传送到智能化管理中心，管理中心则可对巡查人员的巡查路线、巡查方式和过程进行管理及控制的系统。管理人员还可事后或随时调阅、打印各巡更人员的工作情况，或根据巡更报表直接了解防范区域的安全情况，加强保安管理，实现人防和技防的有机结合。此系统是所有安防产品中唯一不直接针对防范对象的产品。

3.6.2　电子巡查系统的分类

电子巡查系统主要可分为离线式、在线式和无线式 3 种类型。

(1) 离线式电子巡查系统以其安装使用方便、工程造价低廉而占据目前 90%的电子巡查市场。这种系统的信息钮安装极其方便，可以安装在任何需要关注的地方，但其巡查记录的信息是事后送入管理中心的，缺乏巡查过程的实时性和报警实时性。

(2) 在线式电子巡查系统的巡检点必须通过连线与管理中心连接在一起，工程施工相对比较麻烦，工程造价也比较高，但其巡查记录的信息是即时送入管理中心的，具有巡查过程的全实时性，可有效增加巡查人员的安全性。

(3) 无线式电子巡查系统是新一代在线式电子巡查系统，它兼有上述两种系统的优点，非常适用于巡查范围比较广阔的场合。

表 3-1 是 3 种电子巡查系统的功能与性能比较，在进行工程设计中可以权衡考虑。

表 3-1　3 种电子巡查系统的功能与性能比较

巡查系统种类	离线式	在线式	无线式
巡查软件的存储检索功能	有	有	有
巡更路线的灵活编制功能	有	有	有
巡查途中的全实时性监控	非实时	全实时	全实时
实时报警功能	无	无	有
巡检器的信息存储功能	有	有	有

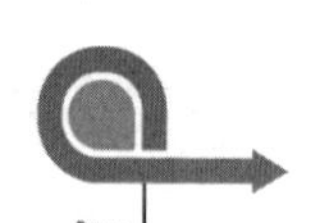

续表

巡查系统种类	离线式	在线式	无线式
电子地图实时显示功能	无	有	有
脱机工作性能	可脱机工作	不可脱机工作	可脱机工作
工程实施的复杂性	易	复杂	易
工程造价	低	高	较高

3.6.3 电子巡查系统的组成

可用计算机组成一个独立的电子巡更系统，计算机中安装专用的电子巡更系统软件，再配上巡更记录器(巡检棒)、信息钮及巡更信息输入装置，即可构成全系统。由于此巡更系统专用软件并不大，故可在组建实际安防系统时，与其他系统合用计算机(如楼宇对讲系统的管理中心机)，从而降低系统造价。

3.6.4 电子巡查系统的主要设备与器材

1. 巡更记录器

巡更记录器也叫巡检棒，用于采集巡更信息。外形结构可有多种，如手电筒状、卡片状、手机状或其他形状，但必须防水、防尘、防震抗摔、可充电型或低耗电型；与巡更信息钮通常以接触或非接触感应方式获取信息，无须按钮，方便、快捷。

信息记录方面采用先进的 Flash 存储技术，不用耗电就可以永久反复保存将近 3 万条信息记录。如图 3-15 为某型号手电筒状巡更记录器外形，左边为非接触感应式巡更记录器，右边为接触式巡更记录器。这种巡更记录器用超强不锈钢做成内胆，浇铸弹性橡胶外壳，内部填充柔性硅胶，器件环氧固化，防水、防尘、抗摔和防止破坏能力极强，携带使用十分方便，且采集的数据十分安全。

图 3-15　某型号手电筒状巡更记录器外形

2. 巡检信息钮

巡检信息钮也叫巡更感应器，安装在各主要巡检点上，供巡检人员到达该点时利用电子巡检器向其采集信息。图 3-16 所示即为各种信息钮外形，图中最左边是接触式信息钮，余为各种非接触感应式信息钮，分别为胶囊形、片剂形和圆盘形。非接触感应式信息钮如同门禁系统中的“非接触感应卡”，不用充电，寿命可长达 20 年以上，与巡检器的感应距

离可达 50mm。这种巡检信息钮大多制作得非常小巧，如胶囊形的尺寸约为ϕ5×25，片剂形的直径约为ϕ15，圆盘形的直径约为ϕ30，它们可以十分方便地预埋在墙壁内或粘贴于标记物背面，隐蔽性和安全性都比较高。

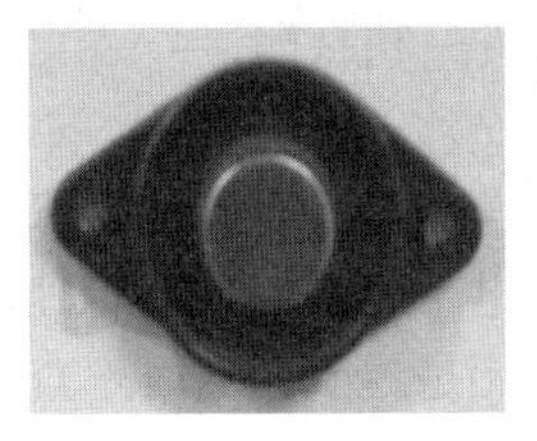

图 3-16　接触式和各种非接触感应式信息钮外形

3. 人员卡

在实际使用电子巡查系统时，巡查人员往往有多人及多个班次，此时并不需要每人配备一个巡更记录器，只要每位巡查员配备一个人员卡就可使多人在不同时间段使用同一个巡更记录器。人员卡也叫巡更员身份钮，一人一卡，由巡更员个人保管，巡更员在出发巡查时，先将巡检器感应一下人员卡，则接下来的巡检信息将全部记录在该巡查员名下。图 3-17 所示即为人员卡外形，具体尺寸约为 15mm×25mm，巡查员可以方便地将其挂在钥匙圈上。有了人员卡(巡更员身份钮)，管理者可以把巡查计划安排到人，责任落实到人，从而保证电子巡查系统功能的正常发挥。

4. 通信盒(巡更信息输入装置)

对于接触式巡更记录器采集数据的输入装置，具有与接触式信息钮类似的数据传输接口。而感应式巡更记录器的数据输入方式则采用专用的通信盒，它是采用 USB 接口与计算机相连的专用通信器，完成巡更记录器与电子巡查管理机之间的信息传输。它利用无线传输方式传输数据及指令，使巡更记录器设计做到完全无接口，防止破坏。传输数据时无须外部供电，也不消耗巡更记录器内的电能。通信速度高，每秒可传几十条记录。图 3-18 所示即为感应式巡更记录器的数据通信盒。

图 3-17　人员卡

图 3-18　数据通信盒

3.6.5　电子巡查系统管理软件

电子巡查系统各种功能的实现，完全依靠系统管理机运行专用的巡查软件。显然，巡查系统性能的优劣也完全取决于巡查软件编制的好坏。电子巡查系统管理软件应具有如下的基本功能。

(1) 巡更路线可以设定或修改；

(2) 巡更时间可以设定或修改；

(3) 各主要站点上安装的巡更信息钮应能方便地为巡更记录器识别和信息采集；

(4) 巡更信息输入计算机后能自动生成工作报表，供查阅和打印；

(5) 能判别违规情况，并记录、提示。

另外，管理机的人机界面应有人性化设计，可智能化操作，具有智能排班考核功能，只要一次排班就可长久使用，不必反复排班。对于在线式电子巡更系统，管理软件可自动对巡查情况进行实时核查，如是否巡查，是否准时，早到还是迟到，何时巡查，谁巡的，有无漏巡，是否按规定的顺序巡查等，并能即时发现任何不正常情况等。

3.7 停车场(库)管理系统

停车场(库)管理系统作为现代化大厦和居民住宅小区高效、科学管理所必需的手段，已在国外普遍采用。在国内，随着国民经济的不断发展，现代化大厦和居民住宅小区的日益增多，尤其是人们私家汽车拥有量的迅速增加，急需先进的停车管理技术与之配套，而传统的停车场人工管理方法，已无法满足当今高效、快节奏市场经济社会的需求。

根据建筑设计规范，大型建筑必须设置汽车停车场(库)，以满足交通组织的需要，保障车辆安全，方便公众使用。具体要求是：对于办公楼，建筑面积每 10000m^2 需设置 50 辆小型汽车的停车位；居民住宅每 100 户需设置 20 个停车位；对于商场，则按营业面积每 1000m^2 需设置 10 个停车位。

为使地面有足够的绿化面积与道路面积，同时为保证提供规定数量的停车位，多数大型建筑都在地下室设置停车场(库)。当停车场(库)内的车位数超过 50 个时，就需要考虑建立停车场管理系统，以提高停车场管理的质量、效益和安全性。

3.7.1 停车场(库)管理系统的功能

停车场(库)管理系统是采用先进的非接触识别技术，对进出车辆进行识别、管理、收费的一套控制系统。该系统可以实现实时记录车辆的进出情况，司机无须下车，甚至无须摇下车窗，通过非接触感应刷卡确认即可直接通行。将每个出入口的读卡控制器联网，还可实现管理中心对所有车辆进出资料、收费记录等情况的查询，还具有停车场车位情况的显示以及车辆到车位的引导指示系统等。具体描述为：

(1) 车辆驶近入口时，可以看到停车场指示信息标志，其上显示入口方向与停车场内空余车位的情况。如果车场停车满额，则车满灯亮，拒绝车辆入场；若车场尚有空位，则允许车辆进场，但驾车人必须领取停车卡或使用专用停车卡，通过入口验读机认可，入口电动栏杆会升起对车辆放行。

(2) 车辆驶过栏杆后，栏杆将自动放下，阻挡后续车辆进入。进入的车辆可由通道边上的车牌摄像机将车牌影像摄入并送至车牌图像识别器，形成当时驶入车辆的车牌数据。车牌数据将与停车凭证数据(凭证类型、编号、进库日期与时间)一起存入管理系统计算机内。

(3) 进场的车辆在停车引导灯(也叫车辆引导系统)的指引下，停到规定的位置上。此

时管理中心的计算机显示屏上即会显示车位已被占用的信息。

(4) 车辆离场时，汽车驶近出口电动栏杆处，驾车人出示停车凭证或专用停车卡，由出口验读机识别出行车辆的停车编号与出场时间，出口处的摄像机将再次拍摄车牌数据与出口验读机数据一起送入管理系统，进行核对与计费。若需当场核收费用，则由出口收费员收取停车费，专用停车卡则直接从该卡账户中扣除停车费。手续完毕后，出口电动栏杆升起放行；车场停车数减去一，管理中心的计算机显示屏上即会显示该车位已空，入口信息标志中的停车状态则会刷新一次。

常规停车场(库)的车辆进出流程如图 3-19 所示，其中未包括车牌图像识别与出口车辆比对部分。

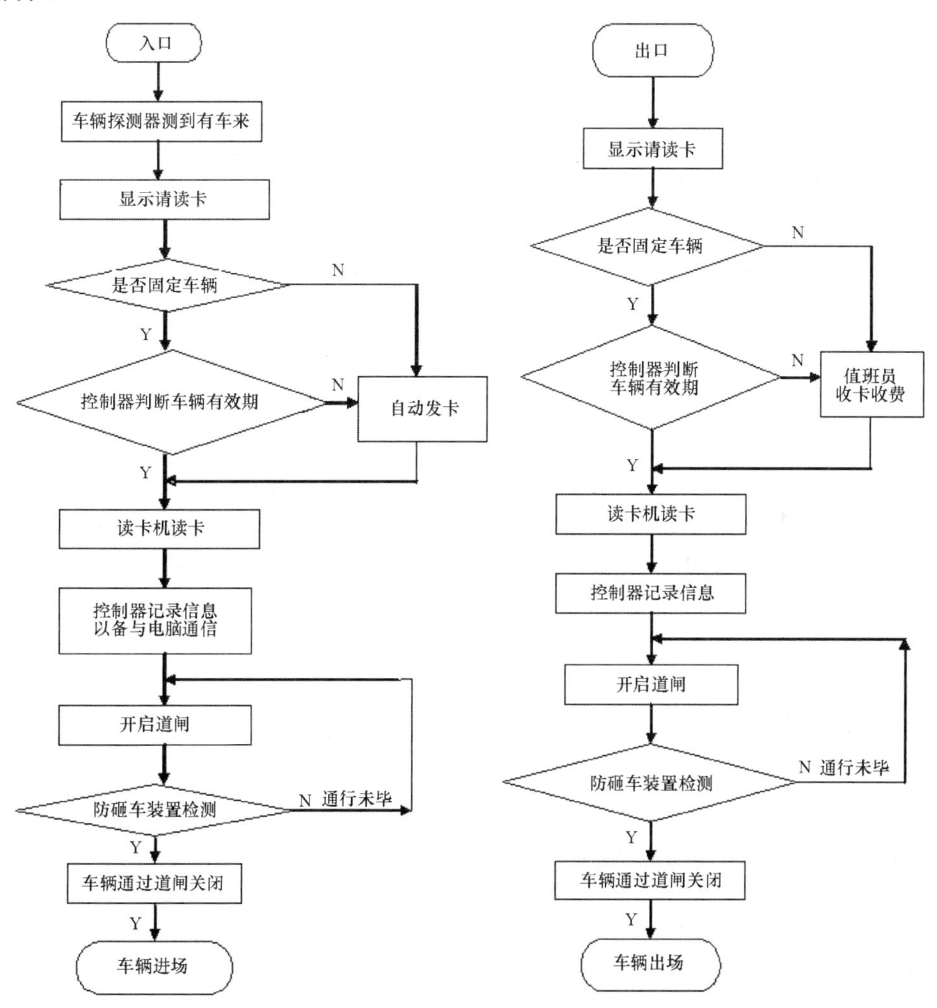

图 3-19　停车场(库)管理系统车辆进出程序流程图

3.7.2　停车场(库)管理系统的组成

停车场(库)管理系统本质上是一个分布式的集散控制系统，通常由如下的设备组成，它们分别完成不同的功能。

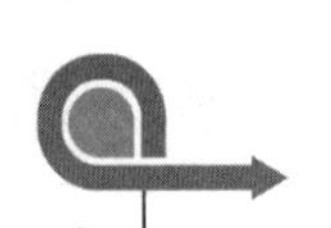

(1) 车辆检测器。通常采用环形线圈感应检测或光电检测方式，检测车辆的通过或存在。

(2) 汽车控制柜。接收汽车传感信号并进行处理控制的设备。

(3) 出入口票据验读器。对临时领取的停车卡或专用停车卡上的信息进行验读的设备。

(4) 信号指示灯与引导指示牌。根据控制信号指挥汽车通行或引导汽车到达规定位置。

(5) 停车库闸门、电动栏杆。根据控制信号决定是否让汽车通行的装置。

(6) 收费计价设备。对票据验读器提供的停车时间进行计价，并将结果传至管理中心。

(7) 车位检测与显示装置。检测停车场的车位情况并显示。

(8) 车牌图像识别装置。对出入停车场的车辆牌照图像进行存储、识别、比对的设备。

(9) 管理中心。由计算机运行专用的软件及其他外设组成，实现对停车场(库)的控制与管理。

目前根据不同类型的建筑和服务等级而配置相应规模要求的停车场(库)管理系统，在公共安全管理要求较高的现代化建筑中已被广泛的采用。

3.7.3 停车场(库)管理系统的设备与原理

1. 车辆出入检测的原理

目前常用的方法是采用环形线圈感应检测或光电检测方式来对车辆进出进行检测，它们分别具有不同的检测原理。

1) 光电检测方式

光电检测方式也叫红外线检测方式，它由两对红外线收发器组成一个车道的车辆检测装置。将两对红外线收发器分别安装于车道的两侧，两对红外线收发器之间的间隔略小于最小汽车的车长(安装示意如图 3-20 所示)，这样，当有汽车进入检测通道并同时阻断两条红外线束，检测器便会检测出有车辆通过，如仅阻断一条红外线束，检测器便不认为有车辆通过。

光电检测方式除能检测车辆的通过外，还能检测车辆行进的方向；如图 3-20 所示，如果两对红外线收发器的光束被遮断的顺序先上后下，表明车辆入库；如果两对红外线收发器的光束被遮断的顺序先下后上，则说明有车辆在出库或倒车，系违章行车。同时根据光束被遮断的时间间隔，还能知道车辆行进的速度。

如果在车道的两侧安装有若干对红外线收发器，则这种检测方式还能测量车长，安装的红外线收发器对越多，每对红外线收发器之间的间隔越小，测量车长的结果越准确。

2) 环形线圈感应检测方式

环形线圈感应检测方式是车辆检测中使用最普遍的方式，除用于停车场管理外，高速公路收费站、公路行车速度测量、封闭式道路的流量测试等，都用到环形线圈感应检测方式。它是将电线绕成环形埋在路面下而得名(安装示意如图 3-21 所示)。我们知道，任何导线都具有电感，当将导线绕成环形后，其电感量会比单根导线大许多，此时如果有铁磁物质靠近线圈，将破坏线圈周围的磁场分布而导致线圈电感量的变化。在路面上行驶的汽车就是一块大型的铁磁材料(汽车的底盘、大梁均是优质的钢材)，检测器就是以判断线圈电感量的变化超过一定范围而认定车辆的存在或通过。

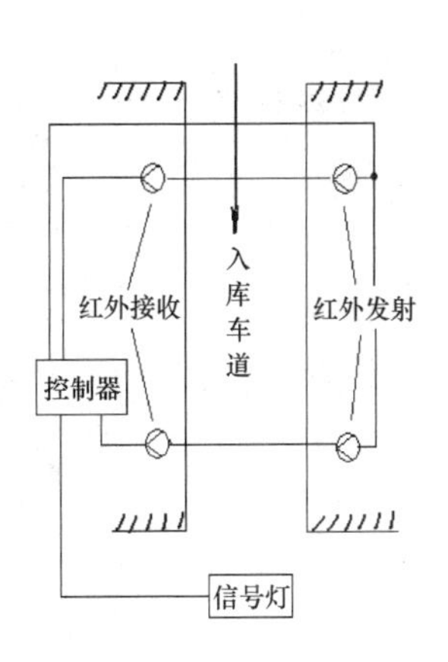

图 3-20　光电车辆检测器

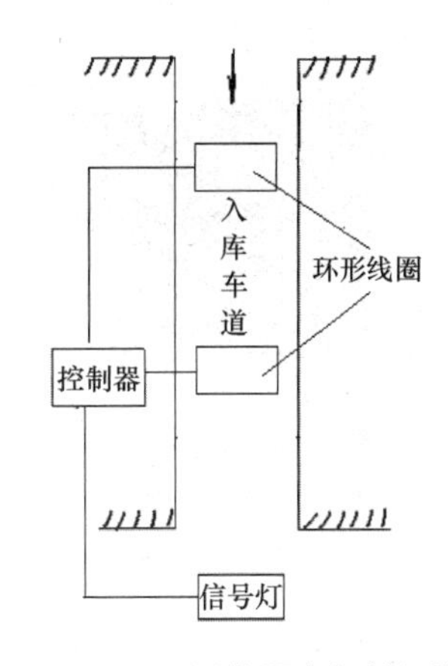

图 3-21　环形线圈车辆检测器

实际上，检测电感量变化的方法有多种，常用的方法是将线圈作为一个具体的电感，与一个固定电容配谐后接进振荡回路产生一定的振荡频率，当电感量产生变化时，振荡频率一定会发生变化，我们只要检测频率的变化，就可知道电感的变化，当频率的变化超过一定范围时，即可认定有车辆通过线圈。

如同光电检测方式，如果图 3-21 中的两组线圈感应车辆通过的顺序先上后下，表明车辆入库；如果两组线圈感应车辆通过的顺序先下后上，则说明有车辆在出库或倒车，属违章行车。同时根据两组线圈感应车辆通过的时间间隔，还能知道车辆行进的速度。

2. 出入口票据验读器

由于停车人有临时停车、短期租用车位和长期租用车位之分，因而对停车人持有的票据卡上的信息要做出相应的区分。

停车场的票据卡大多是条形码卡、磁卡、IC 卡和非接触感应卡等，使用最普遍的是非接触感应卡，无论何种卡，对于票据验读器来说，其验读票据卡的功能都是相似的。图 3-22 所示为某出入口票据卡验读器外形。

对于入口票据卡验读器，驾驶人员将票据卡送入验读器，验读器根据票据卡上的信息，判断票据卡是否有效，若有效，则将该车入场的时间输入票据卡，再将票据卡的类别、编号及允许停车的位置等信息存储在票据卡验读器中并上传至管理中心，同时还启动车牌摄像机，将带有车牌的车辆影像摄入后送至车牌图像识别器形成当时驶入车辆的车牌数据，再上传至管理中心，此时电动栏杆升起放行车辆。当车辆驶过感应线圈后，栏杆放下阻止下一辆车进场。如果票据卡无效，则禁止车辆进入停车场，并发出报警信号。某些入口票据卡验读器还兼有发售临时停车票据功能。

对于出口票据卡验读器，驾驶人员将票据卡送入验读器，验读器根据票据卡上的信息，核对持卡车辆与凭该卡进入的车辆是否一致，并将出场的时间输入票据卡，同时计算停车费用。当合法持卡人支付或结清停车费用后，电动栏杆升起放行车辆。当车辆驶过感应线圈后，栏杆放下阻止下一辆车出场。如果出场车辆所持票据卡无效，或出口车牌摄像机所摄车牌数据与当时驶入车辆不符，则电动栏杆不升起，禁止车辆离开停车场，同时发出报警信号。

图 3-22　某票据卡验读器外形

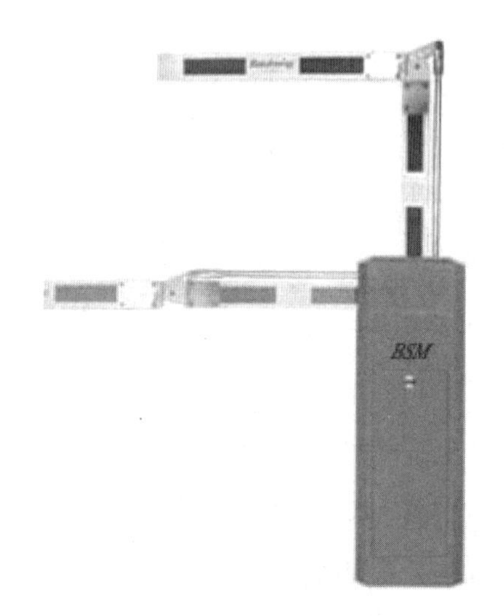

图 3-23　某型号电动栏杆

3. 停车库闸门与电动栏杆

这是根据控制信号决定是否让汽车通行的装置。现在普遍安装的为电动栏杆，通常由票据卡验读器控制，也能以收费计算机键盘控制的方式启动和停止；电路上采用线与结构，以便可以同时挂接多台票据卡验读器控制终端。电动栏杆通常具有安全防护措施，既防止栏杆砸车情况的发生，也能在遇到冲撞时发出报警信号。栏杆一般长 2.5m(当然也可以根据实际需要选择合适的长度)，用铝合金方管或玻璃钢材料制成，并用铝合金螺丝与栏杆机固定，这样当栏杆受到汽车碰撞后，会挣脱铝合金螺丝而掉下，不会损坏电动栏杆机和栏杆。在考虑某些停车场(库)的出入口高度时，也有将栏杆做成折叠状或伸缩型，以减小升起时的高度，如图 3-23 所示。

4. 收费计价设备

收费计价设备根据停车票据卡上的信息自动计价或从管理中心取得计价信息，并向停车人显示收费金额，停车人按价格显示牌所示价格付费或直接从停车卡中扣除当次停车费。停车费结清后，收费计价设备将在票据卡上打入停车费收讫的信息，同时自动或由收费计算机键盘手动开启电动栏杆放行出库车辆。

5. 车牌图像识别器

该设备主要配置在车辆进出道口，包含有摄像机、闪光灯、抓拍控制系统和图像处理系统等部分。这种设备用于停车场(库)管理系统中，可以有效防止偷车事故的发生。在车辆进入停车场入口时，控制系统工作，摄下有车牌的车辆图像，其中包括车辆外形、车身颜色、车主所持卡的信息等，经计算机处理后存入系统数据库内；车辆出场时，摄像机再次将拍摄的车辆外形、色彩与车牌号以及车主所持卡的信息与车辆入场时的信息进行比对，若两者相符即可放行，否则不予出场。

此设备中的摄像机信号也可配置人工监视器，在不影响其原有功能的基础上，还能连续监视车辆的通行情况，加强停车场的管理。

早期的车牌图像识别器大多以车牌图像识别硬件卡插入计算机中，并运行专用的车牌图像识别软件来组成车牌图像识别设备。随着计算机技术的发展，如今已大量出现用高速DSP 嵌入式技术做成的专用设备，如图 3-24 所示，设备内嵌的识别软件包含了视频采集、图像预处理、车牌检测、车牌切分、字符识别、跟踪和比对、图像压缩、数据传输等模块，系统识别速度快，可靠性高。大多设备的技术指标已能达到单车牌识别时间小于 0.4s，整牌识别率大于 98%，车牌检测率大于 99%；允许车辆行驶速度 0～200km/h。

图 3-24　某型号专用车牌图像识别器

车牌图像识别器除用于停车场(库)管理系统中，还可用于居民小区车辆管理、高速公路路径识别、流量分析、治安卡口、电子警察、移动稽查等场合。

6. 管理中心及软件功能

管理中心主要由功能较强的 PC 运行专用的软件构成，同时配备打印机、监视器等其他设备。管理中心可作为一台服务器通过总线与下属设备连接，交换营运数据，发送控制指令。管理中心运行的专用软件应具有良好的兼容性及资料保护性，通常有如下的具体功能。

1)　设定功能

管理中心计算机可以对岗位、操作员、计时单位、收费标准、用户智能卡的发行等进行功能设定。该功能能对每个出入口的票据卡验读器、收费计价设备进行明确的分工，并规定在各岗位上操作的权限和职责；在发行智能停车卡时，能将持卡人资料、车牌号码、该卡属性、收费等级、使用期限等信息记录在数据库中，每个持卡人驾车出入停车场(库)时，票据卡验读器便会按既定标准合理公正地收费。

2)　系统自动维护功能

能对各出入口送来的大量数据自动地进行整理、排列、合理放置，保证管理系统随时都有最大的存储空间和最佳的运行状态。

3)　财务功能

管理中心计算机的财务功能是指对停车场营运的数据做自动统计、档案保存、对停车收费的账目进行管理。通过它，可以了解整个停车场的收费情况、某个出入口的收费情况、某个收费员的收费情况、存车量，以及某发行卡的进出次数、进出时间和卡内余款等。

4) 其他功能

管理中心计算机的显示器具有很强的图形显示功能，能把停车场的平面图、停车位的实时占用情况、出入口的开闭状态以及通道的封闭状态等在屏幕上显示出来，便于停车场的调度与管理。还具有对行车引导指示设备的信息进行监视的功能等。

7. 可选择的配套设备

使用其他配套设备可使停车场性能更强大，停车更安全。包括以下设备。

1) 车位检索设备

在每个车位上设置一套车辆检测器，并将检测信息接入系统，这样电子显示屏可将当前最佳泊车位显示给停车者而不必在停车场内寻找车位，提高停车效率。同时中心计算机或入口处计算机可以随时查寻场内车位情况，并以直观的图形反映在显示屏上。当场内无空车位，则入口处将不受理入场车辆，显示装置也会显示“车满”字样。

2) 防盗电子栓

对固定车主的泊车位，可以根据要求加设一套高码位控制器，与检测器并行工作，则检测器就有了守车功能。车主泊车输入密码，取车解除密码，也可以指纹或掌形进行取车识别，当出现密码或识别不符而取车的情况，则报警系统会立即发出警报。这就是防盗电子栓，它如同一条无形的锁链将车锁住，有效保障了车辆的安全。

3) 路障机

用于阻挡汽车前进，与道闸机、电动栏杆等同步使用，可有效防止盗车、不缴费强行出场等现象，适用于重要的停车场管理口或车辆出入口。路障机的启动有气动、电动、液压等多种形式，起降平稳、快速，承载力能大于 100t。

3.7.4 停车场(库)实际管理系统及设备构成示意

如图 3-25 所示为某停车场的出入口基本布局示意图。

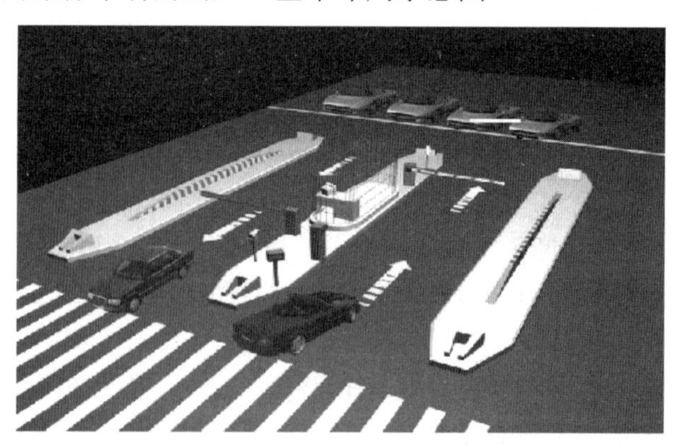

图 3-25 某停车场的出入口基本布局示意图

图中有些设备无法表示清楚，如地理感应线圈、车牌图像识别器、管理中心及软件等。下面简单叙述某停车场入口部分和出口部分设备与操作过程。

1. 入口部分

入口部分主要由入口票据卡验读器(内含卡读写器、出卡机、车辆感应器、中文显示屏、入口控制板)、自动道闸、车辆检测线圈等组成，如图3-26所示。

临时车进入停车场时，设在车道下的车辆检测线圈检测到车，入口处的票据卡验读器控制的中文显示屏则提示司机按键取卡。司机按键，票据卡验读器内发卡器即发送一张临时卡，经输卡机芯传送至入口票据卡验读器出卡口，并完成读卡过程，相应卡号和信息存入收费管理处的计算机硬盘数据库中。司机取卡后，自动道闸升起栏杆放行车辆，车辆通过车辆检测线圈后自动放下栏杆。长期户、月租户车辆进入停车场时，设在车道下的车辆检测线圈检测到车，司机把用户卡在入口票据卡验读器感应区10cm距离内掠过，入口票据卡验读器内卡读写器读取该卡的特征和有关信息，判断其有效性，并依据相应卡号将信息存入收费管理处的计算机硬盘中。若票据卡有效，自动道闸升起栏杆放行车辆，车辆通过车辆检测线圈后自动放下栏杆；若票据卡无效或已超出有效期，则不允许车辆入场。

不论是临时车还是长期户、月租户车辆，在上述进场过程中，摄像机均会拍摄下包含车牌号在内的车辆图像，送入车牌图像识别器，并转成数据信息存入计算机数据库，以随时调用。

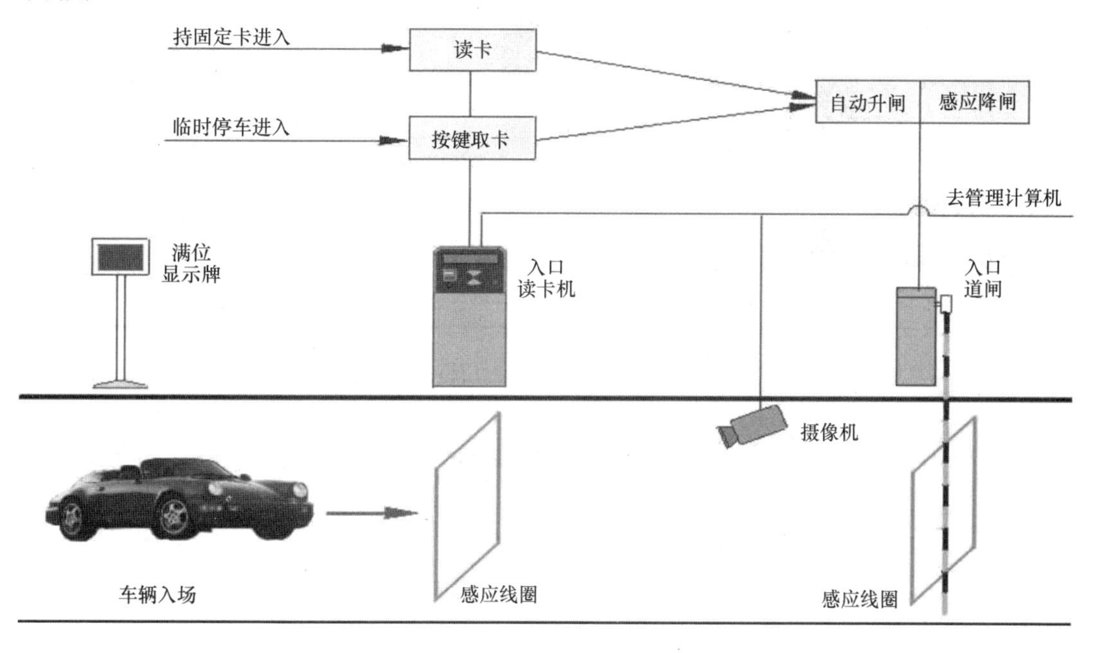

图3-26　停车场(库)管理系统入口设备布局示意图

2. 出口部分

出口部分主要由出口票据卡验读器(内含卡读写器、中文显示屏、车辆感应器、出口控制板)、自动道闸、车辆检测线圈等组成，如图3-27所示。

临时车驶出停车场时，在出口处，司机将临时卡交给收费员，收费员在收费所用的计费器附近读取信息，并依据相应卡号将信息存入收费管理处的计算机硬盘中，计算机根据卡记录信息自动计算出应交费，并通过收费显示牌显示，提示司机交费。收费员收费确认

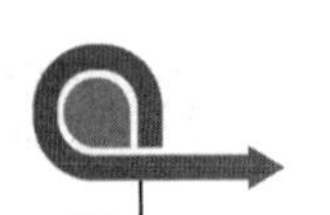

无误后，按确认键，电动栏杆升起。车辆通过埋在车道下的车辆检测线圈后，电动栏杆自动落下，同时收费计算机将该车信息记录到交费数据库内。长期户、月租户车辆驶出停车场时，设在车道下的车辆检测线圈检测到车，司机把用户卡在出口票据卡验读器感应器10cm 距离内掠过读取，出口票据卡验读器内卡读写器读取该卡的特征和有关卡内信息，判别其有效性。并将相应卡号和相关用户信息存入收费管理处的计算机硬盘中。若票据卡有效，自动道闸升起栏杆放行车辆，车辆通过车辆检测线圈后自动放下栏杆；若票据卡无效或已超出有效期，则不允许车辆出场。

此外，不论是临时车还是长期户、月租户车辆，在上述进场过程中，摄像机均会拍摄下包含车牌号在内的车辆图像，送入车牌图像识别器，并将转成的数据信息与进场时存入计算机数据库的相应信息进行比对，若不符合，也不允许车辆出场。

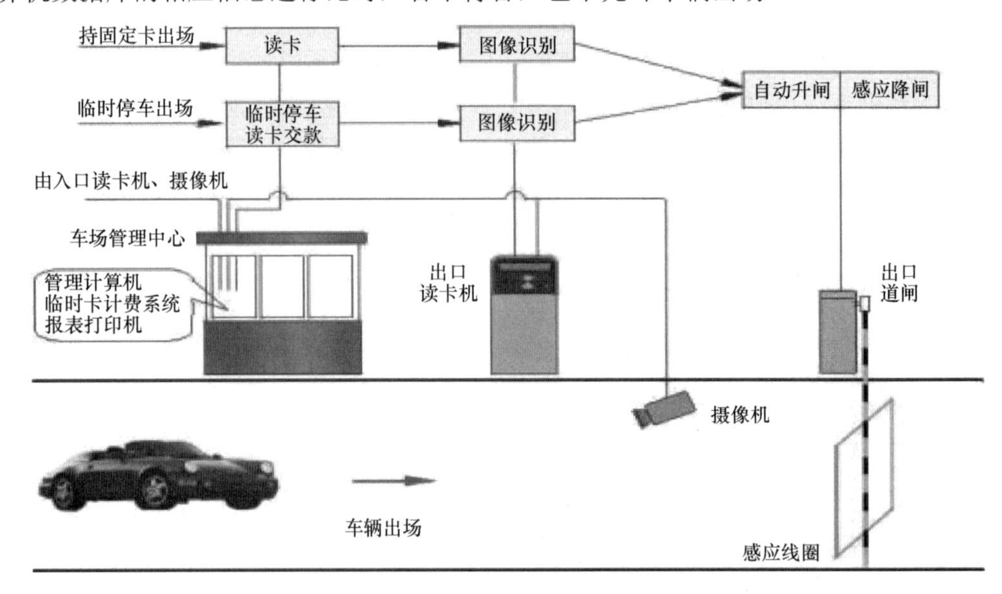

图 3-27　停车场(库)管理系统出口设备布局示意图

复习思考题

1. 什么叫出入口控制与管理系统？

2. 出入口控制与管理系统的基本组成是什么？

3. 请简单叙述出入口控制与管理系统中读卡机的作用与功能。

4. IC 卡的主要特点是什么？

5. 请简单叙述感应卡的主要特点。

6. 什么是人体特征识别系统？目前较多使用的人体特征识别技术主要有哪些？这些识别技术最主要的优点是什么？

7. 在楼宇对讲系统中，总线多线制是目前较常用的线制结构，请简单叙述这种线制的构成。另有一栋六层楼一梯四户的楼房，请画出总线多线制方式的楼宇对讲系统连线图。

8. 在联网型楼宇对讲系统中，管理员机的作用是什么？有哪些主要的性能特点？

9. 请叙述电子巡查系统的作用。

10. 电子巡查系统的主要分类是什么？各有什么优缺点？

11. 电子巡查系统的管理软件基本功能要求是什么？

12. 目前用于车辆检测的方法有哪几种？请简单叙述它们的检测原理。

第4章　视频监控技术

视频监控技术是通过获取监控目标的视频图像信息，对目标图像进行监视、记录、回放，并根据图像信息人工或自动地做出相应的动作，以实现对监控目标的监视、控制、安全防范和智能管理的目的。在众多以安全防范为目的的监控技术中，视频安防监控系统是安全技术防范体系中的一个重要的组成部分，是一种先进的、防范能力极强的综合系统。它可以通过摄像机及其他辅助设备(镜头、云台等)直接观看被监视现场的一切情况，可以把被监视场所的图像、声音同时传送到监控中心，使被监控场所的情况一目了然；同时，还可以把被监视场所的图像及声音全部或部分地记录下来，为日后对某些重要事件的处理提供了方便条件及重要依据，从而使视频安防监控系统在整个安全技术防范体系中具有举足轻重的地位。当视频监控与防盗报警等其他安全技术防范系统联动运行时，还可使整体防范能力更加强大。总之，视频安防监控系统已成为安全技术防范体系中不可或缺的重要组成部分。

根据前述，使监控技术具有智能化特性，是各种监控技术努力的方向。而在视频监控技术方面，近几年来的数字化、高清化、智能化方向研究是最多的，大量的研究成果被广泛应用到实际系统中，如基于视频图像中对象的人脸识别、行为识别和事件识别等技术已相对成熟，识别准确率较高，已进入实用化阶段；另外，随着多媒体技术的发展以及计算机图像处理技术的发展，使视频安防监控系统在实现自动跟踪、实时处理等方面有了长足的发展。它们改变了传统系统对图像信息不做任何处理的工作方式，采用图像内容分析技术对采集到的图像信息进行分析，并将分析结果以适当的方式告知安全管理人员；通过分析，过滤掉无用资料，存储有价值信息，并能快速寻找有用信息。这些，都意味着传统视频监控的模式已经发生改变：即以摄像机为核心的结构，转变为以后台图像处理为主；以人的观察为主，转变为以机器处理为主、人的观察为辅的新方式。

智能化视频监控技术在越来越多的场合得到了应用，它能够替代部分安防设备，降低安保人员和管理人员的工作强度，提高工作效率，减少管理成本。

4.1　视频监控系统的种类

现今，几乎所有的行业都涉及将视频监控应用于安防等相关领域，除金融、公安等传统安防需求较为旺盛的行业外，还包括交通、电力、商业、广电、医疗卫生以及居民生活园区等；有些行业、部门，如银行、三星级以上宾馆、学校、幼儿园等有关部门还硬性规定必须使用视频监控系统，所有这些，使视频监控系统得到了广泛的应用。

视频监控系统从视频信号的种类和传输方式上来区分大致有如下几种.

1. 有线模拟视频监控系统

有线模拟视频监控系统也叫闭路电视监控系统(Closed Circuit Television，CCTV)，主要应用电缆或其他传输线在闭合的环路内传输视频基带信号。因独立组成系统，故具有保密性强，不易受干扰，也不干扰其他电子设备，不占用无线信道，传输信号稳定可靠，设备费用较低等优点。但是模拟视频监控系统的非智能化在实际使用环境中面临的挑战也越来越大。随着相关电子、通信、网络技术的发展与进步，新建设的视频监控系统大多已经不采用模拟视频模式，转而采用更加智能化、图像清晰度更高的数字视频监控系统。

2. 数字视频监控系统

随着电子、计算机、网络技术的飞速发展，视频安防监控系统的数字化、网络化、智能化、高清化也逐步走向成熟。数字视频安防监控系统与传统的模拟视频安防监控系统相比，具有施工简单、扩展便捷、图像更清晰、系统功能更强大等优点。同时，随着数字视频安防监控系统应用需求的不断扩大， IP 摄像机、SDI 摄像机等前端产品的生产应用规模效应逐渐显现，应用成本不断下降、范围逐步扩大。

国家标准《民用闭路监视电视系统工程技术规范》(GB 50198—2011)已于 2012 年 6 月 1 日起正式实施，对视频安防监控系统图像质量和技术指导提出了更高要求。上海市技防管理单位为适应视频安防监控系统的发展趋势，规范上海市数字安防监控系统技术要求，提高上海市安全技术防范总体水平，经组织有关专家、国家安全防范报警系统产品质量监督检验测试中心和 20 多家本地数字视频安防监控系统产品生产、销售企业和技防工程从业单位的多次研讨、修改，制定了《本市数字视频安防监控系统基本技术要求》(以下简称《数字监控技术要求》。自 2013 年 1 月 1 日起，上海市新申报的安全技术防范系统方案视频监控系统均应采用数字系统，并应符合《数字监控技术要求》的要求。

根据《数字监控技术要求》中对于数字视频监控系统的定义，数字视频监控系统是指图像的前端采集、传输、控制及显示记录等采用数字设备组成的视频安防监控系统。数字视频安防监控系统传输构成模式可分为网络型数字视频安防监控系统和非网络型数字视频安防监控系统。

其中，网络型数字视频安防监控系统是指图像在前端采集后经压缩、封包、处理，具有符合 TCP/IP 特征，传输数字信号的视频安防监控系统(如由网络摄像机、模拟摄像机加编码器等相关设备组成的系统)；非网络型数字视频安防监控系统是指图像在前端采集后未经压缩、封包即传输数字信号的视频安防监控系统(如由 SDI 摄像机等相关设备组成的系统)。

目前，人们通常所说的数字视频监控系统，一般都是指网络型数字视频安防监控系统。后文中，如无特别说明，数字视频监控系统即是指网络型数字视频安防监控系统。

3. 无线视频监控系统

无论模拟视频模式还是数字视频模式，无线视频监控系统将视频基带信号调制到射频信号上，并将已调制信号辐射到空间，经传输后由接收机接收射频信号并解调后恢复出视频基带信号来。这种系统不具备闭路电视监控系统的各种优点，且系统规模也不宜过大(即监控系统的信号路数不宜过多)，因此使用并不普遍。但因组建系统时不用布线，施工比较方便，故常用于布线不方便的场合。虽然如此，在闭路电视监控系统中穿插几路无线方式的视频监控系统，也很常见。

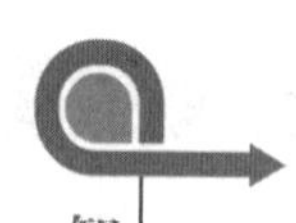

4.2 视频监控系统的基本组成

视频监控系统主要由前端设备、传输部分、控制部分和终端显示与记录部分四大部分组成。在每一部分中，又含有更加具体的设备和部件。

1. 前端设备

视频监控系统中前端设备的功能是用于获取被监控地区的图像信息，最主要的设备与器材是摄像机和镜头，它们相当于整个视频监控系统的“眼睛”；为使“眼睛”能全方位运动，可配以合适的云台、解码器；为保护“眼睛”，还可配用不同的防尘罩、支架等。

2. 传输部分

传输部分是视频监控系统中信息的传输通路，它包括前端设备采集到的图像信息传输和室内控制部分向前端设备发送控制信号的传输。

在模拟视频监控系统中要传输的图像信息大多为视频基带信号，目前最常用的是用同轴视频电缆来完成传输，而控制信息的传输则常用电话线、双绞线等。当传输距离较远时，则可采用射频调制传输或光纤传输方式。

在数字视频监控系统中，一般采用五类线或者光纤传输方式，系统应采用数据结构独立的专用网络(允许采用 VLAN 的独立网段)，应采用 SVAC、AVS、ITU-T H.264 或 MPEG-4 视频编码标准，应支持 ITU-T G.711/G.723.1/G.729 音频编解码标准。网络型数字视频安防监控系统的设备接口协议应至少符合《安全防范视频监控联网系统信息传输、交换、控制技术要求》(GB/T 28181—2011)、ONVIF、PSIA 等相关标准中的一种；非网络型数字视频安防监控系统的设备接口协议应符合 HDcctv 等相关标准。与公安联网的数字视频安防监控系统的设备接口协议应符合《安全防范视频监控联网系统信息传输、交换、控制技术要求》(GB/T 28181—2011)、上海公安数字高清图像监控系统建设技术规范(V1.0)及其他相关标准。网络型数字视频安防监控系统的设备应扩展支持 SIP、RTSP、RTP、RTCP 等网络协议；宜支持 IP 组播技术。根据传输构成模式不同，系统设备应满足兼容性要求，系统可扩展性应满足简单扩容和集成的要求。

至于无线传输，则通常以微波或红外光作为载波，将模拟视频监控系统的视频基带信号调制其上进行传输，数字视频监控系统是将压缩(或者非压缩)封包的数据包(Package)通过载波进行传输。

3. 控制部分

控制部分是视频监控系统的“心脏”和“大脑”，是实现整个系统功能的指挥中心。对于模拟视频监控系统，小型系统的控制部分一般为操作控制键盘，而大型监控系统则往往配置控制台。对于数字视频监控系统，由于电子信息技术的进步，已经可以将模拟系统中众多的实体控制设备的功能整合到控制应用软件中，这类软件不同的厂商会有不同的名称，但是作用大同小异，可以将其统称为“中心控制管理系统(CMS)”。控制部分的主要功能除对前端设备(如摄像机、镜头、云台、防护罩等)进行操作与控制外，还能对视频信号的放大与分配、图像信号的显示与切换以及各路图像信号进行汉字字符叠加等操作与控制。

4. 终端显示与记录部分

显示是利用监视器或其他显示设备对前端采集的图像信息进行重现，因此，重现图像的质量优劣将直接影响整个视频监控系统的感观评价。记录则是利用录像设备将图像信息存储起来，以供需要的时候查询和分析处理。根据视频监控系统规模的大小，显示用监视器的数量可有不同，既可以与摄像机一一对应配置，也可以多台摄像机合用一台监视器；记录通常采用的是录像机，早期较多使用磁带录像机，随着计算机技术的发展，磁带录像机基本已被淘汰，硬盘录像机(Digital Video Recorder，DVR)、网络硬盘录像机(Network Video Recorder，NVR)、磁盘阵列已是目前视频监控系统中记录图像信息的主流设备。

在模拟视频监控系统的终端设备，除显示与记录外，还有许多其他功能的设备，如矩阵切换器，可以将 m 路摄像机信号任意选择 n 路在 n 台监视器上显示(通常 $m>n$)，也可使任一台监视器选看或轮看 m 路摄像机信号的任一路信号。视频分配器，可将一路图像信号复制成若干路完全相同的信号供不同的视频设备使用。电缆补偿器，当传输用电缆过长又不使用光纤传输时，可对因电缆传输所引起的信号质量下降(主要指幅度与高频分量)进行补偿等。

在数字视频监控系统的终端设备中，也曾经出现过类似矩阵切换器和视频分配器的“数字视频矩阵切换器”和“数字视频分配器”的产品，其本质其实就是网络设备中的路由器和交换机。目前市场上已经广泛采用的是集成了矩阵切换和视频分配功能的显示设备，可以通过 CMS 进行统一控制与管理。

上述四部分可以构成完整的视频监控系统，然而，根据各部分设备量的不同，所组成的系统又可有多种不同的形式，如图 4-1 所示为模拟视频监控系统中常见的几种组成方式。

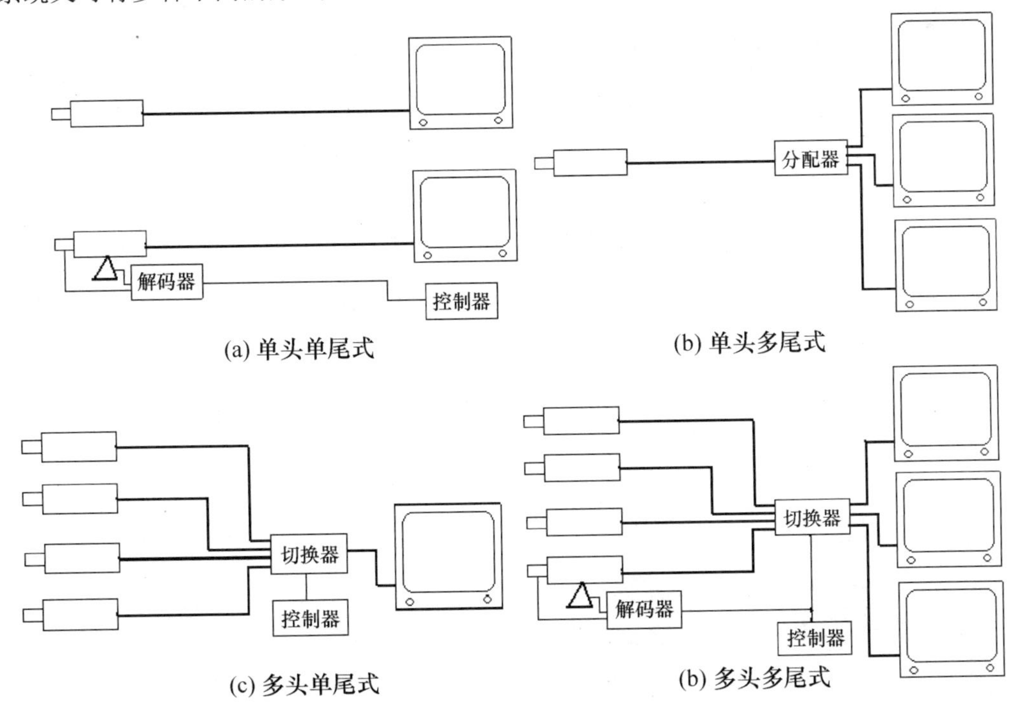

图 4-1　模拟视频监控系统的组成方式

(1) 单头单尾式组成方式：这里头是指摄像机，尾是指监视器。它由一台摄像机和一台监视器组成全系统，用在一处连续监视一个固定目标的场合；图 4-1(a)中下方的连接方式则是对一台摄像机和镜头增加了全方位云台和镜头参数的遥控功能。

(2) 单头多尾式组成方式：主要用在多个地方同时观看同一路图像信号的场合，如图 4-1(b)所示。

(3) 多头单尾式组成方式：用于在一处集中监视多个目标的场合，图中的切换器就是一个视频信号选切器，选切过程由控制器操作完成。由于配备了控制器，当前端有全方位云台时，还可具有遥控功能，如图 4-1(c)所示。

(4) 多头多尾式组成方式：主要用在多处监视多个目标的场合，也用于一处多台监视器观看多个目标的场合。这种组成方式是实际系统中应用最多的，它通常将多路摄像机和多台监视器组成一个矩阵网络，每台监视器都可选看或轮看各自需要监视的图像信号。配备的控制器，既可对切换器的工作状态进行设置，又可对前端的全方位云台与镜头进行遥控，图中的切换器实质是一个视频矩阵切换器，如图 4-1(d)所示。

如图 4-2 所示为数字视频监控系统中常见的几种拓扑结构。图中的专业型数字录像设备是指满足《视频安防监控数字录像设备》(GB 20815—2006)中 4.1.2 要求，且不需要外接、延伸或扩展硬件设备的数字录像设备。录像设备按图像接入方式可分为模拟类、模数混合类和数字类。图中的综合型数字录像设备是指满足由一套或多套完整的子系统设备、集成管理设备、传输介质等组成。每套完整的子系统设备的组成应包括视(音)频编码设备、独立或非独立视(音)频存储器、交换机/路由器、客户端等能够完整展现该子系统功能的设备。集成管理设备的组成应包括交换机/路由器、视/音频管理服务设备、数据管理服务设备、视/音频存储设备、解码设备、客户端等能够完整展现集成系统功能的设备。

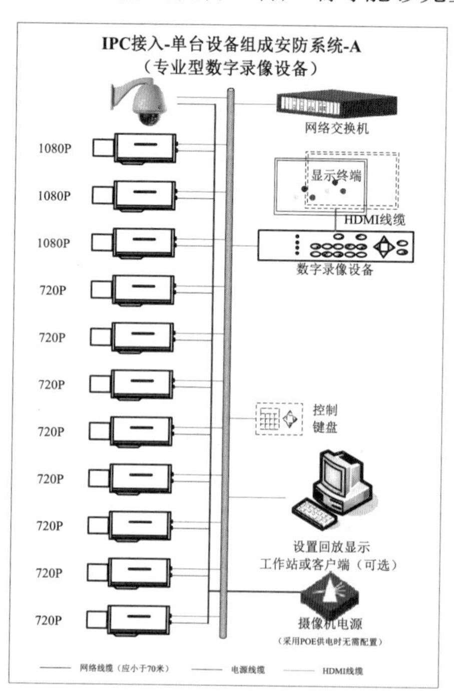

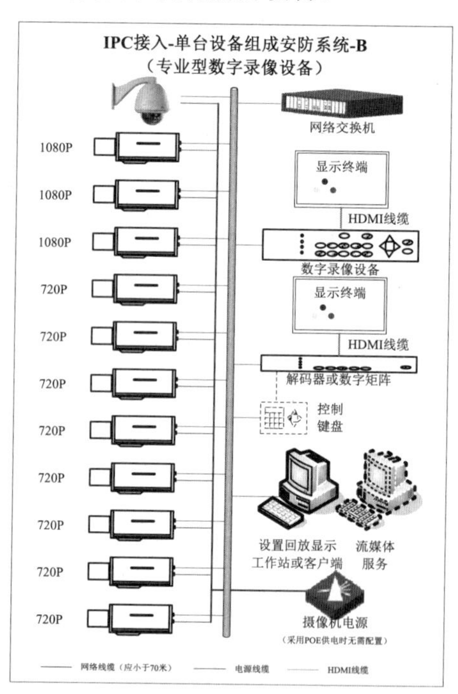

图 4-2 数字视频监控系统常见拓扑结构

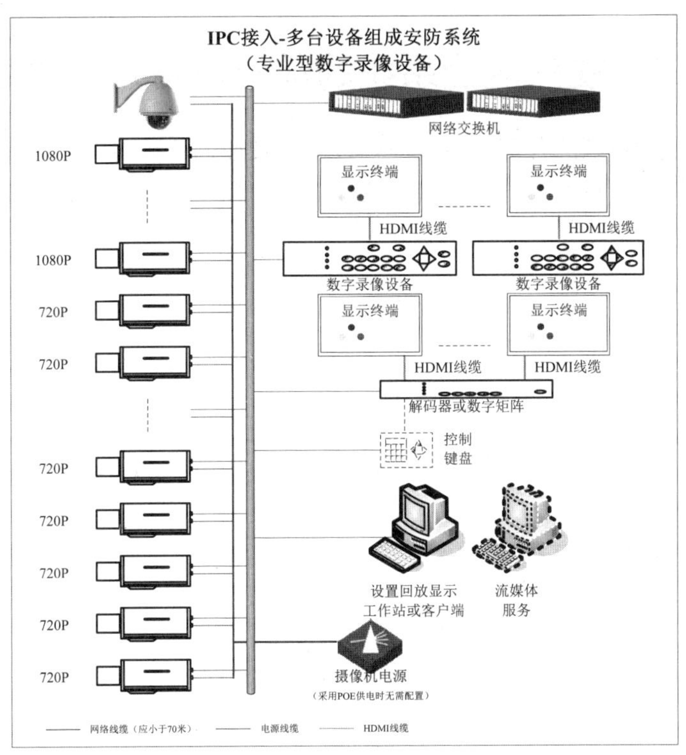

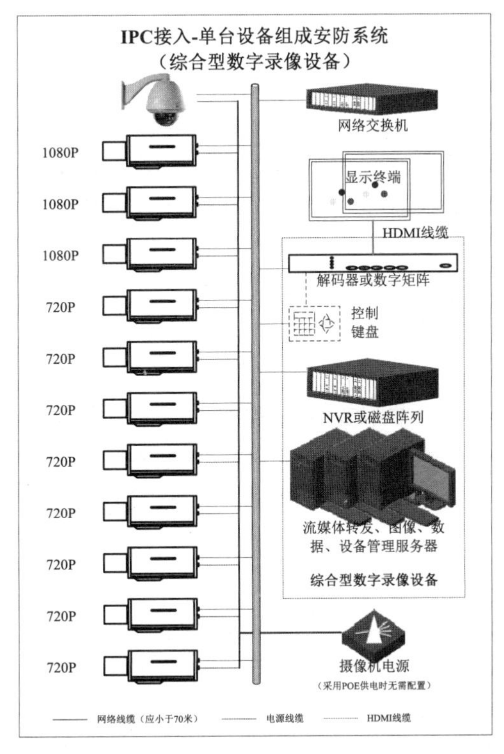

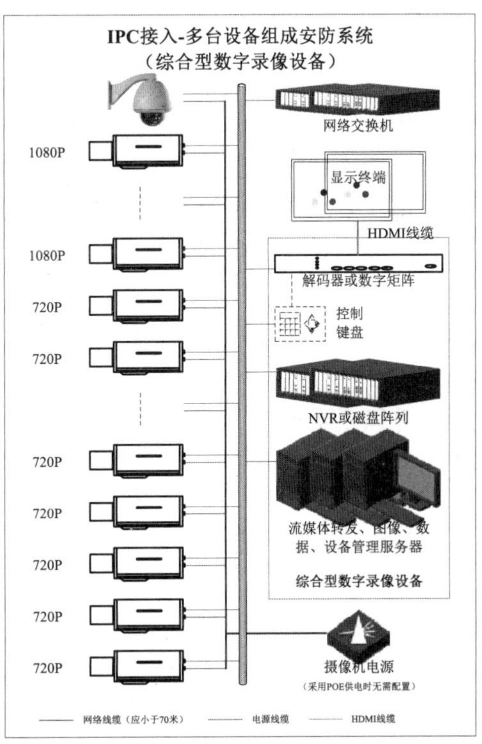

图 4-2　数字视频监控系统常见拓扑结构(续)

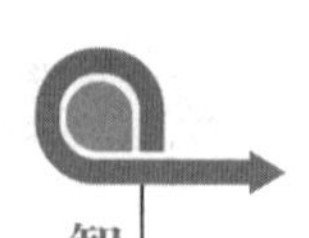

4.3 视频监控系统的前端设备及其性能

在组成视频监控系统的各部分中，前端设备直接面向监控对象，为适应千变万化的监控对象情况，前端设备也有各种不同的结构和性能，以便于很好地完成前端设备的功能。下面将分别加以详细叙述。

4.3.1 摄像机

摄像机处于视频监控系统的最前端，它的功能是完成图像信号的采集。倘若将前端设备看成整个视频监控系统的“眼睛”，那么摄像机就像人眼的视网膜，它能将监控现场目标影像的光转换为按一定规律变化的电信号，为监控系统提供信号源，因此它是视频监控系统中最重要的设备之一。

早期的摄像机采用光电真空管(光导视像管)来完成光电转换，这种器件体积大、功耗大，还需要较高的工作电压，目前已逐渐被淘汰。如今大量使用的是采用半导体光电靶的固态摄像器件，主要有 CCD(电荷耦合器件)、MOS(金属氧化物半导体)和 CID(电荷注入器件)等，而 CCD 器件构成的摄像机以其灵敏度高、畸变小、重量轻、体积小、寿命长、不受磁场影响、无残影、具有抗振动和抗撞击的特性，而被广泛地应用。

1. 摄像机的分类

CCD 器件构成的摄像机按其性能划分可有多种不同的分类方式。

1) 按成像的色彩划分

(1) 黑白摄像机：仅能产生黑白的图像信号，没有颜色识别能力，适用于光线不充足或夜间无法安装照明设备的地区，在仅监视景物的位置或移动时，可选用黑白摄像机。此种摄像机的探测灵敏度通常比彩色摄像机高一个数量级，图像分辨率也高于彩色摄像机。

(2) 彩色摄像机：能产生彩色的图像信号，适用于对景物细部辨别，如衣着或景物的颜色辨别。与黑白摄像机相比，信号包含的信息量要大得多，但探测灵敏度相对较低，价格也较贵。

(3) 彩色/黑白摄像机：此种摄像机在环境光照条件较好的时候产生彩色图像信号，保持彩色摄像机信息量大的优点，而在环境光照条件变差时自动转为黑白摄像机，使摄像机保持高的探测灵敏度，目前此种摄像机较多用于光照度变化比较大的室外监控系统中。

2) 按摄像机对图像信号的处理技术划分

(1) 模拟摄像机：产生的图像信号为连续的模拟信号。目前视频监控系统中大量使用的是此种摄像机。

(2) 数字视频(DV)格式的全数字摄像机：全数字摄像机又称数码摄像机(Digital Video，DV)，也叫“数字视频”，此种摄像机以规定的数码视频格式输出信号。彩色数字摄像机根据传输构成模式可分为网络型彩色数字摄像机和非网络型彩色数字摄像机。

网络型彩色数字摄像机是指图像在前端采集后经压缩、封包、处理，具有符合 IP 特征，传输数字信号的彩色数字摄像机，又称彩色 IP 摄像机。

非网络型彩色数字摄像机是指图像在前端采集后未经压缩、封包即传输数字信号的彩

色数字摄像机。

3)　按摄像机分辨率和图像水平清晰度划分

像素越多，分辨率越高、图像清晰度越高。而图像清晰度一般用电视线(TVL)来衡量。对于模拟视频监控系统而言：

(1)　像素值在 25 万左右，彩色图像水平清晰度在 330TVL，黑白图像水平清晰度在 400TVL 左右的低档型。

(2)　像素值在 25 万～38 万之间，彩色图像水平清晰度在 420TVL，黑白图像水平清晰度在 500TVL 左右的中档型。

(3)　像素值在 38 万以上，彩色图像水平清晰度在 480TVL，黑白图像水平清晰度在 600TVL 左右的高档型。

对于数字视频监控系统而言，摄像机均为彩色数字摄像机，按照上海市相关地方技术规范的要求，可以将摄像机清晰度分为 A、B、C 三个级别。

(1)　A 级：监视水平分辨力≥500 TVL。

(2)　B 级：系统水平分辨力应≥700 TVL，相当于 720P 清晰度，也就是人们日常所说的高清视频(HD)。

(3)　C 级：系统水平分辨力应≥900 TVL，相当于 1080P 清晰度，也就是人们日常所说的全高清视频(Full HD)。

另外，在技术标准规范的清晰度等级以外，目前摄像机分辨率的提升相当迅速。市面上已经有可实用的 4K 甚至 8K 分辨率的数字视频监控摄像机。

4)　按摄像机的灵敏度划分

(1)　普通型。正常工作所需环境照度为 1～3lx。

(2)　月光型。正常工作所需环境照度为 0.1lx 左右。

(3)　星光型。正常工作所需环境照度为 0.01lx 以下。

(4)　红外型。理论上应该为零照度，实际是指当采用红外灯照明时，在无光情况下也可正常工作。

5)　按 CCD 靶面尺寸划分

靶面尺寸又称为画幅。是指 CCD 成像芯片在 4∶3 矩形时的大小，常以吋(或 in)为单位。目前使用的有如下几种规格。

1in　　靶面大小为 12.7mm×9.6mm，对角线 16mm。

2/3in 靶面大小为 8.8mm×6.6mm，对角线 11mm。

1/2in 靶面大小为 6.4mm×4.8mm，对角线 8mm。

1/3in 靶面大小为 4.8mm×3.6mm，对角线 6mm。

1/4in 靶面大小为 3.2mm×2.4mm，对角线 4mm。

此外，随着摄像机清晰度的迅速提升，在相同靶面面积上需要聚集更多的像素点，导致的结果就是单个像素点的开口缩小，所以目前市场上多家主流设备生产企业已经推出了“全画幅”视频监控摄像机。所谓的“全画幅”是指靶面大小为 36mm×24mm，对角线 43.2mm 的摄像设备。

必须指出，CCD 靶面的尺寸规格，其数值既不是矩形任何一条边的尺寸，也不是其对角线尺寸，它是沿用了光导视像管尺寸的表示方法。事实上人们现在所接触到的 CCD 尺寸

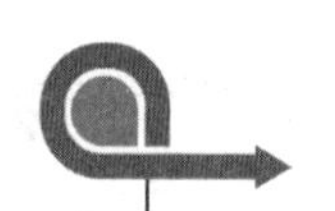

的说法是参考传统摄像机内的真空摄像管的对角线长短来衡量的，它严格遵守了 Optical Format 规范，中文译名为光学格式，其数值称为 OF 值，单位为英寸。因此 CCD 尺寸的标准 OF 值计算方法是其实际对角线长度(单位：16mm)也就是说监控摄像机或者消费类数码拍摄设备里的一英寸长度不是工业上的 25.4mm，而是 16mm。以 1/1.75 英寸的 CCD 为例，1/1.75 英寸就是计算公式中的 OF 值，16÷1.75mm≈9.14mm，这就是该 CCD 感光核心部分对角线的实际长度，大多数相机和摄像机采用 4∶3 系统(CCD 的长宽比)，利用勾股定理，就可以求得长、宽边分别是 7.31mm 和 5.48mm。另外，CCD 靶面的尺寸的大小与摄像机的分辨率并无直接关系，因此实际使用中并不是靶面的尺寸越大越好。具体原因，将在后续章节详细解释。

6) 按摄像机的外观和结构划分

(1) 普通单机型：仅将光转换为按一定规律变化的电信号，实际工作时需另配镜头。具体还可细分为：

① 普通枪式摄像机。

② 电梯轿厢摄像机。

③ 变速球形摄像机。

(2) 机板型：摄像机的部件和镜头全部做在一块印制电路板上。

(3) 针孔型：带针孔镜头的微小型摄像机。

(4) 半球形或球形机：将摄像机、镜头、防护罩，还包括内置快速云台及解码器等紧凑地组合在一起，其外形常做成球形或半球形；有时也称为一体化(半)球机。

(5) 特殊性能摄像机：

① 宽动态摄像机。

② 低照度摄像机。

7) 按扫描制式划分

世界上现行的彩色电视制式有三种：PAL 制式、NTSC 制式、SECAM 制式。各个国家和地区在其电视技术的发展过程中，采用了不同的电视制式；其中中国、朝鲜以及德国、英国等一些西欧国家，采用 PAL 制式。美国、加拿大等大部分西半球国家，以及日本、韩国、菲律宾等国和中国的台湾地区采用 NTSC 制式。法国、苏联及东欧多数国家采用 SECAM 制式。这三种彩色电视制式都是兼容制式，即黑白电视机能接收彩色电视广播，显示的是黑白图像，黑白监视器能接收彩色摄像机信号，显示的也是黑白图像。

可见，在世界某一个国家购买的摄像机到其他国家就不一定能用。

8) 按供电电源划分

依供电电源划分可以分为：220VAC、110VAC、24VAC，12VDC、9VDC、5VDC、3.6VDC 等。

9) 按设备接口协议划分

数字视频监控系统中按照设备接口协议可以分为：GB/T 28181—2011、ONVIF、PSIA 等标准。

由上述各种分类中可见，摄像机的种类繁多，各类摄像机都有不同的性能与特点，分别适合不同的使用场合，这些都为人们选购摄像机时提供了依据。如购买一台普通单机型(6)彩色的(1)模拟(2)摄像机，要求 38 万像素以上的高分辨率(3)、月光型灵敏度(4)、1/3in

靶面尺寸(5)、PAL 制式(7)、12VDC(8)供电等。

2. 模拟视频监控摄像机的相关指标

对于模拟视频监控系统中的摄像机，单靠上述的性能分类是不够的，必要有具体的数据或参数来描述，这就是技术指标，通常任何器件或设备的技术指标都能通过仪器设备的测试而获得。CCD 彩色摄像机主要有如下的技术指标：

(1) CCD 尺寸，亦即摄像机靶面尺寸。(可测)

(2) CCD 像素值。(厂供)

(3) 摄像机供电电源。(厂供)

(4) 视频信号输出(针对模拟摄像机)，标准幅度为 1V_{p-p}，其中 0.3V 同步脉冲幅度，0.7V 图像信号幅度，输出阻抗 75Ω，接口采用 BNC 接头。(示波器)

(5) 最低照度，也称为灵敏度。是指 CCD 摄像机能正常成像时所需要的最暗光线。衡量标准是：摄像机配上规定的定焦镜头，光圈开到最大(F=1.4)时摄像，可以看得见图像的轮廓，实测图像信号幅度不低于标准值 10%时环境的光照度，以勒克斯(lx)为单位。此数值越小，表示需要的光线越少，摄像机也越灵敏。(光照度计)

信噪比，典型值为 45dB，若为 50dB，则图像有少量噪声，但图像质量良好；若为 60dB，则图像质量优良，不出现噪声。(噪声测试仪)

镜头安装方式，有 C 和 CS 方式。主要指普通单机型摄像机的镜头安装座，C 安装座的螺纹口到 CCD 靶面距离为 17.526mm，C S 安装座的螺纹口到 CCD 靶面距离为 12.5mm。

某些摄像机需要注意事项如下。

1) 普通枪式摄像机

(1) 亮度信号幅度：0.7±0.21V。

(2) 同步信号幅度：(0.3+0.06)～(0.3−0.03)V。

(3) 同步方式：内/外同步。

(4) 图像水平分辨率≥480 TVL(F=1.2，输出视频信号幅度为 0.7V_{p-p})。

(5) 信噪比(S/N)≥48dB(F=1.2，输出视频信号幅度为 0.7V_{p-p}±10%，断开摄像机的 AGC 和校正电路)。

(6) 有效最低照度≤10 lx(F=1.2，能够通过图像辨别被摄目标的基本特征，同时图像的色彩还原性较好)。

(7) 灰度等级：≥9 级(F=1.2，输出视频信号幅度为 0.7V_{p-p}±10%)。

(8) 靶面尺寸：≥1/3in。

(9) 输出阻抗：75±7.5Ω。

(10) 应配有 CS 标准镜头的接口。

(11) 快门速度具有不少于 1/50 s 至 1/1000 s 之间(含 1/50 s、1/1000 s)五挡可调功能。

(12) 具有自动白平衡、自动增益控制(AGC)、背景光补偿(BLC)功能。

2) 半球摄像机

(1) 图像水平分辨率≥450 TVL(带防尘罩)。

(2) 信噪比(S/N)≥45dB。

(3) 同步方式：内同步、内/外同步。

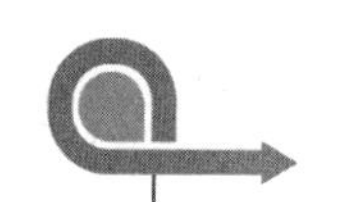

(4) 摄像机应为水平、斜向、垂直三向可调功能，且具有无外力自锁紧装置。

(5) 选用焦距 12mm(含 12mm)以下的镜头摄像机，应为变焦镜头摄像机，选用焦距 12mm 以上的镜头摄像机，可为固定焦距摄像机。

(6) 摄像机快门速度可为固定值。

3) 电梯轿厢摄像机

(1) 镜头焦距＜3.6mm。

(2) 信噪比(S/N)≥42dB。

(3) 图像水平分辨率≥450TVL(带防护罩)。

(4) 内置结构应满足所有监视角度的调整，并具有自锁定位装置。

(5) 摄像机快门速度可为固定值。

4) 针孔摄像机

(1) 镜头焦距≤4mm。

(2) 信噪比(S/N)≥40 dB。

(3) 图像水平分辨率≥420TVL。

(4) 灰度等级 9 级。

(5) 图像几何位置失真率：80%图像高圆内≤5%。

(6) 摄像机快门速度可为固定值。

5) 变速球形摄像机

(1) 靶面尺寸：≥1/4 英寸。

(2) 图像水平分辨率≥450 TVL。

(3) 信噪比(S/N)≥46dB。

(4) 水平角旋转范围≥360°，垂直角旋转范围≥90°。

(5) 水平转速≥90°/s。

(6) 预置位数≥32 个， 存预置位和调预置位功能正常。

(7) 云台定位精度±0.5°。

(8) 转动平稳、回差小，无干扰现象。

(9) 镜头快门速度为 1/50 s 至 1/10000 s 可变。

(10) 具有菜单操作功能。

(11) 具有扩展型功能(具有手动控制、预置位、自动扫描、自动巡航、模式路径、自动复位、区域遮挡、屏幕字符显示功能)。

6) 宽动态摄像机

当环境照度在最高值≥5000lx、最低值≤100 lx 之间变化时，视频图像均具有尚好的清晰度、层次感和色彩还原度。

7) 低照度摄像机

环境照度≤3 lx(F=1.2，帧累积关闭)时，能够通过图像辨别被摄目标的基本特征，同时图像的色彩还原性较好。

表 4-1 为各类模拟摄像机主要技术要求对照，如图 4-3 所示为视频监控系统中常用的几种摄像机外形照片。图 4-3(a)为普通枪式摄像机，它必须配以合适的镜头才能正常摄像；图 4-3(b)为一体化枪式摄像机，镜头及镜头的调节装置与摄像部分都做在了一起，使用比

较方便；图 4-3(c)为半球摄像机，外形结构似半球，适合安装在电梯，或其他经过装潢需要美观的地方；图 4-3(d)为带远红外枪式摄像机，可用于夜间无照明的地方；4-3(e)为带远红外半球摄像机；图 4-3(f)为一体化球形摄像机，此种摄像机将摄像头、可变焦镜头、防护罩，内置快速云台及解码器等紧凑地组合在一起，使用安装极其方便。此种摄像机监视范围大，目标跟踪速度快，镜头变焦倍数高，价格也较贵。

表 4-1 各类模拟摄像机主要技术要求对照

技术要求＼机型	普通枪式摄像机	半球摄像机	电梯轿厢摄像机	针孔摄像机	变速球形摄像机	宽动态摄像机	低照度摄像机
信号幅度/V	0.7±0.21	0.7±0.21	0.7±0.21	0.7±0.21	0.7±0.21	0.7±0.21	0.7±0.21
水平分辨力/TVL	≥480	≥450	≥450	≥420	≥450	当环境照度在最高值≥5000lx、最低值≤100lx之间变化时，视频图像具有尚好的清晰度、层次感和色彩还原度	环境照度≤3lx时，能够通过图像辨别被摄目标的基本特征，同时色彩还原性较好
信噪比/dB	≥48	≥45	≥42	≥40	≥46		
有效最低照度/lx	≤10	≤10	≤10	≤10	≤10		
灰度等级/级	≥9	≥9	≥9	≥9	≥9		
光圈	室外自动	可固定	/	/	自动		自动
快门速度/s	1/50 至 1/1000 五挡可调	可固定	可固定	可固定	1/50 至 1/10000 可变		1/50 至 1/1000 五挡可调
靶面尺寸/in	≥1/3	≥1/3	≥1/3	≥1/3	≥1/4	≥1/3	≥1/3
焦距/mm	固定、变焦	12 以上可固定	<3.6	≤4	变焦	固定、变焦	固定、变焦

图 4-3 常用的几种摄像机外形

3. 数字视频监控摄像机

对于数字视频监控系统中的摄像机而言，应在满足《安全防范视频监控摄像机通用技术要求》(GA/T 1127—2013)、《安防监控高清电视摄像机测量方法》(GA/T 1128—2013)及《本市视频安防监控用彩色模拟摄像机技术规范》(试行)[沪公技防(2010)001 号]的基础上，符合本规范要求。彩色数字摄像机的硬件设计应遵循系列化、标准化和模块化原则。同一系列的摄像机软件设计应满足系列化、标准化及兼容性要求，新版本软件应兼容旧版

本软件。彩色数字摄像机的机身或机芯上应有标志，标志的耐擦性应符合《安全防范报警设备安全要求和试验方法》(GB 16796—2009)中 5.3.2 的要求。通过标志应能反映产品标识，以及制造企业、电源、生产批号或生产日期等内容。同设备一起提供的中文技术文件或中文产品说明书应能指导用户正确安装、使用及日常维护。资料应至少包含产品标志、产品功能、性能、电源功耗等信息。

(1) 主输出接口：网络型彩色数字摄像机，基本接口为（10/100M 或 10/100/1000M)以太网接口，符合 IEEE802.3 标准，采用 RJ-45 连接器。非网络型彩色数字摄像机，满足 SMPTE 259M、SMPTE 292M、SMPTE 424M 或 HDcctv 信号标准的，应采用 75 Ω BNC 连接器(电口)；满足 IEEE 802.3 标准的，应采用 RJ-45 连接器。采用光口连接器的，应在产品资料中加以说明。

(2) 辅助数据传输接口：辅助数据传输接口应采用 RS-232、RS-485、USB、以太网或 I/O 接口中的一种或多种接口，实现单向或双向辅助数据或报警数据传输。

(3) 存储卡接口：网络型彩色数字摄像机应具备内置存储卡接口。

(4) 镜头接口：优先采用 CS 或 C 接口。

(5) 报警联动接口：报警输入为无源开路和/或闭路；报警输出无源开路和/或闭路；继电器输出触点容量应不低于 500 mA。

(6) 彩色数字摄像机应采用 AC(24V±10%)、AC(24V±10%)和 DC (12V±25%)交直流自适应形式、DC (12V±25%)的供电方式，网络型彩色数字摄像机宜支持 POE 供电。

对于网络型彩色数字摄像机应采用 SVAC、ITU-T H.264 或 MPEG-4 视频编码标准，应支持 ITU-T G.711/G.723.1/G.729 音频编解码标准，宜优先采用 SVAC 标准。产品标识的编码标准图像，应在任何情况下都能与产品标称的分辨率相一致。接口协议可存在 GB/T 28181—2011、ONVIF、PSIA 等多种相关标准，其中应至少包括 ONVIF 标准接口协议。与公安联网的网络型彩色数字摄像机的接口协议应符合《安全防范视频监控联网系统信息传输、交换、控制技术要求》(GB/T 28181—2011)、上海公安数字高清图像监控系统建设技术规范(V1.0)及其他相关标准。通用协议中应至少包括对彩色数字摄像机基本参数的获取及设置(如分辨率、帧率，亮度、锐度、对比度、饱和度，OSD 设置，云台控制等)，智能分析等特殊功能可在产品私有协议中体现。宜扩展支持 SIP、RTSP、RTP、RTCP 等网络协议。

数字视频监控摄像机在技术上是对模拟视频监控摄像机的发展与延续，其自身的特点，决定了其区别于模拟摄像机的一些技术特点和要求。除了前面提到的分辨率上的差别，数字视频监控摄像机分辨率划分为 A、B、C 三个等级以外，还有一些具体的要求。

1) 技术要求

(1) 图像延时：网络型彩色数字摄像机(定码率)：A 级应≤200ms，B、C 级应≤300ms；非网络型彩色数字摄像机应≤50ms。

(2) 信噪比：网络型彩色数字摄像机：A 级应≥48dB、B 级应≥50dB、C 级应≥52dB；非网络型彩色数字摄像机应≥48dB。

(3) 视音频应同步。

(4) 最大亮度鉴别等级应≥10 级。

(5) 最低可用照度：彩色数字摄像机输出图像的分辨率下降到标称分辨率 70%时被摄

物体的最低照度。

(6) 最小链接数：网络型彩色数字摄像机输出与标称清晰度相一致的连续图像，并提供同时浏览的最小链接数应≥4。

(7) 最大码率：网络型彩色数字摄像机输出与标称分辨率相一致的连续图像，且主码流达到最小链接数时，最大码率与标称值的偏差应≤10%。

(8) 网络型彩色数字摄像机宜具有抗丢包处理能力。

2) 成像性能要求

(1) 分辨率的设置。分辨率就是摄像机拍成的图像放大到该摄像机允许的最大尺寸打印或者显示输出之后，在最佳视距观看图片是否清晰，如果是清晰的，那就是这款相机的最大分辨率，也就是有效像素。

前面已经介绍过，像素越高，放大率就越大。目前数字视频监控中的摄像机，尤其是C 级清晰度的，一般都可以设置两个不同码流的采用两个不同的分辨率(720P 或 1080P)从大到小分级以“M”为单位 “M”是英文全称 Mega(百万)的缩写。12M 就是 1200 万像素；8M 就是 800 万像素。

通常情况下，将用于平时显示观看的码流设置为低分辨率，将警情发生时显示和存储记录的码流设置为高分辨率。这主要是出于以下两个方面考虑：一是缓解平时显示观看的视频码流对于传输带宽的压力。二是高分辨率的设置数据量大，存储量也就大，清晰度也就更高，为了能更好地从存储的图像质量中掌握破案线索，建议采用高分辨率图像设置。

(2) 感光度(ISO)的设置与图像质量的关系。感光度，从实用的角度理解就是摄像机CCD 或者 COMS(过去是胶卷磁带记录)在拍摄时感受光的灵敏程度。感光度高的感受光的灵敏度相对来讲就高，比如，ISO100 比 ISO50 感光灵敏度高；ISO100 感光灵敏度比 ISO800 感光灵敏度低。

通常感光度的基本设置有：ISO50、ISO100、ISO200、ISO400、ISO800、ISO1600 等，相邻两个感光度，它们的曝光量相差 2 倍和 1/2 倍的曝光量，也可以称为相差一级的曝光量(在摄影中曝光量相差一级，就是 2 倍的曝光量)。比如 ISO100 是 ISO50 2 倍的曝光量，而 ISO100 是 ISO400 1/4 倍的曝光量。有的相机也有 ISO64、ISO80、ISO160 等设置。

一般来说，在相同品牌相同型号的相机情况下，低感光度的成像质量要好于高感光度。

为了保证成像质量，感光度通常选择在 ISO100 比较合适。ISO400、ISO800 或更高的感光度，都用于较暗光照条件下的动态物体拍摄，比如，会议室、室内场景、舞台演出环境、较暗的阴雨天的环境等。

(3) 白平衡的设置与画面效果的关系。

自动白平衡模式是摄像机自动识别场景的光色，自动进行白平衡补偿，获得色彩还原的白平衡模式，是常用的白平衡模式。摄像机都有预设白平衡调节功能，所谓的预设，就是厂家在数码摄像机出厂之前已经根据人们可能遇到的拍摄场景对白平衡已经进行了设置，比如，日光模式、阴天模式、阴影模式、白炽灯模式、荧光灯模式等。使用者无论在哪种光色场景下拍照，只要选择相机里相应的白平衡设置，拍摄的图像色彩就能做到基本还原。比如，在荧光灯下拍摄，白平衡就选择荧光灯模式；又如，在阳光下拍摄(指日出两小时后到日落两小时前)，白平衡就选择日光模式；再如，在白炽灯下拍摄(指一般的黄色灯)，白平衡就选择白炽灯模式，如图 4-4 所示。

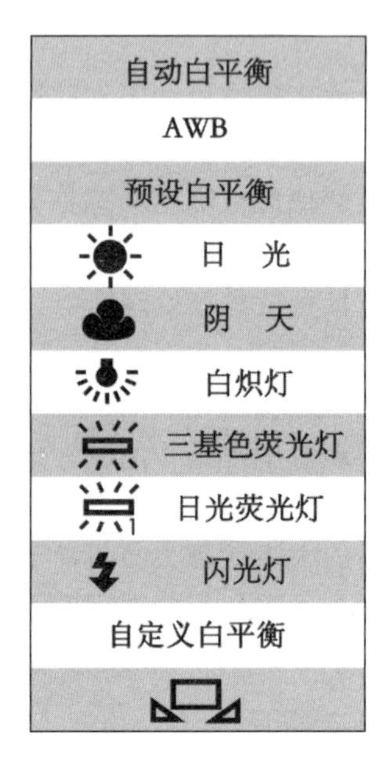

图 4-4　白平衡模式

但是，无论选择自动白平衡模式，还是选择预设白平衡模式进行拍摄，被摄物体的颜色也仅能做到基本还原，尤其是遇到单色物体(彩色而非消色)占绝对画面时，在自动白平衡模式下拍摄，许多摄像机会“发现”相机所拍的场景偏色，因此便会进行自动白平衡补偿，使之“色彩还原”。比如，自动白平衡遇到蓝天、大海、草地占相机取景的绝对画面时，就会误认为所拍场景颜色偏蓝、偏绿，于是就进行自动白平衡补偿，把鲜艳颜色“拉下来”，使之达到相机自认为的白平衡效果，那么人们有时会发现自己所拍照片颜色并非“所拍即所见”，常常和这个原因有关。当然，在数码科技高速发展的今天，有些厂商已经发现这样的问题，对自动白平衡识别所拍场景的颜色进行更智能的判断，使之色彩还原更准确。

然而，预设白平衡是针对特指的光源色温而定的，比如，日光 5000K，白炽灯 3200K，而许多场景的光源色温并非与相机预设白平衡模式的色温一致，所以在这一模式下拍摄，大多数情况也只能做到色彩基本还原。白平衡在视频监控系统中作用是十分重要的，如果由于色彩还原不准确，即有可能导致破案线索被引入错误的方向。所以需要对摄像机本身的色彩还原性能有足够的了解。有针对性地进行系统调试。数字视频监控系统，尤其是网络型数字视频监控系统的摄像机(IPC)的优点之一在于，人们可以十分方便地在系统架设时对每一台 IPC 通过其自带 Web 配置页面一边观看显示画面一边对摄像机进行各种性能设置，其中就包括对白平衡的设置。

3)　功能要求

(1)　网络型彩色数字摄像机。应是嵌入式设备，且应有实时操作系统；应支持多码率编码、传输，并具有两种(含)以上不同分辨力码流的输出能力；应具有可设定的点对点、点对多点传输能力，并支持多点对一点或多点对多点的切换控制功能；应具有心跳机制，能按 SNMP 管理协议以固定时间间隔(可调整设置且不大于 300s)发送和接收设备状态信息；应具有故障报警功能，除能自动检测设备基本异常信息外，还应包括输出码流、存储

设备、心跳情况、供电情况等故障信息；应具有日志功能，能记录摄像机启动、自检、异常、故障、恢复、关闭等状态信息及发生时间；能记录操作人员进入、退出的时间和主要操作情况；能主动上传日志信息；应具有网络中断、设备故障、报警等状态的本地视(音)频信息存储功能，存储时间应不小于 6h，存储图像的分辨率应≥704×576 像素，帧速≥25f/s。采用自动分段记录格式时，相邻两段间最大记录间隔时间应≤0.4 s；应具有视频移动侦测能力，并应提供移动侦测报警；应有设备认证、防篡改等功能，宜有加密传输的能力；应具有图像标识信息和时间的字符叠加功能；应具有报警输入/输出功能，报警输入接口宜≥2 个；应支持系统时间同步。

(2) 非网络型彩色数字摄像机宜有 RS-232 或 RS-485 等数据通道，以支持常用控制协议。宜支持音频输入/输出；宜具有固定摄像机监视角度异常变化报警功能。

4.3.2 镜头

摄像机镜头是一种光学成像器件，安装于摄像机的前方，是摄像机与外界接触的第一界面，因此，它的质量(指标)优劣直接影响摄像机的成像质量，也是视频监视系统的又一关键设备。

如前所述，将前端设备看成整个视频监控系统的“眼睛”，摄像机就像人眼的视网膜，那么镜头就相当于人眼的晶状体。如果没有晶状体，人眼看不到任何物体；如果没有镜头，那么摄像头所输出的图像就是白茫茫的一片，没有清晰的图像输出。为了看清眼前的景物，人眼的睫状肌会将晶状体拉伸或压缩至合适位置，还会根据光亮自动调节瞳孔的大小；镜头与摄像头的配合也有类似现象，调整镜头的焦距长短、聚焦远近和光圈大小，可使摄像机靶面获得清晰的图像。由此可见，镜头在视频监控系统中的作用是非常重要的。从事视频监控系统的工程设计人员和施工人员都要经常与镜头打交道：设计人员要根据物距、成像大小计算镜头焦距，以决定选用何种规格的镜头；工程的施工人员则都要进行现场调试，其中一部分工作就是把摄像机前方的镜头调整到最佳状态。

1. 镜头的分类

因摄像机的规格与种类繁多，与摄像机相配合的镜头种类也繁多。

1)　按镜头规格分

镜头的规格实质是镜头成像面尺寸与摄像机 CCD 矩形靶面尺寸类似，也是以英寸(或 in)为单位，也有 1in、2/3in、1/2in、1/3in、1/4in 等规格，其宽、高与对角线尺寸也与摄像机相同；使用中，镜头规格应与摄像机 CCD 靶面尺寸相对应。倘若不一致时，则观察角度将不符合设计要求，或者发生画面在焦点以外等问题。

2)　按镜头的外形功能分

普通镜头：圆柱体外形结构，由多个不同功能的透镜镜片组合成一体；普通单机型摄像机常配此类镜头。

针孔镜头：镜头端面直径只有几毫米，可以用于需要隐蔽安装的场合。

鱼目镜头：具有 180° 以上的视角，有非常广阔的视野。

棱镜镜头：外形如水晶玻璃棱形状，也具有较宽的视角。因特殊的外形，十分适合隐

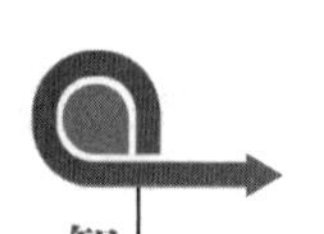

蔽安装。

3) 按镜头光圈的变化方式分

镜头的光圈相当于人眼的瞳孔，应该按外界光照的强弱进行改变。实际的镜头光圈常有三种调节方式：手动、自动和电动。手动光圈镜头适用于光照条件相对稳定的场合，人工调节至合适后常不再变化；自动光圈镜头会根据摄像现场光照强度的变化自动将光圈开到合适的程度，或依据摄像机输出的视频信号电平来改变光圈的启闭程度，适用于光照条件变化较大的场合；而电动光圈镜头则是人工根据图像情况通过电动马达来控制光圈的开闭程度。

4) 按焦距与聚焦的调节方式分

镜头参数除光圈外，还有焦距与聚焦，为使摄像机靶面获得清晰的图像，必须对它们进行调整。焦距可分为定焦镜头和可变焦镜头两种。可变焦镜头也有手动和电动之分。手动方式是根据目标实际情况人工将它们调整至合适的焦距；电动调整则是由镜头内的电动机驱动传动机构来完成参数调整；无论是定焦镜头还是可变焦镜头，都是可以调节聚焦位置的。同样也可分为手动和电动，手动方式是根据目标实际情况人工将它们调整至合适的焦点位置；电动调整则是由镜头内的电动机驱动传动机构来完成参数调整。

事实上，这些参数(包括光圈)变化的方式又可有多种不同的组合，如三可变手动镜头：镜头的光圈、焦距与聚焦均为手动调节；自动光圈镜头：光圈自动，焦距与聚焦手动调节；三可变电动镜头：镜头内安装有三套电动机驱动传动机构，使镜头的光圈、焦距与聚焦均为电动调节；二可变电动镜头：镜头的光圈为自动，镜头内安装有两套电动机驱动传动机构，仅对焦距与聚焦进行电动调节等。

可变焦镜头的焦距在一定范围内连续可变，该范围称为“焦段”。可变焦镜头既可在一定范围内将远距离物体放大、重点观看，也可提供一个一定范围内的宽广视景、增加监视范围。

5) 按镜头安装接口分

根据前述，普通摄像机为镜头提供两种安装座形式，即 C 和 CS 安装座，因此与其配合的镜头也有 C 和 CS 两种安装接口方式。C 安装接口：其镜头安装基准面到成像聚焦面的距离是 17.526mm，CS 安装接口：其镜头安装基准面到成像聚焦面的距离是 12.5mm。虽然所有的摄像机镜头均是螺纹口的，与摄像机安装座螺纹相配，但因两种接口方式的镜头安装基准面到成像聚焦面的距离相差 5mm 左右，故不能随意搭配，一般要求 C 安装座的摄像机配接 C 安装接口的镜头。如果要将一个 C 安装接口的镜头安装到一个 CS 安装座的摄像机上时，则需要使用镜头转换器，即加接一个 5mm 接圈。

6) 按镜头视场的大小分

镜头视场的大小与镜头的焦距有关，在镜头规格与摄像机靶面尺寸相对应情况下，镜头焦距越长，视场角越小；镜头焦距越短，视场角越大。在视频监控系统中，人们还以视场角的大小来对镜头进行如下的划分。

标准镜头：标准镜头是指视场角为 45°～50°时的镜头。该视角大小大约相当于人单个眼球的视角范围，故可称为“标准视角”。一般来说，当镜头的焦距数约等于靶面尺寸对角线长度时，该焦距下的视角大小就是“标准视角”。

如果使用的定焦镜头，且该镜头的焦距约等于摄像机靶面尺寸对角线长度，那么这个镜头就是该靶面尺寸摄像机的标准镜头； 如果使用的是可变焦镜头，且变焦范围(焦段)包括该摄像机靶面尺寸对角线长度的焦距数时，那么这个镜头就可以称为该靶面尺寸摄像机的标准变焦镜头。

比如大小为 1/2 in CCD 摄像机配置 1/2 in 镜头，则标准镜头的焦距约为 12mm；为 1/3in CCD 摄像机配置 1/3in 镜头，则标准镜头的焦距约为 8mm。

广角镜头：焦距短于传感器对角线的，统称为广角镜头。根据靶面尺寸的不同，焦距可短至几毫米。广角镜头可提供较宽广的视场，但是视野范围内的单个人、物的显示尺寸会显得很小。适合运用于需要观看大范围场景而不需要具体监视某一具体对象的监控场合。

长焦镜头：长焦镜头又称为"远摄镜头""特写镜头"，是指焦距长于传感器对角线的，统称为长焦镜头，焦距可达几十毫米甚至几百毫米，此镜头可在远距离情况下将所拍摄的物体影像在监视屏幕上放大，使被摄对象尽可能地充满显示画面，提高"有效画面"，但是其视角范围会随着焦距的增长而变小。

不论广角镜头还是长焦镜头，都是相对于标准镜头而言的。前面已经提到镜头分类中存在定焦镜头和可变焦镜头的分类方式。那么具体到广角镜头、标准镜头、长焦镜头也就存在了广角定焦镜头、标准定焦镜头、长焦定焦镜头、广角变焦镜头、标准变焦镜头、长焦变焦镜头。这些类别是什么含义呢？

对于广角定焦镜头、标准定焦镜头、长焦定焦镜头比较容易理解：对已知的任一一款靶面尺寸的摄像机而言，焦距约等于其靶面尺寸对角线长度的镜头就是该靶面尺寸摄像机的标准定焦镜头。同样条件下，焦距短于标准定焦镜头的就是广角定焦镜头；焦距长于标准定焦镜头的是长焦定焦镜头。

对于广角变焦镜头、标准变焦镜头、长焦变焦镜头，一般采用这样的标准来对它们进行区分：对已知的任一一款靶面尺寸的摄像机而言，如果一款镜头的可变焦段范围中，包含了与靶面尺寸对角线长度相当的焦距时，那么这款变焦镜头就是该靶面尺寸摄像机的标准变焦镜头。同样条件下，如果一款变焦镜头的最长焦距仍短于该摄像机靶面尺寸对角线长度，那么它就是该靶面尺寸摄像机的广角变焦镜头；如果一款变焦镜头的最短焦距仍长于该摄像机靶面尺寸对角线长度，那么它就是该靶面尺寸摄像机的长焦变焦镜头。

可以发现对于不同的靶面尺寸的摄像机而言，不论定焦镜头还是变焦镜头，它们的标准镜头的标准焦距也是不一样的，由此带来的现象是它们的广角镜头和长焦镜头相对来说也是不一样的。也就是说，一款镜头在某一靶面尺寸上是标准长焦(定焦/变焦)镜头，换到另一靶面尺寸的摄像机上就可能变成广角(定焦/变焦)镜头或者长焦(定焦/变焦)镜头。

为了避免出现同一焦距或者焦段的镜头在不同靶面尺寸的摄像机上出现不同的画面效果，如同摄像机的分类相似，上述分类也为人们选购摄像机镜头时提供了依据。

如购买一个 1/3in(1)的普通结构(2)，自动光圈(3)手动变焦(4)的 C 接口(5)镜头，焦距变化范围为 6～12mm(6)。

2. 镜头的基本要求与技术要求

1) 基本要求

镜头在满足现行相关国家标准、行业标准基础上，制造企业的产品还应符合本规范要求。镜头机身或机芯上应有清晰、永久的制造企业产品标志。标志应有制造企业名称、产

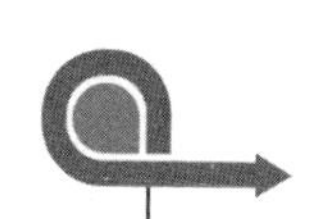

品牌号或型号、系列号码、生产批号或生产日期以及所需的额定工作电压、电流和频率。镜头机身或机芯上的标志还应有产品规格参数，包括接口类型、适用成像尺寸、光圈数(*F*值，等于镜头孔径的倒数)、焦距范围、分辨率等。镜头标志的耐擦性应符合《安全防范报警设备　安全要求和试验方法》(GB 16796—2009)中 5.3.2 的要求。镜头的外形尺寸、结构、等级、材料(关键零部件等)的确定和变更应符合制造企业产品技术文件和相关管理要求的规定。直流驱动自动光圈镜头及电动镜头的工作电压应能适应镜头标称值±10%的波动范围。镜头在环境温度-10℃～+50℃，相对湿度 90%工作环境条件下，相关要求应符合 4 和 5 的要求。镜头的所有材料中所含的有毒、有害物质或元素应符合《电子信息产品污染控制管理办法》，并按照《电子信息产品污染控制标识要求》(SJ/T 11364—2006)的规定进行标示。

2)　技术要求

镜头按其图像显示清晰度由低到高分为三级。图像反射率在 40∶1～80∶1 之间，且镜头为制造企业产品标称光圈数时，相应的视觉分辨率应符合以下要求：

A 级：分辨率≥0.4MP(40 万像素)，且<1MP；

B 级：分辨率≥1MP(100 万像素)，且<2MP；

C 级：分辨率≥2MP(200 万像素)。

镜头实测焦距与制造企业产品标称焦距的相对误差应≤±10%。镜头应与产品的接口类型相符，镜头实测法兰截距与制造企业产品标称法兰截距的相对误差应≤±10%。最大相对孔径时的实测光圈数与制造企业产品标称光圈数的相对误差应≤±10%。镜头在制造企业产品标称范围内，成像画面对角线方向距中心点 50%位置的图像相对畸变应≤10%。在入射光束波长范围为 380～1000nm，且入射光束是镜头入孔直径的 50%时的透射率应≥80%。镜头实测视场角与制造企业产品标称视场角的相对误差应≤±5%。其他技术参数(包括成像尺寸、接口类型、聚焦范围及外形尺寸等)应符合制造企业产品标称的要求。镜头其他标示的功能及试验方法应符合制造企业产品标准和说明书的要求。

3. 镜头的外观、操控性与环境适应性要求

1)　外观和操控要求

镜头外露零件应完整，表面不应有显著的锈蚀、划痕、裂纹、砂孔、损伤、变色、隆起及永久性污渍等影响外观的缺陷。表面的涂、镀层应平整、均匀、牢固，相同的涂、镀层色泽应一致，不应有剥落、划伤以及局部未涂、镀、着色等有损外观的缺陷。

镜头调节环套圈应平整光洁、色泽均匀、花纹完整清晰，标志粘贴应附着牢固。连接部位的间隙、间距应均匀，不应有显著的倾斜、偏移。紧固部位应连接可靠，不应有松动现象。镜头紧固件应紧固到位，螺钉表面不应有划伤，起子槽不应有拧伤现象。

光学零部件不应有明显的麻点、擦痕、气泡、污迹、霉斑和附着物。表面镀膜层应牢固，有效孔径内不应有脱膜或干涉色明显不均匀现象，有效孔径外不应有发展性的脱膜、脱胶、发展性破边；有效孔径以外的局部破边应不引起反光现象。成像光束通过部位应经消杂光处理，涂、镀层不应有导致画面密度偏差或灰雾的内反射。

套圈应松紧适宜，镜头的聚焦、变焦、光圈等调节应轻便、平滑、可靠，不应有晃动、卡滞现象，在正、反向调节时均不应有松动、明显的空回及轻重不一致的感觉。手动调节镜头还应具有锁定结构。

2)　环境适应性要求

镜头的高低温试验应符合《照相机高低温试验方法》(JB/T 8250.5—1999)的要求。振动试验应符合《照相机振动试验方法》(JB/T 8250.6—1999)的要求。冲击试验应符合《照相机冲击试验方法》(JB/T 8250.8—1999)的要求。碰撞试验应符合《照相机碰撞试验方法》(JB/T 8250.9—1999)的要求。镜头经环境适应性试验后，外观和各调节机构应满足正常工作要求。

4. 镜头的光学性能参数与特性

摄像机镜头有一些主要的参数，分别决定着镜头的光学使用特性。

1)　镜头的焦距f

镜头的焦距是指物像通过镜头后的成像聚焦面到镜头中心的距离，用f表示。它是镜头的一个重要参数，直接关系到观看视场的大小。简单来说，焦距长(焦距数值大)，视场角小，观看的范围小；焦距短(焦距数值小)，视场角大，观看的范围大。

就标准镜头而言，由于标准镜头的视角接近人眼的视角，所以，用标准镜头拍出的图像视觉效果“非常真实”。

对于长焦镜头而言，首先，由于长焦距视角小，通常是摄取某个景物中的局部，能把远处的景物“拉近”，所以被摄主体成像都比较大，超长焦距由于在较远的距离拍摄，不易干扰和影响被摄对象。其次，由于长焦距视角小，所以在逆光拍摄时，光源不易射入镜头而影响画面效果。再次，焦距长，景深短，加上在相同的摄距和相同的光圈下，长焦镜头口径通常要比其他焦距镜头的口径大，所以景深相对也就短，所形成的画面有较强的虚实效果。最后，长焦镜头具有较强的空间压缩感。

对于广角镜头而言，由于焦距和视场角是一一对应的，一个确定的焦距就意味着一个确定的视场角，这也就成了选择镜头时第一要考虑的参数。

广角镜头视角宽广，适合在“没路可退”的环境中近距离摄取较大的场景，用广角镜头拍照也很容易将主体以外“不可取”的“杂景”拍入画面。用广角镜头拍摄所表现出的近大远小的强透视场景效果非常壮观，视觉冲击力很强。焦距短，景深长；加上广角镜头在相同的摄距和相同的光圈下，短焦镜头口径都要比其他焦距镜头的口径小，所以景深相对也就长，所拍画面中，焦点以外的物体相对也比较清晰，即纵深的清晰范围大。

广角镜头还有一个特点，就是一般较容易产生影像变形，所拍画面具有一定的夸张效果，当近距离拍摄时，效果更为强烈。

当所要监视的目标物与镜头的距离确定，目标物的高度与宽度确定，镜头的成像面尺寸(镜头规格)确定，则选择合适的镜头焦距就能将目标物像完整的显示在监视器上。它们之间的关系式如下：

$$f = a\frac{L}{H}$$

$$f = b\frac{L}{W}$$

式中　f——镜头焦距，mm；

a——镜头矩形成像面高度，mm；

H——被摄目标物体的高度，m；

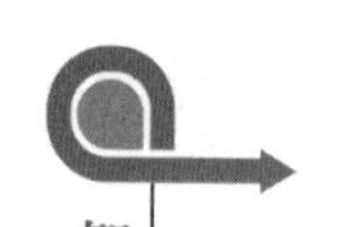

L——被摄物体至镜头的距离，m；

b——镜头矩形成像面宽度，mm；

W——被摄目标物体宽度，m。

此两式中 *b*、*a* 的比例为 4∶3，而实际目标物体的 *W*、*H* 比例不一定为 4∶3，经此两式计算得到的焦距数值将不一致，为考虑监视器上显示完整的物像画面，最终应选用数值小的镜头焦距。在根据确定的计算结果选用实际镜头时，还会出现没有对应焦距的现象，此时可以根据产品目录选择相近的规格型号，一般也是选择比计算值小的镜头焦距。

实际工程中，工程设计人员还根据物距、物高和成像面大小直接采用一种更简洁的方法——查表法，虽然没有公式计算来得精确，但在工程使用中却十分方便。如图 4-5 所示就是 1/2in 和 1/3in 镜头焦距的工程计算图，在工程上又称为 *H-L* 表。必须指出，这种工程计算图只适合以目标物高度为依据来选择镜头时使用，而不能以目标物宽度为依据。以 1/3in 镜头焦距计算图为例，已知目标物高度为 30m，距离摄像机 50mm，经过查表可得：应选用焦距为 6mm 的 1/3in 镜头。

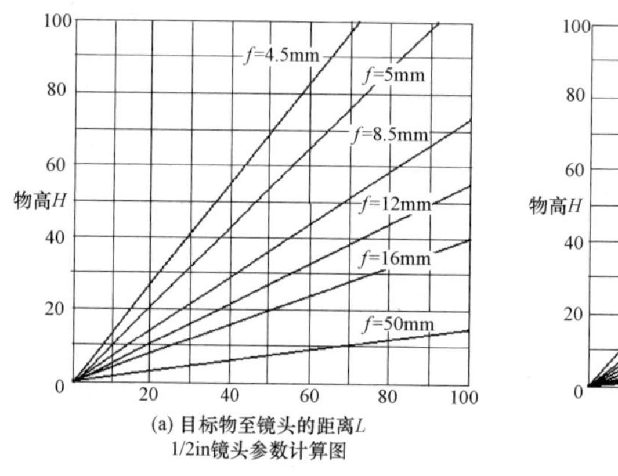

(a) 目标物至镜头的距离*L*

1/2in镜头参数计算图

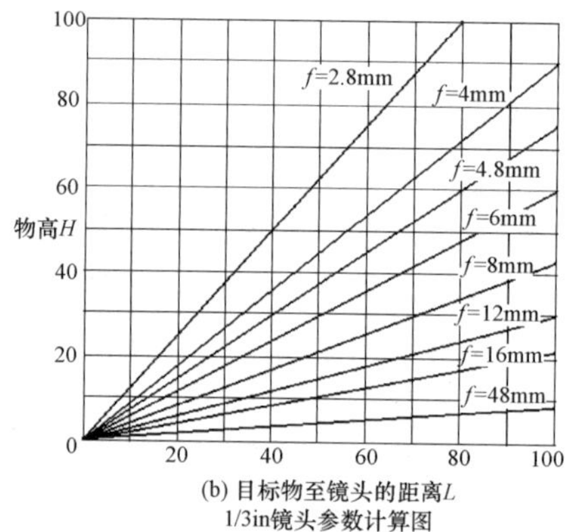

(b) 目标物至镜头的距离*L*

1/3in镜头参数计算图

图 4-5　镜头焦距的工程计算图(*H-L* 表)

2)　镜头的光圈 *F*

光圈(也叫相对口径)(Aperture)。光圈位于镜头内，由数片叶片组合而成，可以调节进光孔径的大小，并与相机的快门配合控制曝光量。镜头的通光孔径分为有效口径(最大光圈)和相对口径(光圈)。特别提示：有效口径不一定是镜头第一枚镜片的直径。

光圈系数是镜头的焦距和镜头内通光孔径的比值，如图 4-6 所示。

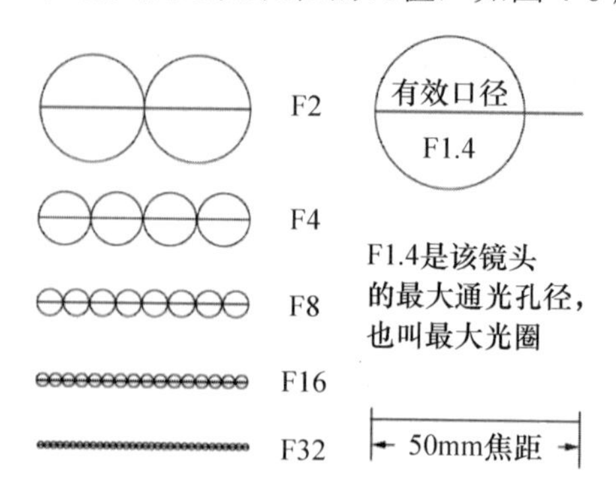

图 4-6　有效口径，相对口径关系示意图　公式是：*A*=*f* /*d*

式中，A 是光圈系数；f 是焦距；d 是光孔直径。比如，一款照相机镜头的焦距为 f=50mm，而它的最大通光孔径 d=25mm，那么，这款镜头的最大光圈系数就是 50/25=2，2 也就是这款镜头的有效口径。

通常读作光圈 2，可以写作 F2。如果把这款照相机镜头的光圈调节至 F4，那么，这款镜头的通光孔径就缩小至 12.5mm。F4 就是款照相机镜头可调节的光圈系数之一。

定焦镜头的焦距是固定的，所以有效口径只有一个。而变焦镜头的焦距是可以调节长短的，因此，随着焦距的变化，其焦距与口径的比值也产生了变化，有效口径也就随之变化。所以，经常会在镜头口端看到写有有效口径 1∶3.5～5.6 或 1∶2.8～6.3 等字样，就是这个道理。

那为什么有些变焦镜头的有效口径也是固定不变的？通常，把这类镜头叫作恒定光圈镜头，因为在这类专业镜头里加了一个类似于光圈的光栅，当镜头焦距改变时，光栅会随着焦距与口径的固定比值而改变，焦距变长时光栅就跟着变大，焦距变短时光栅就跟着相应地缩小，使焦距与口径始终保持一致的比值关系，这就是为什么焦距改变而有效口径固定不变的原因。

在视频监控系统中，尤其是数字视频监控系统中，许多 CMS 上显示的 F 值就是光圈系数，其排列为：

1、1.1、1.3、 1.4、1.6、1.8、 2、2.2、2.5 、2.8、3.2、3.6、4、4.5、5、5.6、6.3、7.1、8、9、10、11、13、14、16、18、20、22、25、29、32…

用户的摄像机镜头所能达到的光圈系数只是其中的一部分，比如：

1.4、1.6、1.8、2、2.2、2.5、2.8、3.2、3.6、4、4.5、5、5.6、6.3、7.1、8、9、10、11、13、14、16、18、20、22；又如，2.8、3.2、3.6、4、4.5、5、5.6、6.3、7.1、8 等。这样做是和生产厂商的生产工艺、生产与销售的性价比以及我们的应用需求有关，这里不再赘述。

光圈系数中的深色大号系数是过去传统机械相机的光圈系数的排列方式，而加上中间的小号系数是现在绝大多数相机光圈系数的排列方式。因此，从理论上说，现在曝光量的控制要比过去更精确，画面的层次影调和色彩也表现得更细腻。

为便于理解，我们就以光圈系数中的深色大号系数来说明光圈系数与进光量的关系。光圈系数与进光量是反比关系，系数越小，通光孔径越大；系数越大，通光孔径越小。在这里相邻的两个深色大号系数，它们的进光量是 2 倍与 1/2 倍的关系。比如，光圈 2.8 比光圈 4 的进光量大 2 倍，也叫作大 1 级或大 1 挡光圈；光圈 5.6 是光圈 4 的 1/2 倍的进光量，也叫作小 1 级或小 1 挡光圈。

而对于包括小号的所有光圈系数来讲，相邻的两个系数之间，它们的曝光量相差 1/3 级，比如，光圈 4 比光圈 4.5 进光量大 1/3 级；而光圈 7.1 比光圈 5.6 进光量小 2/3 级；又比如光圈 4 比光圈 7.1 进光量大$1\frac{2}{3}$级。

光圈除了配合相机的快门控制曝光量以外，还能控制景深效果。其规律是：光圈大，景深小；光圈小，景深大。比如，光圈 2.8 的景深比光圈 4 小；光圈 8 的景深比光圈 4 大。不同焦距的镜头，相同的光圈系数，通光量虽然相同，由于其通光孔径的不同，景深效果也不同。孔径大景深小，孔径小景深大。以“全画幅”靶面尺寸摄像机和 1/4in 使用的镜头

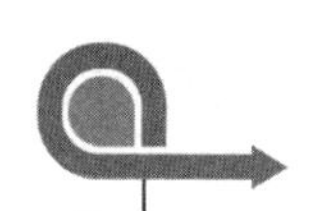

为例，比如，600mm 的超长焦距镜头，光圈 4，其通光孔径为 150mm；而 1/4in 摄像机 6mm 焦距的镜头，光圈 4，其通光孔径约为 1.5mm。两款镜头光圈系数都是 4，它们的通光量相同。但由于它们口径相差很大，那么，其景深效果就是 600mm 焦距镜头的景深要远小于 6mm 焦距镜头的景深。

选择大光圈的作用，一是可以使我们在相对较暗的场景下，由于通光量大，既可以避免或减少因为快门过慢而手持相机拍摄产生的抖动，也可以让我们在这类场景下捕捉动态物体。二是因为光圈大，景深相对就小，可以表现焦点以外相对模糊的“虚实结合”的短景深(通俗地理解就是除主体清晰外环境都相对模糊)的画面效果。选择小光圈的意义在于，对所拍场景获得一个除焦点以外前后都较为清晰的长景深(通俗地理解就是纵深的清晰范围大)的画面效果。

无论是选择大光圈还是小光圈，都会影响画面的总体成像质量，尤其是选择太小的光圈会影响成像清晰度。许多摄影爱好者认为景深长，就是清晰度高，这是把景深和清晰度混淆了。如果我们对所拍画面总体成像质量要求比较高，而又希望画面的景深效果不受到影响的话，我们应该选择这款镜头的最佳成像光圈，能获得成像质量相对较高的画面。

3) 景深

景深就是焦点前后较为清晰的范围，清晰范围大叫景深长，清晰范围小叫景深短。焦点前的景深叫前景深，焦点后的景深叫后景深，后景深的长度约是前景深的 2 倍。影响景深的因素有光圈的大小、焦距的长短以及拍摄距离。

镜头的景深与镜头的焦距调节有关，通常镜头焦距越短，视场角越大，聚焦的情况下可清晰观察图像的视场纵深范围越大，即景深越长。反之镜头焦距越长，视场角越小，聚焦的情况下可清晰观察图像的视场纵深范围越小，即景深越短。早期出现的所谓“傻瓜”相机，在拍摄时无须聚焦，就是利用了短焦广角镜头，可在很大的范围内对拍摄对象良好地聚焦。镜头的景深还与镜头的光圈大小有关，通常光圈越小(即 F 值越大)，景深越长；光圈越大(即 F 值越小)，景深越短。所以在实际拍摄的过程中，宁可用小光圈，以获得全面清晰的图像，但此时进入摄像机的光通量会减小，为弥补此项，可在拍摄现场增加良好的照明条件。

4) 镜头的像差

镜头是一个光学系统，目标物体的影像通过光学系统后在聚焦面上成像，此成像与真实景象之间将存在偏差，这就是像差。一般来说，镜头的像差是不可避免的，只是不同质量的镜头产生像差的程度不同而已。

像差包含两部分内容，其一是因镜头工艺及精度引起的图像失真，如像场弯曲、桶形失真、枕形失真等；其二则是镜头材料(玻璃或其他材料)对不同光线的折射率不同而引起的颜色偏差，也叫色差。高质量的镜头会通过各种技术来矫正不同因素引起的像差，使像差降到最小，当然价格也相应提高。通常好的镜头与一般的镜头价格差异可达数倍、数十倍乃至上百倍。

在视频监视系统中，人们比较关注镜头的焦距和光圈的控制方式，而并不太关心景深与像差，因为焦距和光圈与监控系统的功能和要求有关，而景深是使用中要加以考虑的，至于像差则完全取决于成本与造价。

5. 镜头在视频安防监控系统中的应用要求

镜头的成像尺寸应与摄像机传感器的有效尺寸相匹配。镜头的光圈值、光圈类型及光圈控制接口应与摄像机及其安装环境相适应。镜头的焦距、变焦类型及变焦控制接口应满足摄像机及其监视范围的需求。一体化摄像机的镜头相关技术指标，应与摄像机、保护(球)罩一并检测。

4.3.3　云台与解码器

云台是安装、固定摄像机的支撑设备，是视频监控系统中不可缺少的配套设备之一。

1. 云台的分类

云台可分为固定和电动两种。

固定云台适用于摄像机监视范围不大的情况，在固定云台上安装好摄像机后可调整摄像机的水平和俯仰的角度，达到最好的工作姿态后只要锁定调整机构就可以了。

电动云台能让摄像机进行上、下、左、右的扫描运动，扩大该摄像机的监视范围，故又称全方位云台。

电动云台的种类较多，结构和外形也各不相同，主要有如下的分类。

(1) 按适合安装的环境分，可分为室内云台和室外云台；它们的区别在对环境的适应能力的不同，室外云台在结构上保证了该云台能在比较恶劣的环境中正常工作，而室内云台绝不适用于室外工作。

(2) 按承受负载的能力和性能分，可分为轻载型云台(最大负重 10kg)、中载型云台(最大负重 25kg)、重载型云台(最大负重 45kg)、防爆型云台、防水型云台等。

(3) 按旋转速度分，可分为恒速云台和可变速云台。恒速云台只有一挡水平旋转和俯仰速度，在此中又可有低恒速云台和高恒速云台之分：低恒速云台的水平旋转速度在 6°～12°/s，俯仰速度在 3°～6°/s 左右；高恒速云台的水平旋转速度在 20°～40°/s，俯仰速度在 15°～25°/s 左右。可变速云台也有低速和高速之分：低可变速云台的水平旋转速度一般在 0°～32°/s 之间可变，俯仰速度在 0°～16°/s 之间可变；高可变速云台的水平旋转速度在 0°～480°/s 之间可变，俯仰速度在 0°～120°/s 之间可变。

如图 4-7 所示为各种云台的外形，图中依次为：室内型顶装式恒速云台、车载无线传输的摄像机云台组合、室外型高速可变速摄像机云台组合、室外型恒速云台、室内型壁装式恒速摄像机云台组合。

2. 云台解码器

云台解码器是接收来自控制中心的编码信号，通过解码产生相应的云台、摄像机或镜头等相应动作信号的设备。

根据上述可知，电动云台的种类繁多，其上下与左右的动作是由两台执行电动机来实现的，目前常用的驱动电压大多为 AC24V 或 AC220V，也有少数小型云台使用 DC 6V 的。显然，不同种类的云台，应有不同的电动机规格，所需的旋转驱动电流也不同。同时，大

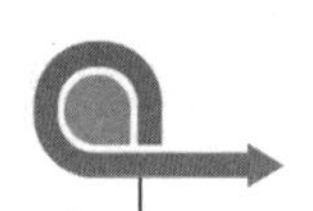

多数云台还为安装于其上的摄像机及镜头提供线缆的转接功能，使云台在旋转或俯仰时不致扯断线缆，这些线缆将分别提供摄像机电源(AC 24V、DC 12V)、视频信号输出、镜头的动作电压(DC 8～16V)，有的还为可能安装于云台上的全天候防尘罩提供风扇或加热的线路等。所有这些电动机驱动电压、摄像机电源、镜头的动作电压、防尘罩供电等全来自与云台配套的专用设备——云台解码器。因此不同的云台规格，应配置不同的解码器。

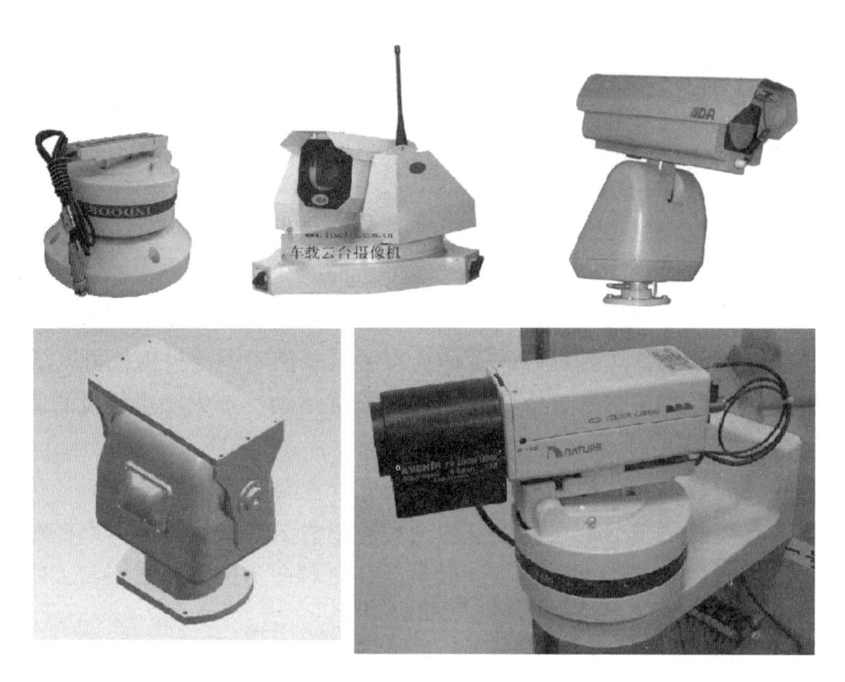

图 4-7　各种云台的外形

目前，大量使用的解码器多以 RS485 总线形式接收编码信号，解码后的动作信号又大多通过其内的继电器送出。根据与不同的云台配合，解码器内的电源部分会产生各种满足要求的交直流电源。必须指出，解码箱与云台、镜头之间的动作控制连线，通常是一一对应的，任何互换或接错，都会使云台或镜头产生错误的动作甚至损坏设备。

如图 4-8 所示是某小型云台解码器的外形与内部印制电路板结构图。

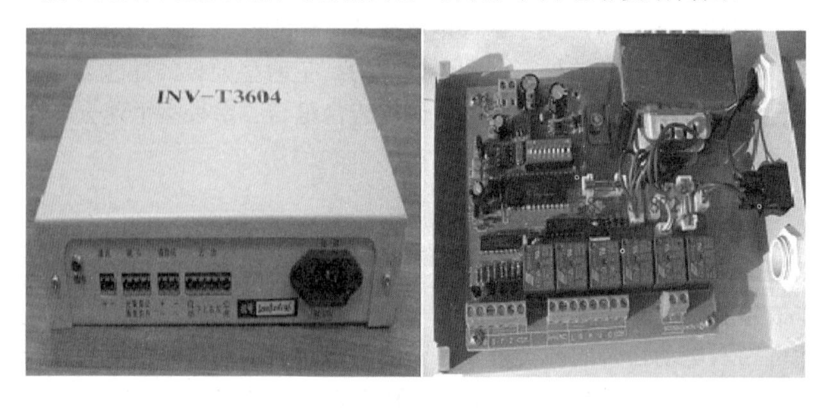

图 4-8　某小型云台解码器的外形与内部印制电路板结构图

4.3.4　防护罩与支架

1. 摄像机防护罩

防护罩又称防尘罩，是视频监控系统前端用来保护摄像机和镜头的重要组件。防护罩在构造原理上并无特殊之处，只是除基本保护功能外，随摄像机安装使用的环境条件不同而有不同的外形、结构和其他辅助功能。

根据摄像机使用安装环境，防护罩一般分为两类。

一类是室内用防护罩，这类防护罩结构简单，价格便宜。其主要功能是防止摄像机积灰并有一定的安全防护作用，如防盗、防破坏等。

另一类是室外用防护罩，这类防护罩又有两种：一种为普通室外型防护罩，它具有基本的密封性能，保证雨水不能进入防护罩内部侵蚀摄像机，并通常具有遮阳和简单的隔热功能，也能防止蜘蛛、飞蛾等小昆虫进入防护罩内部而影响正常摄像。另一种为全天候防护罩，这种防护罩无论在刮风、下雨、下雪、酷暑还是严寒等恶劣情况下，都能为安装在防护罩内的摄像机和镜头提供一个良好的工作环境。通常，全天候防护罩的玻璃窗前安装有可控制的雨刷，使其即使在大雨时也能让摄像机正常拍摄；冬天时其玻璃窗具有加热功能，能确保在气温突变时不致在玻璃表面结霜，即使在下雪天也能保证玻璃窗上不积雪；罩内装有风扇和加热器或采用半导体器件制成的加降温部件，并配有自动控制电子线路，使防护罩能根据环境温度自动启动或关闭电风扇，或自动启动半导体加降温部件，以给摄像机提供一个良好的工作环境。

在视频监控产品与器材市场中，防护罩的种类和规格不下千余种。如图 4-9 所示是目前常见的几种防护罩。图 4-9(a)、图 4-9(g)为普通室内外防护罩，图 4-9(b)、图 4-9(c)为用于室内的半球形防护罩，图 4-9(d)为带红外线的室外防护罩，图 4-9(e)为防爆型结构防护罩，图 4-9(f)为室外全天候防护罩。

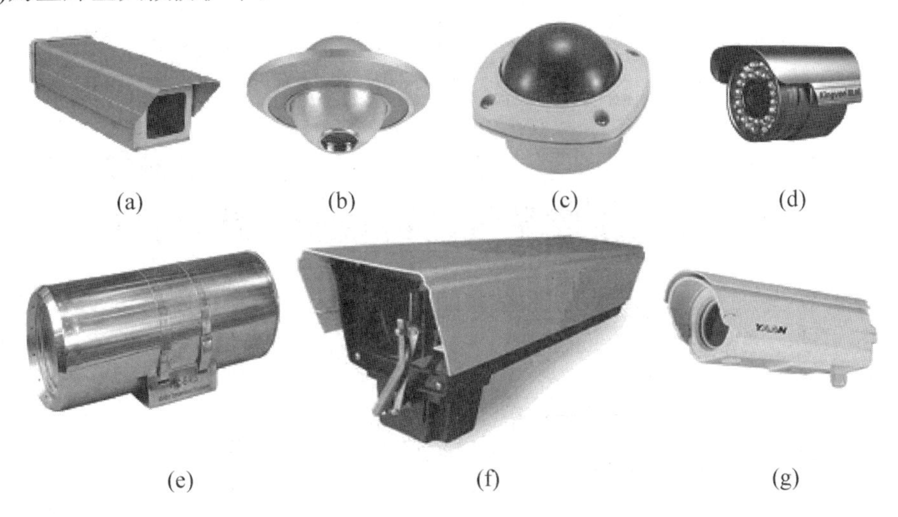

图 4-9　常见的几种防护罩外形

此外，还有一些特殊种类的防护罩，可在一些特殊使用要求的情况下选用。如高安全度防护罩，也称铠装防护罩，适合安装在监狱或其他容易遭到破坏的场所，它可经受铁锤、

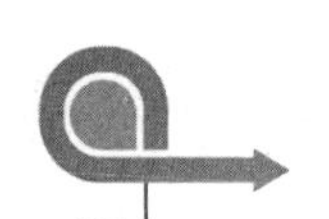

石块或某些枪弹的冲击而不会洞穿或开裂。高防尘防护罩：它的罩内与外界完全隔绝，可以在多沙和多尘的环境中使用，如果使用不锈钢材料还可以用于有腐蚀性的环境中。防爆防护罩，这种防护罩结构上完全符合防爆和防粉尘爆炸电器设备的安全规定，包括引入线接口都配有防爆密封件，适用在煤矿内的监视。高温防护罩，适用于高温环境，它采用了特殊的冷却降温手段，常见的有风冷系统、水冷系统，甚至涡旋制冷、氟利昂、氨制冷等方式。

2. 摄像机的支架

支架是用于摄像机(包括防护罩)、云台等安装时作为支撑的辅助器材。为配合各种摄像机及防护罩、云台的不同种类，安装支架的种类和外形也五花八门，有适合直接安装摄像机的，有适合安装不同尺寸防护罩的，有适合安装不同规格云台的，有顶装的，有壁装的，有适合于安装在立柱上的，等等。

选择支架时应根据实际安装地点和实际的需要进行合适的选择，工程规定，支架承受负载的能力应大于安装其上设备总重量的 4 倍。

如图 4-10 所示是目前常用的几种摄像机支架外形。

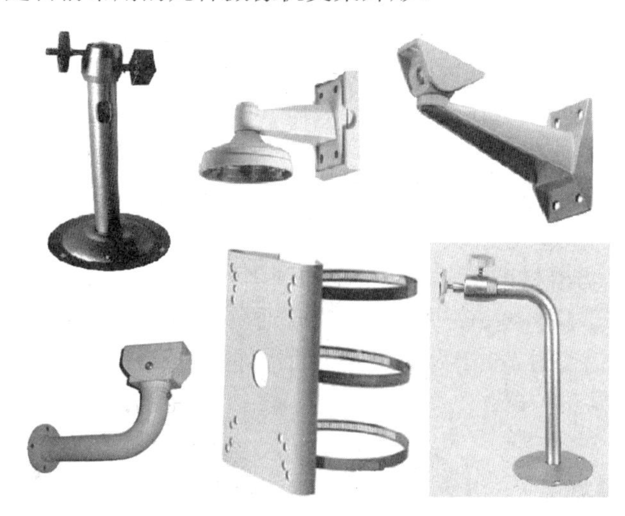

图 4-10　几种常用的支架

4.4　视频监控系统的终端设备及其性能

视频监控系统的终端部分包括视频图像的显示、记录、切换和分配等设备，作为视频监控系统的末端，通常安放在专门建造的中央控制室内，由操作人员对它们进行操作控制与使用，所以也称为内场设备。

4.4.1　显示终端和显示屏

显示终端是指用于图像显示的设备，以整体设备为单元；显示屏是指用于图像显示的窗口，以显示图像为单元，可称为显示窗口。整个视频监控系统的状态最终都要体现在显示终端上，因此显示屏的性能优劣将直接影响整个监控系统最终效果。在视频监控系统工

程中，选择质量好、技术指标能与系统其他设备的技术指标相匹配的显示终端是非常重要的。我们将分别对模拟视频监控系统和数字视频监控系统来进行讲解。

1. 模拟视频监控系统的显示终端和显示屏

在模拟视频监控系统中，我们一般又把显示终端和显示屏称为监视设备和监视器。

1)　监视器的分类

(1)　按重现图像的色彩分，可分为黑白监视器和彩色监视器。黑白监视器只能显示黑白图像，即使输入彩色图像信号时也是如此；彩色监视器在输入彩色视频信号时显示彩色图像，而在输入黑白视频信号时仍显示黑白图像。通常黑白监视器具有较高的图像清晰度，彩色监视器则因具丰富的色彩而使影像逼真，与黑白监视器相比，它可包含较多的信息量。

(2)　按使用功能分，可有专用监视器(其中包括带音频接口的)和收/监两用机。专用监视器只能显示视频图像，带音频接口的监视器还能同时监听前端传来的声音信号；收/监两用机就是带 AV 口的电视接收机。这两种机器都能用于视频监控系统的图像显示，但专用监视器的图像质量高，通常黑白监视器的中心分辨率最高可达 800 线以上，彩色监视器的分辨率也在 330 线以上，有的可高达 500 线；收/监两用机则价格便宜，图像质量相对较差，其图像中心分辨率仅 270 线左右。此外，专用监视器的图像清晰度、色彩还原度和长期工作时的整机稳定度等均比收/监两用机高得多。

(3)　按监视器显示器材和显示屏幕尺寸分，可有多种规格与大小。传统的监视器都由阴极射线管(CRT)作为显示器材，特点是生产技术成熟，性能价格比高，但体积大、重量重、电压高、耗电多。屏幕尺寸主要有 9in、14in、17in、21in、25in、29in、34in 等。

在模拟视频监控系统中也较多使用超大屏幕显示设备作为监控图像的监视器，主要有背投式 CRT 监视器、投影仪或用多台监视器拼接的电视墙等。电视墙通常有 9 台、16 台或 25 台监视器拼接，也可是其他数量的监视器，拼接后的电视墙规模可以达到非常大。电视墙中的监视器既可单独显示一路图像信号，也可数台监视器拼接成较大的画面，更可将所有的监视器拼接成巨大画面显示。用平板型监视器拼接的电视墙相邻监视器之间的拼接缝隙已小达 20mm 以下，而用背投式 CRT 监视器组成的电视墙相邻监视器甚至已做到基本无缝拼接。

2)　监视器的主要技术指标

监视器的技术指标是描述设备技术性能的数据，主要有如下多项。

模拟接口显示终端应同时具有复合视频输入/输出接口、与产品标称相适应的输入接口、音频输入输出接口。

行引入范围 15. 625KHz±200Hz；行保持范围 15. 625KHz±300Hz。

输入电源电压：有 AC230V\50Hz、AC120V\60Hz、DC24V、DC12V、DC9V 等，可根据实际应用场合选择。

功率消耗：有 20W、30W、60W、100W 等。一般尺寸越大，功率越大。

输入信号幅度：0.5～2$V_{\text{p-p}}$。视频信号的标准幅度为 1$V_{\text{p-p}}$，此项指标是指输入信号幅度在 0.5～2$V_{\text{p-p}}$ 的范围内监视器均能正常显示和同步。

输出信号幅度：1$V_{\text{p-p}}$。监视器通常都有输出信号接口，内容与输入同。

输入阻抗：75Ω或高阻抗，并可切换。

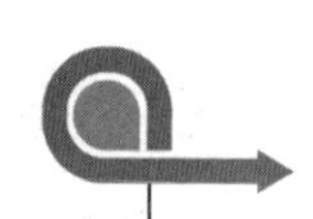

带宽≥135MHz。此项指标的上限与监视器的中心清晰度相关。

分辨率：300～1000TVL。

灰度等级：不低于 8 级。此项指标是衡量监视器在收看黑白图像时，分辨由黑色到白色之间亮暗层次的技术指标，目前最高为 10 级。

扫描制式：PAL、NTSC 或多制式切换。我国规定使用 PAL 制式。

应具有消磁等功能。

还有其他如信噪比、非线性失真、工作温度、相对湿度、存储温度等指标则是生产厂家在生产过程中应该达到的技术指标，在选购时一般也无法验证。

3) 监视器的选择原则

为视频监控系统选择监视器一定要根据实际情况与条件以及系统的具体要求进行。

(1) 选用通过国家法定质量监督检验部门认证并允许销售的产品，其质量与技术指标应符合国家相关规范和标准的要求。

(2) 与系统安装的摄像机制式和性能相一致。如黑白摄像机配黑白监视器、彩色摄像机配彩色监视器，且制式相符。

(3) 清晰度指标可以略低于摄像机，但必须满足系统要求。

(4) 系统中往往有多台监视器，通常副监视器的尺寸可小一点，如 14～21in，而用于重点监视的主监视器，其尺寸应大一点，如 25～29in，甚至平板型监视器或投影仪。

(5) 多台监视器放置于一起时最好选用金属外壳的监视器(并接地)，使相互不产生干扰，也不受外界其他干扰。

(6) 个别小系统，如使用了数字记录设备，则可借用计算机显示器作为监视器。

2. 数字视频监控系统的显示终端和显示器

1) 显示终端和显示器的技术指标

数字视频监控系统中使用的显示终端和显示器一般都是彩色液晶显示器。所以其分类也相对简单，根据上海市技防管理部门颁布的《本市视频安防监控系统用彩色显示终端技术规范(试行)》[沪公技防(2011)009 号]中的要求，对显示终端和显示器主要按照显示分辨率划分。按显示分辨率可将显示终端按其图像显示清晰度由低到高分为 A、B、C 三级：

A 级：水平分辨率≥400 TVL，≤600 TVL。

B 级：水平分辨率≥600 TVL，≤800 TVL。

C 级：水平分辨率≥800 TVL。

数字视频监控系统中的显示终端和显示器通常采用点阵方式显示。显示终端应具有与产品标称相适应的数字输入接口，宜具有复合视频输入输出接口和音频输入输出接口。

显示终端带宽按产品清晰度分级应符合：A 级≥60 MHz；B 级、C 级≥120MHz。

显示终端亮度及对比度应符合表 4-2 要求。

表 4-2 显示终端亮度及对比度要求

显示屏尺寸/in	<22	≥22，<46	≥46
亮度/(cd/m^2)	≥250	450	700
对比度	≥8 00：1	≥1 000：1	≥1 000：1

需要使用在数字视频监控系统中的显示终端和显示器都需要满足以下通用性能：

显示终端接口应符合《应用电视外部接口要求》(GB/T 15413)、《数字电视接收设备接口规范 第 2 部分：传送流接口》(SJ/T 11328—2006)、《数字电视接收设备接口规范 第 3 部分：复合视频信号接口》(SJ/T 11329—2006)、《数字电视接收设备接口规范 第 4 部分：亮度、色度分离视频信号接口》(SJ/T 11330—2006)、《数字电视接收设备接口规范 第 5 部分：模拟音频信号接口》(SJ/T 11331—2006)、《数字电视接收设备接口规范 第 6 部分：RGB 模拟基色视频信号接口》(SJ/T 11332—2006)、《数字电视接收设备接口规范 第 7 部分：YPBPR 模拟分量视频信号接口》(SJ/T 11333—2006)的规定。

显示终端的安全性、电磁兼容性应符合《声音和电视广播接收机及有关设备抗扰度限值和测量方法》(GB/T 9383—2008)、《安全防范报警设备安全要求和试验方法》(GB 16796—2009)、《电磁兼容试验和测量技术静电放电抗扰度试验》(GB/T 17626.2—2009)、《电磁兼容试验和测量技术电快速瞬变脉冲群抗扰度试验》(GB/T 17626.4—2008)、《电磁兼容试验和测量技术浪涌(冲击)抗扰度试验》(GB/T 17626.5—2008)、《电磁兼容试验和测量技术电压暂降、短时中断和电压变化的抗扰》(GB/T 17626.11—2008)的规定。

显示终端的图像有效显示尺寸、图像显示清晰度或清晰度分级应符合产品明示标注。

显示终端在标准照度下，图像质量主观评价应达到《民用闭路监视电视系统工程技术规范》(GB 50198—1994)规定的五级损伤评分等级四级以上的要求。

显示终端的亮度鉴别等级应≥10 级；亮度均匀性应≥75%；图像重显率应≥95%；几何失真应≤3%；白平衡误差应≥±0.010(色温 9300K)；无灰阶反转可视角度应符合水平状态应≥160°(左右对称)，垂直状态应≥160°(下视角≥8 0°)。

非模拟接口显示终端色彩还原能力应≥16. 7M，响应时间(上升时间与下降时间的总和)应≤8ms。

显示终端工作时残影、亮点、暗点等缺陷应符合：应无残影；亮点、暗点数各应≤1；亮点、暗点或其他坏点的累计数应≤3。

显示终端应具有数字降噪、自动显示格式匹配、手动白平衡调节等功能。应具有中文操作菜单。

在实际使用中还应当注意显示终端与数字硬盘录像设备接驳时，所有图像同时显示的有效显示尺寸应不小于 16in；显示终端与视频矩阵等设备接驳时，单个输出通道上多个图像同时显示，每路图像最小有效显示尺寸应不小于 10in。视频安防监控系统配置中，显示终端的分辨率应与其连接设备的分辨率相适应。

2)　显示终端和显示器的其他性能要求

显示终端结构设计和材料选用应考虑电磁兼容、抗干扰、散热等功效，后罩应采用金属结构。

显示终端的电源适应范围应不低于 AC 220V±10%。

显示终端在环境温度 0～40℃，相对湿度 90%工作条件下，技术指标应达到本技术规范的要求。

显示终端产品的测试与评价，采用主观评价与客观测试相结合的方法。

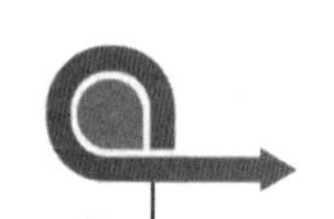

4.4.2 切换器

在模拟视频监控系统中前端的摄像机数量往往较多，并且随着系统规模的扩大，还经常会增加监视点，而在内场却通常不是、也没必要一一对应来配置监视器的数量，如果那样，不但成本高，操作不方便，还容易造成混乱，所以一般都是按一定的比例(如 4∶1)用一台监视器轮流切换显示数台摄像机的图像信号，这就要用到视频切换器。视频切换器是组成控制中心中主控制台上的一个关键设备，是选择视频图像信号的设备。

视频切换器的种类有多种，根据视频监控系统规模的大小及系统的复杂程度可以选择不同的视频切换器。

1. 手动视频切换器

它是一种最简单的视频切换器，该设备上有若干按键或开关，用以选择某台摄像机图像在监视器上显示。这种切换器大多采用机械切换的方式，因此价格比较便宜，连接简单、可靠，操作方便，但在一个时间段内只能查看输入中的一个图像。规格上可有 4、8、12、16 路之分，分别可将 4、8、12、16 路视频图像切换到一台监视器上。

2. 顺序视频切换器

顺序视频切换器也叫自动视频切换器，这种切换器可以按预设的顺序自动切换视频图像，并且每路图像在监视器上的停留的时间可以通过一个旋钮调节，一般在 1～60s 之间。

实现顺序切换的主要器件是集成模拟开关，如 CD4051 八选一模拟开关、CD4067 十六选一模拟开关等，它们分别通过三个和四个地址译码控制端来控制选择八路或十六路中的一路图像至监视器。当译码控制端上的控制信号变化，则选择的结果也发生变化。图 4-11 为两种视频切换器的外形图片，左图为手动切换器，右图为顺序切换器。

3. 矩阵视频切换器

所谓矩阵视频切换器是指可以从 m 路输入的摄像机信号中任意选择 n 路信号输出在 n 台监视器上显示的设备。既可使任一台监视器选看或轮看 m 路输入信号中的任意路信号，也可使 n 台监视器分别对 m 路输入信号进行灵活地分组观看，犹如 m 台摄像机和 n 台监视器构成 $m \times n$ 的矩阵一般(通常 $m>n$)。也可简单地归纳为：每一个输出端口可与任何一个(只能一个)输入端口接通，而每一个输入端口可与任何一个(或同时若干个)输出端口接通。在规模较大的视频监控系统中，大多都离不开矩阵视频切换器。

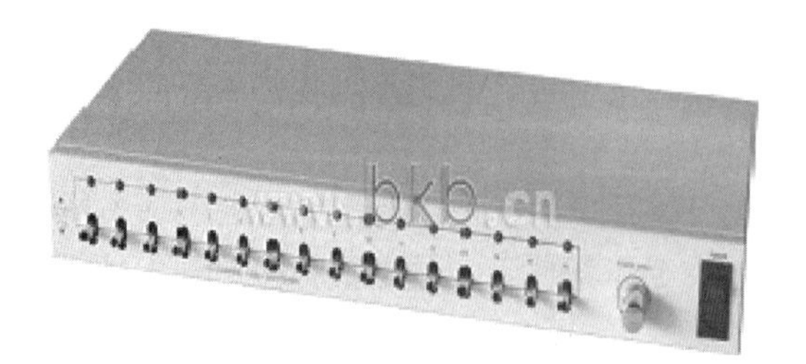

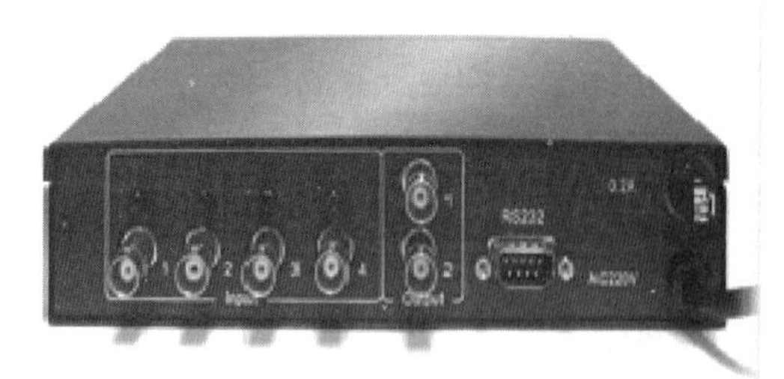

图 4-11　某手动视频切换器和顺序视频切换器外形

目前的矩阵视频切换器都已做成插卡式箱体结构或积木式结构，根据所要组建系统规模的大小分别插入不同数量的卡板；一般最小系统是 4×1，进而可以是 8×2、16×4、32×8、64×16 乃至 1024×256 甚至更大。图 4-12 即为某 32×8 矩阵视频切换器背视图。

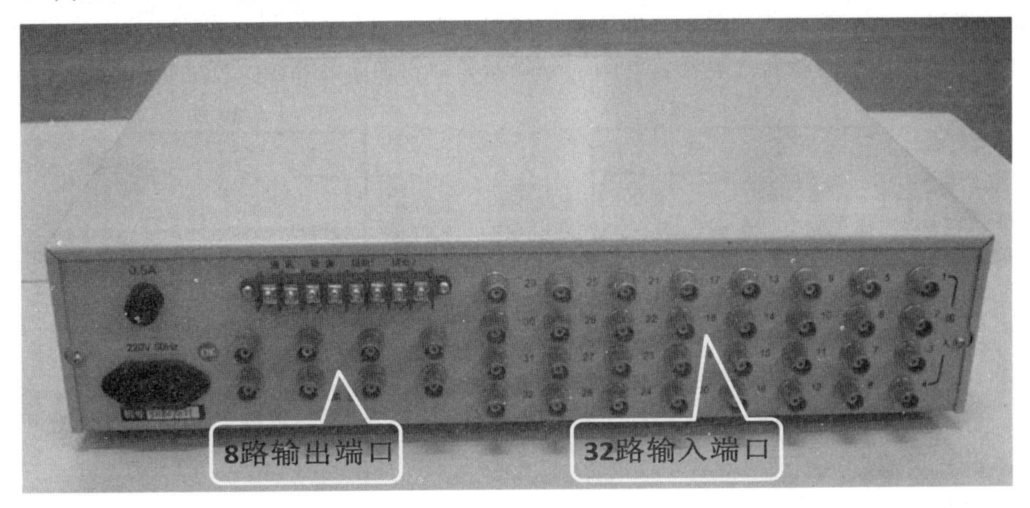

图 4-12　某 32×8 矩阵视频切换器背视图

要包括：任一输出口对输入摄像机信号的切换选择、对输入信号的分组设置、自动切换的时间间隔设置、每一路摄像机输入信号的汉字字符叠加设置等。所有这些操作、参数设置和其他功能的发挥均是通过控制键盘以及设置时产生在监视器屏幕上的菜单来实现的。通常矩阵视频切换器单独为一台设备，体积大小与矩阵规模直接相关，在大型监控系统中使用的矩阵视频切换器甚至已做成如橱柜状。

矩阵视频切换器一般有如下的主要技术指标(以 32×8 矩阵视频切换器为例)：

(1) 视频输入信号幅度：$1V_{\text{p-p}}$(75Ω)。为视频信号标准，但可有一定范围。

(2) 视频输出信号幅度：$1V_{\text{p-p}}$(75Ω)。为视频信号标准，也可有一定范围。

(3) 通信接口方式：RS485 总线制，也可是其他方式。

(4) 通信速率：9600bit/s，也可是其他速率。

(5) 图像信号带宽：>10MHz 或更宽。

(6) 通道隔离度：>42dB，有的甚至高达 60dB 以上。

(7) 微分增益：DG<5%、微分相位：DP<50。此两项是描述视频信号非线性失真的指标，在这里是指被切换后输出的信号与切换前信号相比的失真程度。此指标值越小，表明切换后输出的信号失真越小。

(8) 供电电源：AC220V±10%，50Hz，按不同使用场合可有不同。

(9) 整机功耗：30W，一般矩阵规模越大，整机功耗越大。

(10) 工作环境温度：−10～+50℃。

4.4.3　画面分隔器

能够把多路视频信号合成一路视频信号输出，送入一台监视器，这样就可在一个监视屏幕上同时显示多个摄像机图像，这种设备称为多画面分隔器。

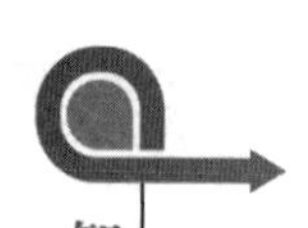

在由多台摄像机组成的视频监控系统中，虽然采用视频切换器可使多路图像在一台监视器上轮流显示，但任何时刻在一台监视器上只能观看一个画面，为了能让监控人员同时看到多个监控点的情况，往往采用多画面分隔器使得多路图像同时显示在一台监视器上。这样，既减少了监视器的数量，又能使监控人员一目了然地监视各个部位的情况。常用的画面分隔器设备有四画面分隔器、九画面分隔器和十六画面分隔器(连接示意见图 4-13)。

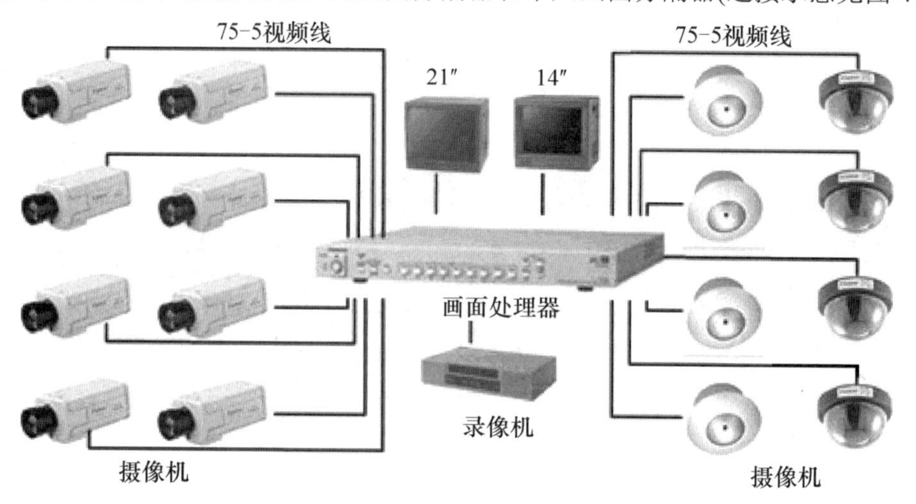

图 4-13　十六画面分隔器连接示意图

使用多画面分隔器除可在一台监视器上同时观看多路摄像机信号外，还可用一台录像机同时录制多路视频信号。有些功能较强的多画面分隔器还具有单路回放功能，即能选择同时录下的多路视频信号的任意一路在监视器上满屏回放；有的多画面分隔器则具有多达 16 个字符的英文字母或数字的叠加功能，可在每一分割后的画面上标明摄像机序号或位置信息。

然而必须指出，随着硬盘录像机(4.4.5 小节将叙述)的大量使用，上述画面分隔器的功能已完全可由硬盘录像机取代，因而导致传统的多画面分隔器已很少使用在视频监控系统中。如今的画面分隔器大多采用图像压缩和数字化处理的方法，把几个画面按同样的比例压缩、或以画中画方式在一个监视器的屏幕上显示多路图像信号，这种设备常用于具有超大屏拼接的电视墙系统中，因此也称为拼接屏控制器，供使用这种系统的公安、消防、军事、气象、铁路、航空等部门的监控、指挥、系统调度等。

4.4.4　视频信号分配器

如图 4-1 所示的单头多尾式视频监控系统的组成形式，即一路摄像机信号需供若干台监视器同时观看(尤其在各台监视器相距较远时)，或供多台视频设备同时使用，此时将要用到视频信号分配器。

在视频监控系统中，各种设备之间视频信号输入/输出间配接的标准阻抗是 75Ω，标准信号幅度是 $1V_{\text{p-p}}$，为使信号传输和连接后有良好的效果，要求所有设备之间的连接均应遵守信号幅度的相适应和阻抗相匹配的原则。因此，凡多台视频设备共享一路视频信号时，绝不是进行简单的电气连接就可以，如那样，则多台设备输入端口的并联将导致等效输入阻抗大大小于 75Ω，与视频信号源连接后所获得的信号电压幅度也将大大小于 1$V_{\text{p-p}}$，最终导致监视器出现图像质量变坏、图像亮度和对比度降低、同步不稳等现象。

视频信号分配器就是解决此问题的设备。视频信号分配器可以将收到的每一路视频信号严格的复制成若干路完全相同的输出信号(分别有一进二出、一进三出、一进四出，简称 1×2、1×3 和 1×4 分配器)，其每个端口的输出阻抗和信号幅度均满足视频标准。这样，任何与其输出口相连的设备，相当于直接与原信号产生设备相连，不会产生上述的不良现象。在实际的视频监控系统中，由于摄像机数量往往较多，故生产厂家常将多路相互独立的视频信号分配电路做在一个设备之中，以减少设备量。主要有：4 路 1×2、1×3 视频信号分配器，8 路 1×2、1×3 视频信号分配器，16 路 1×2、1×3 视频信号分配器等。

事实上，当一路视频信号要送到相距不远的数台监视器时，也可不用视频信号分配器，而是把第一台监视器的视频信号输出端用 75Ω同轴电缆接至第二台监视器的视频信号输入端，把第二台监视器的视频信号输出端用 75Ω同轴电缆接至第三台监视器的视频信号输入端，以此类推。这种级联的方式一般不能超过 6 台，连接中，最后的一台监视器输入端阻抗设置为 75Ω，其余则全部设置为高阻状态。需要指出的是，此种连接方式仅限于数台相距不远的监视器间，且所有监视器所观看内容又全部一样，如有其他视频设备需共享一路视频信号时则必须采用视频信号分配器。

需要注意的是，以上涉及的切换器、画面分隔器、视频信号分配器，主要是应用于模拟视频监控系统中。在数字视频监控系统中，这些设备所对应的功能或被路由器、交换机，或被后台的中央管理控制系统的软件功能所取代。

4.4.5　存储设备

在视频监控系统中，录像机是用来记录摄像机所拍摄的图像资料和监听资料，以便备查回放或存储备案的记录设备。对于模拟视频监控系统和数字视频监控系统来说，在存储设备的选择上，有比较明显的区别。

在视频监控系统应用的早期阶段，由于存储技术的限制，视频监控系统的存储设备多为采用 VHS 磁带录像机作为存储设备，现在已经完全被淘汰。随着计算机磁盘存储技术的发展，在模拟视频监控系统中，现在一般采用硬盘录像机(DVR)作为存储设备。而数字视频监控系统，尤其是网络型数字视频监控系统，一般根据系统规模大小，选择 NVR 或者磁盘阵列作为存储设备。

1. 磁带录像机

早期的家用录像机就是磁带录像机，在一盘 1/2in VHS/E180 的磁带上，可以记录 3h 的图像内容，带 LP 功能的机器则可在一盘磁带上，记录 6 小时的图像内容。但在视频监控系统中，需要长时间的记录图像信息，于是产生了专门用于监控录像的长时间记录仪。它通过专门的技术改进，在一盘高质量的 1/2in VHS/E180 的磁带上，可以记录 12h、24h、72h、120h 乃至 960h 的模拟图像内容；此外，此种录像机还具有遥控功能，能够方便地对录像机进行远距离操作；录像机内设有字符信号发生器，可在图像信号上叠加年/月/日/星期/时/分/秒等时间信息，还能在图像上显示出摄像机编号等。

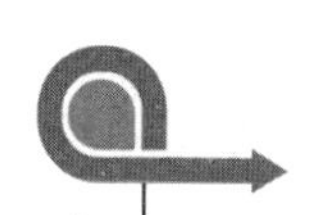

但是，磁带录像机以模拟方式存储视频信息在磁带上，维护和信息检索都比较麻烦，当需要长时间保存视频信息时，需要大量的录像磁带，占用大量存储空间，管理与保养十分繁琐；当设置成超长时间录像方式时，录像机的磁头是走停相间的，也就是说通过损失一定的画面时间来换取长延时效果，故其回放的图像将会有明显的不连续；且这种磁带经过多次回放、多次复制后其信号质量会严重降低；大量并长期的录制过程会使录像机磁头磨损导致故障率增高。随着计算机技术的发展，磁带录像机已被淘汰出监控市场。

2. 硬盘录像机

硬盘录像机(Digital Video Recorder，DVR)，即数字视频录像机，它将模拟的音视频信号转变为 JPEG、MPEG 与其他编码方式的数字信号存储在计算机的硬盘上，故被称为硬盘录像机。它是一套进行图像存储处理的计算机系统，具有对图像/语音进行长时间录像、录音、远程监视和控制的功能，集录像机、多画面分隔器、云台镜头控制、报警控制、网络传输等多种功能于一身，用一台设备就能取代模拟监控系统一大堆设备，它的数字记录技术、图像处理功能、图像储存功能、检索、备份以及网络传递、远程控制等诸方面性能也远远优于模拟监控设备，而且在价格上也逐渐占有优势。所以 DVR 代表了视频监控系统的发展方向。

1) 硬盘录像机的种类

硬盘录像机没有磁带录像机的各种弊病，且具有磁带录像机不可比拟的优良特性。

目前硬盘录像机的产品主要有两大类，一类是基于计算机架构的 PC 式硬盘录像机(又被称为工控式硬盘录像机，PC-Based DVR)；另一类硬盘录像机为非 PC 类基于嵌入式处理器的硬盘录像机(Stand alone DVR)，简称嵌入式硬盘录像机。

2) PC 式硬盘录像机的优点

PC 式硬盘录像机通常采用工业奔腾 PC 为主机，以 Linux、Windows 为操作系统平台，在计算机中插入图像采集压缩处理卡，再配上专门开发的操作控制软件，以此构成基本的硬盘录像系统，在目前的模拟视频监控市场中占据大多数的市场份额。

这种硬盘录像机具有如下的优点。

(1) 存储量大。硬盘录像机将图像以数字信号方式存储在计算机的硬磁盘上，所以硬盘容量的大小决定录像机的存储量。随着计算机技术的飞速发展，现今硬盘容量越来越大，80GB、160GB 的硬盘已十分普遍，500GB、800GB 甚至 1000BG 的硬盘也十分容易买到。以 MPEG-4、H.264 国内最常见压缩方式产生的图像数据信号，若以三级画面质量来录制图像，所需硬盘空间约为 150M/h，因此一个 160GB 的硬盘录制一路图像信号将至少可连续储存 45 天。当启用运动目标录制功能时(即对长期静止的画面停止录像，一旦出现运动目标则立即开启录像)，更可极大地节省存储空间，可连续录制的时间更长。

另外，硬盘录像机通常具有 4 个 IDE 通道，可根据需要任意增加硬盘数量，直至同时挂接 8 块硬盘工作；在此情况下，若每块硬盘以 160GB 计，在启用运动目标录制功能时，即使有 16 路图像同时录像，其连续录像的时间也可长达两个月以上。

硬盘录像机还可以设置循环录像功能，当所有的硬盘储存满信息后，不需要更换存储器件，它会自动以最新的信息挤出最老的信息，保证硬盘内储存的是最新的连续内容。

(2) 查询、检索非常方便。存储在硬盘上的图像信息，均按预先设定的时间间隔(如 5min

或 10min)以一个个文件的格式储存，与计算机上所有文件的存储方式类似，因此可以方便地按日期、时间来查看，也可按摄像机编号来查看，也可定时查看，所有的检索操作都只需用鼠标单击即可完成。

(3) 回放图像质量高。以 MPEG-4 格式录制的图像，回放时的清晰度非常高，回放的画面大小可调、回放速度可调，这在以安全防范为目的的视频监控系统中回放录制的图像用作事后取证分析时尤显重要。事实上，在录制的过程中，对每路图像的录制质量还可根据需要进行调整。在硬盘录像机中通常有五挡画面质量(对应不同的分辨率)可调，当然不同画质所需硬盘存储空间也不同，一级画面质量约 300MB/h，二级约 200MB/h，三级约 150MB/h，四级约 100MB/h，五级约 80MB/h。

(4) 备份、留挡十分方便。硬盘录像机本身就是一台计算机，对文件的复制、备份并转存于其他存储介质(如移动硬盘、光盘永久保存)均相当方便，所有操作也只需单击鼠标即可完成。在复制与转存的过程中也丝毫不影响再生信息的质量。

(5) 具有多种其他功能。

① 具有多画面显示功能。硬盘录像机具有 4、6、9、10、16 等画面分隔格式(见图 4-14)，可将输入的多路图像信号同时在计算机显示器上显示，显示的图像基本实时，即具有多画面显示功能；此中，还可对其中个别图像进行重点观看，甚至使任一路图像全屏观看。这一功能在小型视频监控系统中可节省若干监视器、切换器，并取消多画面分隔器；节约了系统设备，简化了系统结构，连接方式与监视屏幕见图 4-15 所示。

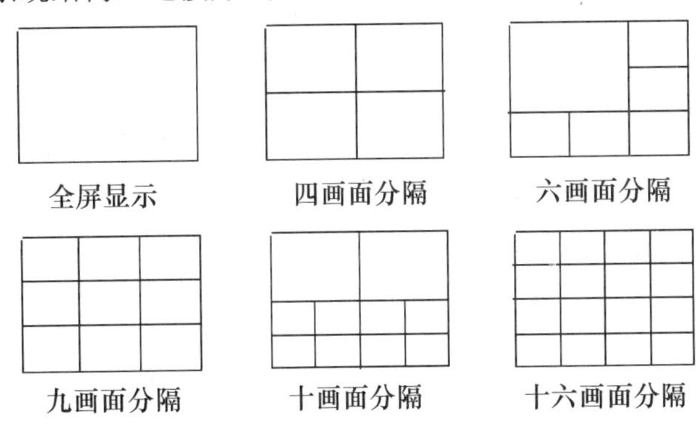

图 4-14　硬盘录像机的多画面分隔格式

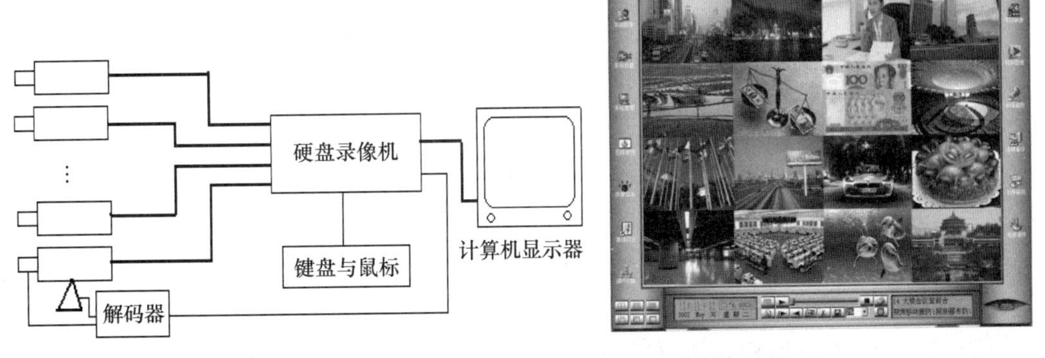

图 4-15　用硬盘录像机构建的视频监控系统及屏幕显示

② 具有云台与镜头的控制功能。当组成的视频监控系统中有全方位云台并配有电动

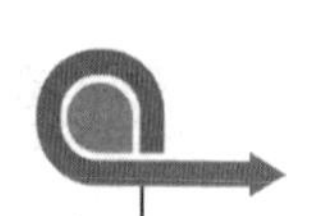

三可变镜头的摄像机时，硬盘录像机可通过鼠标直接对选定路图像的摄像机云台与镜头进行遥控操作。

③ 具有与报警系统的联动控制功能。硬盘录像机通常具有多路报警输入与输出接口，用于连接报警传感器和连接报警时的外设(如射灯、警笛等)，它利用图像移动侦测报警功能，通过报警输出端口与报警系统联动。

④ 具有网络传输和远程控制功能。硬盘录像机都配有 RJ-45 10M/100M 自适应以太网网络接口，当与局域网或者广域网联网后，在其他地方经过简单身份验证就可以对主机进行各种监视录像的控制操作，包括远程图像回放、实时调看等，相当于本地操作。

还有许多其他性能，如良好的人机接口和文件管理功能，通过鼠标、键盘只要用过计算机的人都可以很好地进行操作；软硬件升级比较容易，产品更新快；维修方便，一般的故障都可以通过更换部件进行维修，整机不会报废等。

3) PC 式硬盘录像机的缺点

PC 式硬盘录像机也存在许多待解决的问题，主要有以下几点。

(1) 较易引起死机。无论是 Windows 还是 Linux 操作系统自身均存在不完善，经常需要升级或加装补丁，如再加软硬件与操作系统的兼容等，很容易造成系统死机。

(2) 数据安全可靠性不高。PC 式硬盘录像机的数据存储及操作系统均存放在硬盘中，无论如何加密，均可以从 PC 的底层进入系统，对已记录的图像文件进行删改。如果 PC 的硬盘零道发生了故障，整个硬盘录像机系统将会瘫痪，因此数据的安全可靠性不高。

(3) 抗入侵能力较差。Windows 操作系统本身的抗入侵能力较差，在联网情况下一旦出现如病毒入侵等情况，操作系统将遭到破坏，整个硬盘录像机也会受到严重影响，甚至系统崩溃。

(4) 有 0.5s 左右的延时。PC 式硬盘录像机在应用显示器的监视功能时，其图像信号是经过压缩与解压缩两个过程才在显示器上显示，这些过程在机器处理时均需要时间，通常约有<0.5s 的延时，这在实时性要求十分高的系统中是不利的。

4) 嵌入式硬盘录像机的优点

非PC类基于嵌入式处理器的硬盘录像机(简称嵌入式硬盘录像机)因采用专用芯片对图像信号进行压缩及解压回放，在视音频压缩码流的储存速度、图像分辨率及画面质量上都有较大的改善；采用嵌入式实时操作系统来完成整机的控制及管理，集系统的应用软件与硬件于一体，类似于 PC 中 BIOS 的工作方式，具有软件代码小、高度自动化、响应速度快等特点，特别适合于要求实时和多任务的应用。与 PC 式硬盘录像机相比，嵌入式硬盘录像机具有如下优点：

(1) 性能好。嵌入式硬盘录像机在硬件上采用一体化的硬件结构，将其内部板卡都集成在一块或两块主板上，其配置虽比 PC 低，但运行性能与高配置 PC 相比毫不逊色；在软件上将系统与硬盘录像机的操作完美地结合在一起，直接对硬件进行调用，减少了很多不必要的额外运行功能，加快了反应时间，提高了运行速度。正因为如此，在兼作监视的功能上，大部分嵌入式硬盘录像机都可以做到近乎实时、清晰的监视；另外在开机时整个系统内核的加载以及设备的初始化可以在几秒内完成，关机时也无须对系统文件进行保护，在 1～2s 即可完成关机。这些在基于 Windows、Linux 操作系统之上的 PC 式硬盘录像机是绝对做不到的。

(2) 稳定性高。正因嵌入式硬盘录像机在硬件上采用了一体化结构，机械尺寸较小，重量轻，结构紧凑(见图 4-16)，对振动、多尘等恶劣环境的适应能力较好；软件固化在 Flash/EPROM 中，没有系统文件被破坏及硬盘损坏等其他因素影响的可能，可靠性很高。尤其在设计制造时对软硬件的稳定性进行了针对性的规划，因此此类产品品质稳定，不会有死机的问题产生，如图 4-16 所示为某嵌入式硬盘录像机外形。

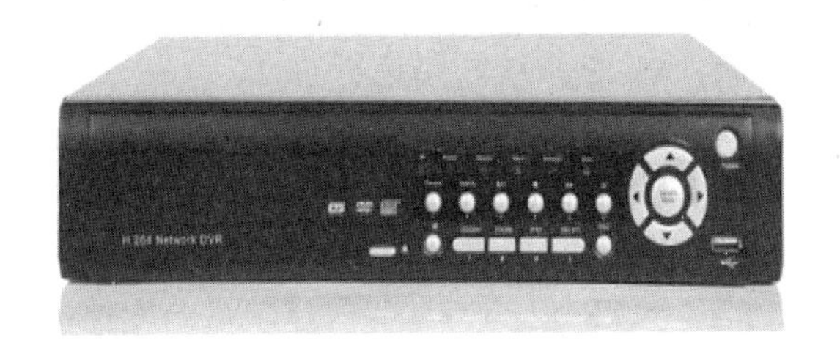

图 4-16　某嵌入式硬盘录像机外形

(3) 维护性好。嵌入式硬盘录像机的软件基本不需要维护，其软件维护成本远比 PC 式硬盘录像机要低得多；硬件上也没有显卡、内存、网卡等设备需要维护。

(4) 抗病毒性高。嵌入式硬盘录像机的硬件、软件都是专用的，芯片存储的数据只可读，不可写，并且软件的附带功能也非常少，因此，即使在联网状态下，或与其他有毒设备相连，病毒也根本无从进入。

正因为如此，从市场应用来讲，随着今后对系统可靠性要求的不断增高，嵌入式硬盘录像机的市场份额必将逐渐超过甚至最终取代 PC 式硬盘录像机。

3. 网络硬盘录像机

网络硬盘录像机(Network Video Recorder，NVR)产品的前端与 DVR 不同。DVR 产品前端就是模拟摄像机，可以把 DVR 当作是模拟视频的数字化编码存储设备，而 NVR 产品的前端可以是网络摄像机(IP Camera，IPC)、视频服务器(视频编码器)、DVR(编码存储)，设备类型更为丰富。在银行监控业务中，它既可以接入原有模拟系统的 DVR 设备，也可以接入数字化系统的视频服务器、IPC 以及更高的高清摄像机。其核心特点主要体现在字母“N(Network)”上，即网络化特性。在 NVR 系统中，前端监控点安装网络摄像机或视频编码器。模拟视频、音频以及其他辅助信号经视频编码器数字化处理后，以 IP 码流形式上传到 NVR，由 NVR 进行集中录像存储、管理和转发，NVR 不受物理位置制约，可以在网络任意位置部署。NVR 实质上是个“中间件”，负责从网络上抓取视频音频流，然后进行存储或转发。因此，NVR 是完全基于网络的全 IP 视频监控解决方案，基于网络系统可以任意部署及后期扩展，是比其他视频监控系统架构(模拟系统、DVR 系统等)更有优势的解决方案。简单来说，通过 NVR，可以同时观看、浏览、回放、管理、存储多个网络摄像机。摆脱了计算机硬件的束缚，再也不用面临安装软件的烦琐。如果所有摄像机网络化，那么必由之路就是有一个集中管理核心出现。

NVR(Network Video Recorders)是一个以网际网络 IP 协议(Internet Protocol)为基础的网络设备，NVR 的相关功能运行全部基于 IP 架构，因此，它可以通过局域网或广域网进行

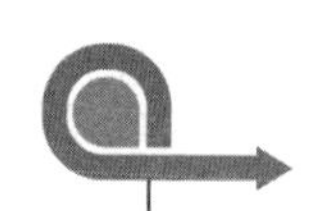

远端管理，在架构网络视频监控系统方面具备相当强的灵活性，而 NVR 的基本功能以同时远端存取并记录 IP 摄像机或 DVS 所拍摄的视频码流，这种易于使用、方便安装的特性，受到安防行业的广泛青睐。

在目前的安防行业中，新一代的 NVR 硬件架构，已经朝开放式的平台系统发展。这类 NVR 系统平台，允许使用者在 NVR 上架构各类专业录像或监控软件，多数 NVR 会采取支持 Windows 或 Linux 操作系统的策略，以增加系统未来的扩充弹性，硬件外观则因应与信息机房共构、整合的市场趋势，采取一般信息伺服主机常见的 1U 尺寸的机架式设计架构，让管理人员更容易将安防与已建信息系统网络进行整合。

新一代的 NVR 设备，基于开放性系统的支持优势，也对其连接的专用硬件(IP-Camera/DVS/DVR)的限制越来越少，因此其系统维护费用可以维持在一个相对较低的级别。

针对硬件的架构要求方面，NVR 也多半具备内建硬盘温度保护机制、UPS 不断电系统整合等，为提供架构整合弹性，NVR 整合以太网供电(PoE)的功能机制也是未来架构系统的便利性关键。嵌入式 NVR 所规划的独特应用功能，基本上可不受 PC 终端设备的限制，却能在面对 NVR 的硬件故障或是非法入侵等问题时，提供系统级的保护措施。

NVR 的产品形态可以分为嵌入式 NVR 和 PC Based NVR(PC 式 NVR)。嵌入式 NVR 的功能通过固件进行固化，基本上只能接入某一品牌的 IP 摄像机，这样的 NVR 表现为一个专用的硬件产品。PC 式的 NVR 功能灵活强大，这样的 NVR 更多的被认为是一套软件(和视频采集卡+PC 的传统配置并无本质差别)。嵌入式 NVR 与 PC 式 NVR 的性能差异如表 4-3 所示，NVR 使用大容量硬盘时的接入能力如表 4-4 所示。

表 4-3　嵌入式及 PC 式参数项对比

	ARM	X86
有效接入带宽	< 128Mb/s	> 300Mb/s(最低值)
磁盘扩展模式	SATA PM 模式，STATA 扩 SATA	SATA/SAS 控制器模式，PCI-E 扩展
磁盘 I/O	整机最大 110MB	800MB(8 盘)，1.6GB(16 盘)
解码能力	专用处理单元，4～6 路 1080P	GPU 加速(Media SDK)，6～12 路 1080P
CPU	双核 ARM，主频低于 1.4GHz SOC 专用处理器	2～4 核心 X86 架构
扩展能力	弱，I/O 能力固定	强，可以扩展多种接口，带宽充足
功耗	3～8W	>30W
芯片成本	20～25USD	20～200USD(双核低主频版本)
8 盘主板 BOM 成本	100 USD(含 Flash，内存)	120 USD(含系统盘，内存)

表 4-4　使用大容量硬盘的 NVR 接入能力(录像 30 天)

	8 盘@720P 2Mb	8 盘@1080P 4Mb	16 盘@720P 2Mb	16 盘@1080P 4Mb
3TB 硬盘	40 路(80Mb/s)	20 路(80Mb/s)	80 路(160Mb/s)	40 路(160Mb/s)
4TB 硬盘	52 路(104Mb/s)	26 路(104Mb/s)	104 路(208Mb/s)	52 路(208Mb/s)

图 4-17 所示是以 NVR 为核心的视频监控网络拓扑结构。

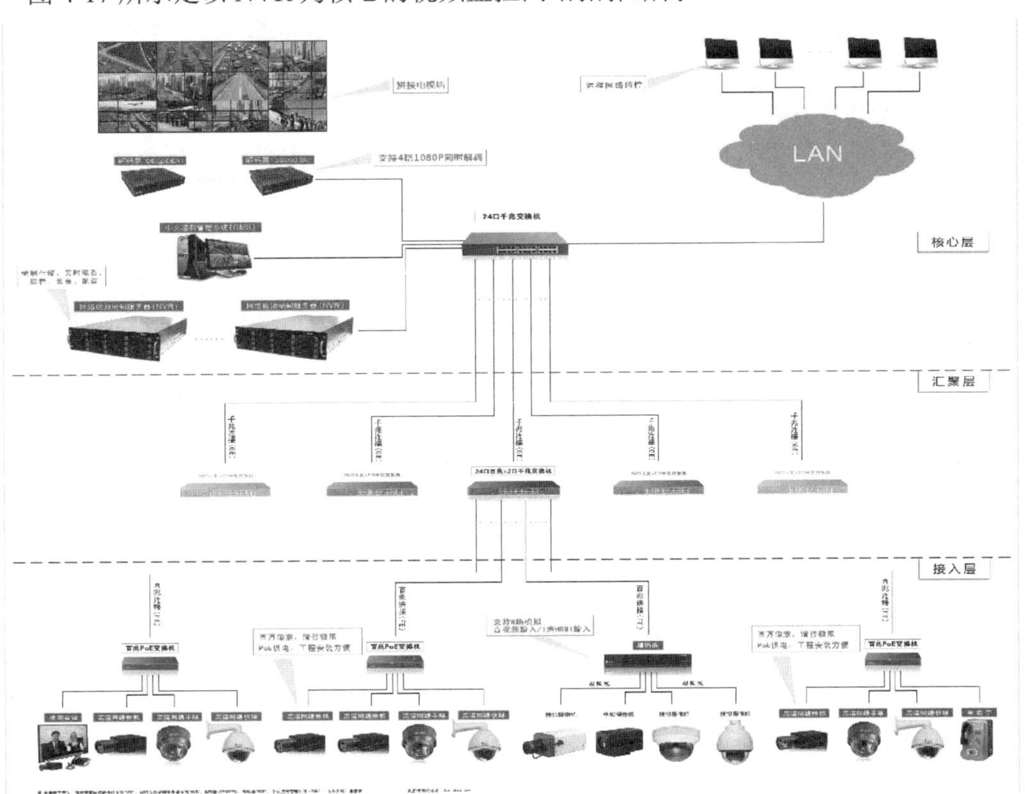

图 4-17　以 NVR 为核心的网络连接示意图

4. 磁盘阵列

磁盘阵列(Redundant Arrays of Independent Disks，RAID)，也称“独立磁盘冗余阵列”。是把相同的数据存储在多个硬盘的不同的地方的方法。通过把数据放在多个硬盘上，输入/输出操作能以平衡的方式交叠，改良性能。因为多个硬盘增加了平均故障间隔时间(MTBF)，储存冗余数据也增加了容错。磁盘阵列还能利用同位检查(Parity Check)的观念，在数组中任意一个硬盘故障时，仍可读出数据，在数据重构时，将数据经计算后重新置入新硬盘中。具体实现磁盘阵列的方法可分为“硬件实现”和“软件实现”两种方式，在视频监控系统中，主要是采用“硬件实现”的方式来搭建磁盘阵列，其具体形式是外接式磁盘阵列柜，个别情况下也会采用内接式磁盘阵列卡的“硬件实现”方式。

磁盘阵列的优点在于提高传输速率。RAID 通过在多个磁盘上同时存储和读取数据来大幅提高存储系统的数据吞吐量(Throughput)。在 RAID 中，可以让很多磁盘驱动器同时传输数据，而这些磁盘驱动器在逻辑上又是一个磁盘驱动器，所以使用 RAID 可以达到单个磁盘驱动器几倍、几十倍甚至上百倍的速率。这也是 RAID 最初想要解决的问题。因为 CPU 的速度增长很快，而磁盘驱动器的数据传输速率无法大幅提高，所以需要有一种方案解决二者之间的矛盾。RAID 较为成功地解决了这一矛盾。

通过数据校验提供容错功能。普通磁盘驱动器无法提供容错功能，如果不包括写在磁盘上的 CRC(循环冗余校验)码的话。RAID 容错是建立在每个磁盘驱动器的硬件容错功能之

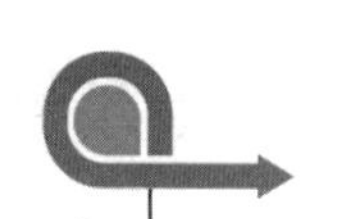

上的，所以它提供更高的安全性。在很多 RAID 模式中都有较为完备的相互校验/恢复的措施，甚至是直接相互的镜像备份，从而大大提高了 RAID 系统的容错率，提高了系统的稳定冗余性。

但是，RAID 也存在问题。比如，RAID0 结构没有冗余功能，如果一个磁盘(物理)损坏，则所有的数据都无法使用。RAID1 结构磁盘的利用率最高只能达到 50%(使用两块盘的情况下)，是所有 RAID 级别中最低的。

在监控系统中使用 RAID 的主要目的有两个：第一，更大的存储容量；第二，更加可靠的数据存储。但是 RAID0 或者 RAID1 结构无法同时实现这两个目的。所以在实际使用中，一般会采用 RAID0+1。RAID0+1 结构可以理解为是 RAID 0 和 RAID 1 的折中方案。RAID 0+1 可以为系统提供数据安全保障，但保障程度要比 Mirror 低而磁盘空间利用率要比 Mirror 高。

当然，磁盘阵列的工作结构不只有 RAID0、RAID1 或者 RAID0+1。还有许多后续发展出来的工作模式，但是这些工作结构就是对前面结构的一种重复和再利用，我们不做深入探讨。

4.5 视频监控系统的控制与其他设备

视频监控系统的控制部分是整个系统的“心脏”和“大脑”，是实现系统功能的指挥中心。对于模拟视频监控系统和数字视频监控系统，其后端的系统控制与其他设备有较为明显的区别。简单来说，在模拟视频监控系统中，如果需要实现某一功能，通常都会有一个具体的物理设备与之对应。而在数字视频监控系统中，由于计算机技术的迅猛发展，需要监控系统实现某一功能往往只需在控制管理软件中增加一个软件功能即可实现。而且，有一些功能例如“人流量统计”“区域进入报警”等基于视频图像的智能识别分析技术，在模拟视频监控系统中几乎是无法实现的。而在数字视频监控系统中，可以通过结合算法的设计、软件界面设计等，方便地实现这些功能。

在本小节中，会分别对模拟视频监控系统和数字视频监控系统的控制与其他设备展开讲解。

4.5.1 模拟视频监控系统的控制与其他设备

模拟视频监控系统的控制部分的主要设备是控制操作键盘，它可以控制系统中的其他设备，如矩阵视频切换器、前端设备中的云台与防尘罩、显示屏的字符叠加等。控制操作键盘通常以小巧美观的设备放置于操作控制台上，使用时方便、灵活；而在大型系统中，也可直接与其他设备一起做成柜式操作控制台，如图 4-18 所示。

控制操作键盘与系统中其他设备的连接方式一般采用串行通信方式，接口可有 RS485、RS422 和 RS232 等不同的标准。在实际系统中，操作键盘还可不止一个，最多可达 8 个或更多，这些键盘依控制响应的级别不同而分为主控键盘与分控键盘，其中主控键盘只有一个，分控键盘可有若干个，主控键盘与分控键盘之间也以总线方式相连，并可分别设定各自的优先级别。

图 4-18　控制操作键盘与柜式操作控制台

控制操作键盘主要有如下功能。

(1) 控制矩阵视频切换器进行选路、扫描(顺序切换)、各监视器显示内容的分组设定、顺序切换时每路图像的停留时间设定、顺序切换时图像的首路与末路设定、顺序切换时图像的旁路与解除等设置。

(2) 对视频监控系统前端带云台解码器设备的控制与操作，其中使全方位云台作上、下、左、右、上左、上右、下左、下右以及自动巡视、扇扫等运动；控制高速云台在各方向上的变速运动；控制摄像机镜头进行光圈大小、焦距长短、聚焦远近等变化；控制每台摄像机电源的开启与关闭；控制全天候防尘罩的雨刷、除霜、加温、风扇的启闭；对全方位云台或高速云台设置预置点(可多达 128 点)并调用等。

(3) 通过矩阵视频切换器可对每路视频信号在线进行时间、日期、序号、地址等字符信息的修改和设置。

(4) 当与报警系统联动时，可对报警系统进行总布防、单布防、撤防等操作。

(5) 通过监视器的菜单能进行其他功能的编程与设置等。

控制台(也称主控台或总控台)，其实是由控制操作键盘和其他各种具体设备组合而成的整体, 各种具体设备主要有：主监视器、硬盘录像机、硬盘录像机显示器、视频分配放大器、视频矩阵切换器(或画面分隔器)、控制键盘、电源等；而这些组合又是根据系统的功能要求来设定的，因此不同的系统规模、不同的系统要求，应有不同的设备组合；控制台柜的外形与规格也可因用户的审美要求而不同。但在组合中均应考虑适当预留备有输入端口或留有扩展时可能添加设备的空间。

4.5.2　数字视频监控系统的控制与其他设备

在数字视频监控系统中，由于高度集成化与软件化，后端的控制与其他设备相对模拟视频监控系统来说，大大地简化了。几乎所有的操作控制都可以由中央管理控制软件来实现,而且这类软件既可以安装在专门配置的嵌入式/PC 式计算机上,也可以直接安装在 NVR 设备上。实现控制矩阵视频切换器进行选路、扫描(顺序切换)、各监视器显示内容的分组设定、顺序切换时每路图像的停留时间设定、顺序切换时图像的首路与末路设定、顺序切换时图像的旁路与解除等设置；对视频监控系统前端带云台解码器设备的控制与操作，其中使全方位云台作上、下、左、右、上左、上右、下左、下右以及自动巡视、扇扫等运动；

控制高速云台在各方向上的变速运动；控制摄像机镜头进行光圈大小、焦距长短、聚焦远近等变化；控制每台摄像机电源的开启与关闭；控制全天候防尘罩的雨刷、除霜、加温、风扇的启闭；对全方位云台或高速云台设置预置点(可多达 128 点)并调用等模拟系统中通过控制键盘实现的功能。

以 CMS1000 为例，CMS 网络监控平台系统是一套网络视频监控管理中心系统软件，采用中间件技术的升级版大型智能系统平台，它专为现代复杂多变的网络监控系统设计，采用目前业内较新的数据引擎和中间件技术，具备专业化、人性化的软件功能，它从可操作性、兼容性等方面直接提升集中监控系统的应用。CMS 网络监控平台系统采用模块化组件方式设计，包括系统资源验证中心设备配置服务器、中心主控管理平台、客户端监控程序、报警及电子地图管理服务器、会议调度应用程序、指纹、门禁和巡更管理服务器、网络虚拟数字矩阵服务器、流媒体数据转发服务器、视频集中存储服务器等多种软件模块和组件。如图 4-19 和图 4-20 所示。

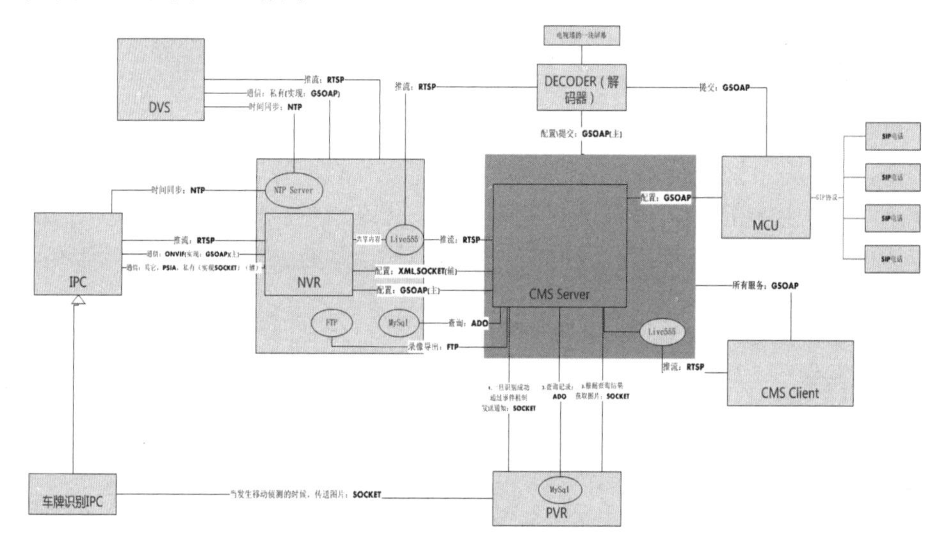

图 4-19　CMS 的结构

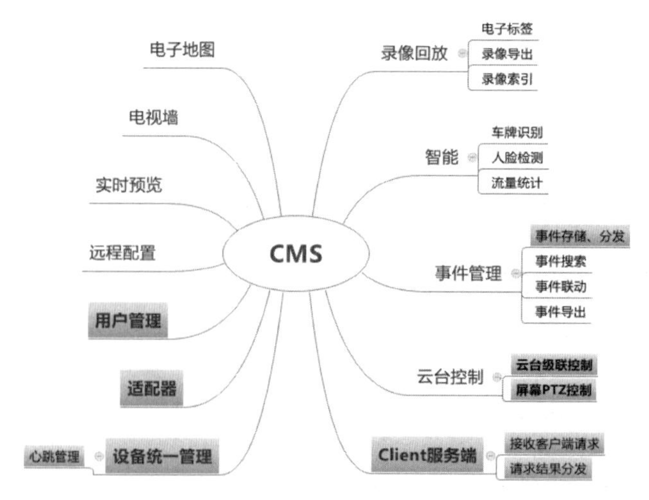

图 4-20　CMS 具备的功能模块

中央管理系统 CMS1000 是网络视频远程管理平台，利用网络授权用户可以通过远程管理平台控制整个视频监控网络。

中央管理系统 CMS1000 的核心组件包括：网络视频录像服务器(NVR)、网络视频编码器(DVS)、数字视频解码器(DCD-6000)等，融合前端设备(高清/标清/百万像素网络摄像机)、网络通信设备、智能视频分析应用，集成安防常规子系统、车牌识别系统、人脸检测系统和应急指挥系统信息，从而构建一个稳定可靠、高效便捷、数字高清、无缝集成的全数字化安防系统整体解决方案(Digivision IP Security Solution)，与前端的安防设备一同组建高效、可靠的 IP 视频安防监控系统。

由于计算机和互联网技术的进步，这类软件往往就相当于是一个数字视频监控系统的操作系统。目前的发展趋势是厂商逐步地把各种智能识别功能作为一个个专门的 APP，在系统建成后的使用过程中客户可以根据自己的实际需求的增减，通过付费下载自动安装的模式，在厂商搭建的 APP store 上获取自己需要的功能应用。大大降低了对系统操作人员技能要求的门槛。同时也使视频监控系统逐渐从企业级应用快速扩张到家用消费领域。

4.6 视频监控系统的信号传输技术

在视频监控系统中，大量用到各种电缆来进行各种信号的传输，即使在无线视频监控系统中，收发端各种设备之间的信号传输也需要各种电缆，因此，电缆是各类通信系统信号传输中不可缺少的基础性器材。

在视频监控系统中要进行传输的信号主要有：摄像机的视频信号、前端带有语音监听功能时的语音信号、内场控制器对外场设备的控制信号、云台解码器到云台与镜头之间的动作信号等。这些不同的信号分别采用不同的电缆完成传输，如语音信号一般采用音频电缆、控制信号常采用电话电缆或双绞线、云台解码器到云台与镜头之间的动作信号则常用多芯电缆或其他线缆，唯有视频信号的传输，不论只有几米、几十米、乃至数百米的距离，几乎毫无例外地采用视频同轴电缆来实现。

4.6.1 同轴电缆传输视频信号

1. 同轴电缆的结构

同轴电缆在结构上分为内导体和外导体，中间用绝缘介质隔开，因圆柱形的内外导体和绝缘介质都具有同一根中心轴线，故称同轴电缆，简称同轴线(见图 4-21)。

视频同轴电缆有各种不同的尺寸与种类规格，因此也具有不同的传输性能。同轴电缆的内导体可直接由单根粗铜丝做成或多股细铜丝绞合而成，通常做成电缆后在柔软度上会有差异；外导体则都由细铜丝编织成网状，包裹于绝缘介质外面；绝缘介质通常有实心聚乙烯材料、物理发泡聚乙烯材料，或以聚乙烯材料做成藕芯状等。最外层为电缆的绝缘保护层，通常采用聚氯乙烯(PVC)或橡胶等材料做成。

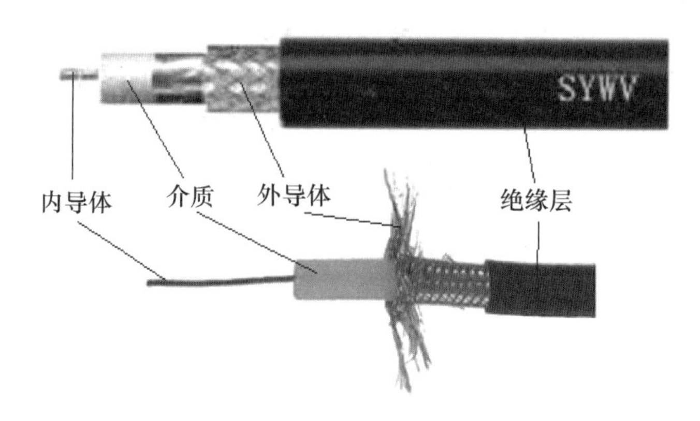

图 4-21　同轴电缆的结构

2. 同轴电缆的特性阻抗

特性阻抗是同轴电缆的一项重要技术参数，它是指当电缆进行无限长传输时所具有的阻抗，通俗地讲，是指当电缆在传输一定频率范围的信号时，在其输出端接上一个特定的负载，而在电缆的输入端呈现纯阻特性时，此纯阻值即特性阻抗。它不是常规意义上的直流电阻，而是由电缆的尺寸、内外导体的直径、导体间绝缘介质材料的相对介电常数等物理参数决定的，下式即是同轴电缆特性阻抗的计算公式。

$$Zc = \frac{60}{\sqrt{\varepsilon}} \lg \frac{d_1}{d_2}$$

式中　Zc——特性阻抗，Ω；

ε——绝缘介质材料的相对介电常数；

d_1 和 d_2——同轴电缆内外导体的直径，式中可见，同轴电缆的特性阻抗与电缆的长度是无关的。

现有的同轴电缆系列特性阻抗主要有 75Ω和 50Ω两种，也有极个别特殊使用的其他特性阻抗同轴电缆。一般高频信号、超高频信号的传输多采用 50Ω的同轴电缆，甚至音频信号的传输也常用 50Ω同轴电缆的；而在视频监控系统传输图像信号时，为能与其他各种视频设备实现阻抗匹配，均应采用 75Ω的同轴电缆。

理论上讲，任何用于传输电信号的传输线都有一定的特性阻抗，如常用非屏蔽双绞线的特性阻抗约为 100Ω，屏蔽双绞线的特性阻抗约为 150Ω。但是所有结构不完善的传输线路，在不同的长度上会等效不同的特性阻抗值，只有专门制作的同轴电缆在任何长度上均有比较均匀的特性阻抗。

3. 同轴电缆的传输损耗

同轴电缆的同轴结构可将传输的电磁波几乎全部集中在内外导体之间，且外导体本身又对外界的电磁场有较好的屏蔽作用，因此传输中由辐射引起的能量损耗一般可以忽略，但是导线的铜阻以及介质的损耗却客观存在，当传输距离较长时，这种损耗必须予以考虑。同轴电缆对信号的衰减常用衰减系数来表示，单位是 dB/km，必须指出，同轴电缆的衰减系数还与电缆内传输的信号频率有关，传输信号的频率越高，电缆对信号的衰减越大，衰减量一般与频率的平方根成正比。

表 4-5 为国产部分型号视频同轴电缆的结构参数与损耗特性。从表中可见，同轴电缆内外导体直径越细，单位长度电缆的传输损耗就越大，同轴电缆内外导体直径越粗，单位长度电缆的传输损耗就越小；电缆内传输的信号频率越高，传输损耗就越大；传输距离越长，传输衰减也越大。我国现行的标准视频信号其基带带宽为 0～6MHz，在视频监控系统中，为把该频带内的各频率分量信号都能进行良好地传输，一般要求同轴电缆的传输带宽应超过 10MHz，并且在 10MHz 频率点上的传输损耗不得超过 10dB，这两点要求，限制了同轴电缆用作视频信号传输时的最远距离。

表 4-5　部分国产同轴电缆主要特性

电缆型号	内导体	外导体直径/mm	绝缘层直径/mm	损耗/(dB/m)		特性阻抗/Ω
				5MHz	30MHz	
SYV-75-2	7/0.08	1.5±0.10	2.9±0.2	0.08	0.186	75±3
SYV-75-3-1	1/0.51	3.0±0.15	5.0±0.2	0.05	0.122	
SYV-75-3-2	7/0.17	3.0±0.15	5.0±0.2	0.05	0.122	
SYV-75-4-1	1/0.59	3.7±0.13	6.0±0.2	0.039	0.0963	
SYV-75-4-2	7/0.21	3.7±0.13	6.0±0.2	0.04	0.0985	
SYV-75-5-1	1/0.75	4.6±0.2	7.1±0.2	0.029	0.0706	
SYV-75-5-2	7/0.26	4.6±0.2	7.1±0.2	0.03	0.0785	
SYV-75-7	7/0.4	7.25±0.25	10.3±0.3	0.021	0.0510	
SYV-75-9	1/1.37	9.0±0.25	12.4±0.4	0.015	0.0369	
SYV-75-12	7/0.64	11.5±0.3	15±0.4	0.014	0.0344	

表 4-6 列出了国产部分型号视频同轴电缆在进行视频信号传输时的最大距离。事实上，在应用中人们总是希望经同轴电缆传输后的图像质量基本不受影响，如再考虑其他因素(如多段连接、工程敷设弯曲等)，在实际使用中对应同轴电缆的传输距离均小于或大大小于表中所列数值。

表 4-6　部分国产同轴电缆最大传输距离

电缆型号	内导体	外导体直径/mm	绝缘层直径/mm	10MHz 时损耗/(dB/km)	最大传输距离/m
SYV-75-2	7/0.08	1.5±0.10	2.9±0.2	90	100
SYV-75-3	7/0.17	3.0±0.15	5.0±0.2	60	150
SYV-75-4	1/0.59	3.7±0.13	6.0±0.2	45	200
SYV-75-5	7/0.26	4.6±0.2	7.1±0.2	35	275
SYV-75-7	7/0.4	7.25±0.25	10.3±0.3	26	380
SYV-75-9	1/1.37	9.0±0.25	12.4±0.4	18	500
SYV-75-12	7/0.64	11.5±0.3	15±0.4	15	650

当确实必须进行长距离传输时(如 75-5 电缆超过 300m，75-7 电缆超过 500m)，则可考虑使用电缆补偿器(又称电缆均衡放大器)。

电缆补偿器的功能是用来对经过传输后视频信号的幅度衰减进行放大，对高频分量的损失进行补偿。目前，市场上的电缆补偿器有多种品种与规格，普通的有一般性电缆补偿器，仅对因过长距离电缆传输后的信号作一定恢复，通过监视器观看，可以感觉到图像质量得到明显的改善；另一种属较高级的电缆补偿器，它通常有 4 挡补偿预置开关(也有连续可调型与分挡连续可调型)，各挡的补偿量和电缆的适用范围均不同，以应对实际使用中不同型号与不同长度的电缆传输情况，通过调整补偿量，可使恢复的图像质量达到最佳。表 4-7 列出了某系列电缆补偿器的补偿范围。

目前，市场上还有一种称为“视频信号恢复主机”的设备，其原理与电缆补偿器相同，只是通过视频信号恢复主机后的信号指标更好而已。不论是电缆补偿器还是视频信号恢复主机，在使用中，必须将其安装于监视器附近，才能获得良好的效果，而不能安装在摄像机附近。

4. 同轴电缆的使用

虽然同轴电缆的同轴结构可将电磁波限制在内外导体之间进行传输，外导体又有较好的屏蔽作用，因此同轴电缆通常具有较强的抗外界干扰能力，也不会在相互间产生信号的串扰，但这并不意味着实际使用中电缆的敷设可以完全不考虑周围的环境条件。

(1) 电缆布线时应尽量避开有高频电磁场强干扰的区域。同轴电缆的外导体毕竟是信号传输回路的一部分，当电缆布线区周围有强电磁场干扰时(高频发射源或中波发射台附近)，将会在同轴电缆的外导体中感应出干扰电压叠加在视频信号上，最终会在监视器上出现网状纹或其他现象，解决的办法是缆线走向尽量避开该区域，实在无法避开，则应在该区域专门敷设金属管道，并让同轴电缆穿过金属管。

(2) 应考虑电缆两端不同接地点所产生的干扰。在实际使用中，同轴电缆的外导体总是处于接地的状态，因此，同轴电缆是“不平衡”电缆。当同轴电缆长距离传输时，系统前端通过摄像机外壳、防尘罩再经支架接地，内场则通过监视器等设备接地，两接地点分别在不同的地方；考虑到市电供电网负载的不平衡，会在大地内形成地电流，此电流将会在不同的接地点间产生工频电压，其幅度可在 0～10V 不等，显然这一电压将完全叠加在视频信号上，送入监视器后将会在监视器屏幕上产生黑条翻滚、图像扭曲等现象，严重的会使监视器画面完全无法同步。可以用以下方法解决。

① 一点接地法。将长距离传输的同轴电缆两接地端之一悬空，使同轴电缆只有一端接地；实际上，内场除监视器外还有各种其他设备，它们相互连接，并且共地，要想使监视器悬空是不可能的，故通常是设法使外场设备(摄像机)悬空，如图 4-22 所示。

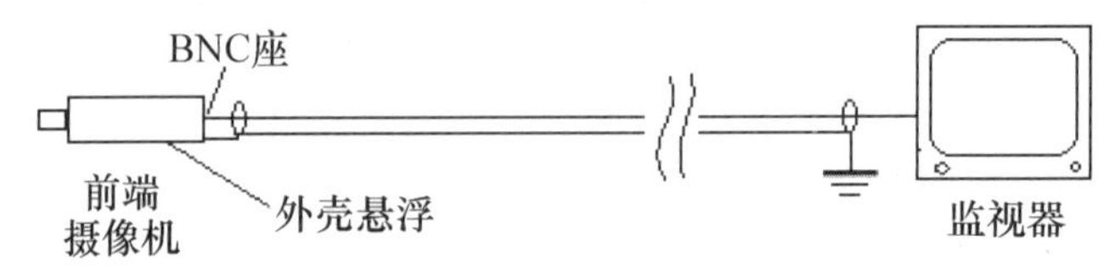

图 4-22 一点接地法示意图

由于传输用的同轴电缆只有一点接地，地电流产生的电压将不会影响到视频信号，从而有效地克服了接地干扰。

② 在有接地干扰的回路内加接隔离接地环路变压器。这种变压器是一种特殊变压器，

它具有 1∶1 的变压比，一般具有 10MHz 以上的传输带宽，性能优良的甚至可传送 DC 到 200MHz 以上频率的信号，但对工频频率有很高的共模抑制能力和隔离作用，因此也能很好地消除地电压带来的干扰。图 4-23 是使用隔离接地环路变压器的连接示意图，理论上这种变压器可接在有接地干扰电缆回路的任何位置，但实际使用中为方便起见常将其安装在控制室内。

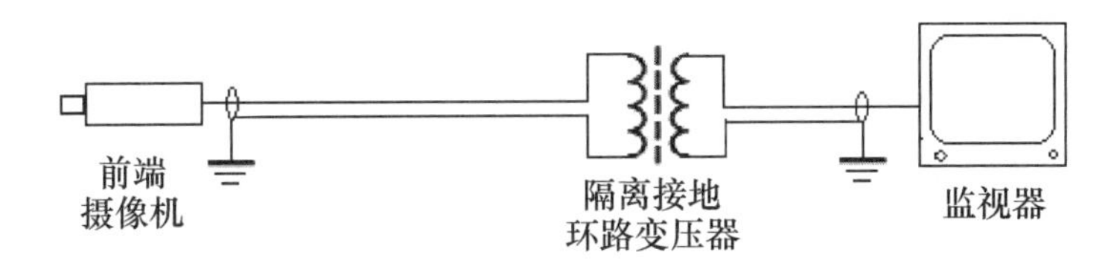

图 4-23　隔离接地环路变压器的连接示意图

从表 4-7 可知，通过电缆补偿器后，视频同轴电缆的最远传输距离已可达 2～3km，但再远就有难度了。通常，当视频信号传输距离超过 2km 时，就应考虑采用光缆进行传输，才能保证达到良好的信号传输效果。

表 4-7　SC-3330 电缆补偿器的补偿范围

电缆型号	不同补偿预置挡位最远可达传输距离/m			
	1 挡	2 挡	3 挡	4 挡
SYV-75-3	500	1000	1500	2000
SYV-75-5	600	1200	1800	2400
SYV-75-7	750	1500	2200	3000

4.6.2　光缆传输视频信号

光缆是将一定数量的光纤(1～144 根)按照一定方式组成缆芯，外加护套、加强筋、填充料和外护层等构成与普通电缆有相似外形的用以实现光信号传输的一种通信线路(见图 4-24)，光缆内真正传输光信号的是光纤。

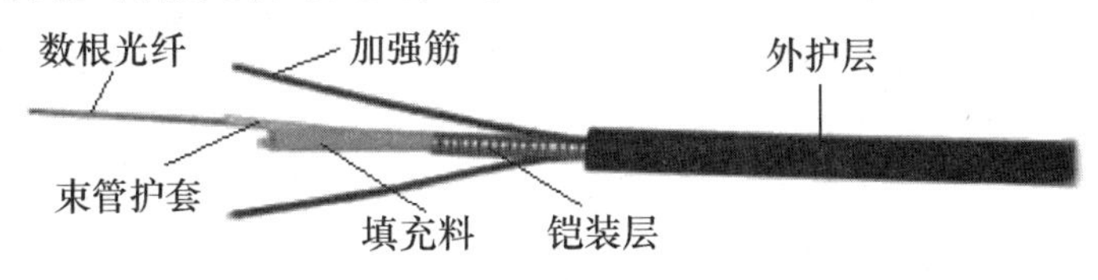

图 4-24　某束管型光缆的结构

利用光纤进行信息传输，在我国是 20 世纪七八十年代迅速发展起来的技术，它是以光导纤维(光纤)为传输媒介、以光波为载波的信息传输方式；与电缆传输相比，它有着巨大的优越性，因此光纤通信在短短的几十年内得到飞速的发展，目前世界上 80%～90%的电信业务均在光纤中传输。

光纤的结构如图 4-25 所示。

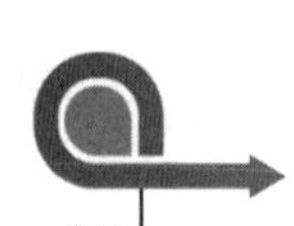

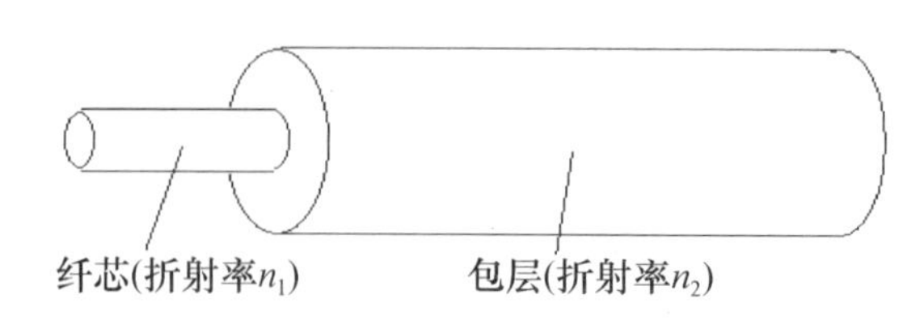

图 4-25　光纤的结构

1. 光纤的基本结构和类型

光纤是用来导光的透明介质纤维，现今大量使用的光纤基本制作材料是石英，它的主要化学成分是二氧化硅(SiO_2)，为将光波限制在光纤内进行传输，光纤通常有两层结构(见图 4-22)，即中间为折射率较高的纤芯和外面为折射率略低的包层组成。在最外层一般还有很薄的涂覆层(图中未示出)，由硅橡胶或其他热塑材料做成，它的作用是保护光纤不受水汽的侵蚀和机械损伤，同时还能增加光纤的柔软性，因该层不参与导光，因此不能算作光纤的结构部分。正由于光纤包层的折射率略低于纤芯折射率，造成了一种光波导效应，从而能使绝大部分的光波被限制在纤芯内传输。

实际的光纤有多种不同的分类方法，主要有以下三种。

(1) 按纤芯折射率的分布规律来分，可分为渐变型光纤和阶跃型光纤。渐变型光纤的中心折射率最高，随着离中心半径的距离增加，折射率逐渐减小，最后在与包层相接处折射率降为与包层相同；而阶跃型光纤只有两种折射率，纤芯折射率为 n_1，包层折射率为 n_2，且 n_1 略大于 n_2。

(2) 按光纤内传输光的模式数来分，可分为多模光纤和单模光纤。通常多模光纤在一定的工作光波长上，具有多个模式的光在光纤内传输，因各模式的光在光纤内行走的路径不同，致使长距离传输后各模式的光之间产生时延差，体现在若以一个光脉冲射入光纤，传输后将会出现光脉冲展宽的现象，因此总体传输特性较差；单模光纤则只能传输一种模式的光(最低阶模)，不存在模式间的时延差，因此传输特性非常好。

(3) 按光纤内传输光的波长来分，可分为短波长光纤和长波长光纤。短波长光纤的传输光波长为 0.7～0.9μm，长波长光纤的传输光波长为 1.1～1.6μm；其实这种分类完全是根据使用的光源波长来决定的，对光纤本身并无实际意义，目前光纤传输中使用的半导体光源发光波长主要有 0.85μm(短波长)、1.31μm 和 1.55μm(长波长)，对由石英材料制成的光纤而言，能良好地传输短波长的光，通常均能更好地传输长波长的光。

目前使用的石英光纤，其包层直径一般为 125μm，比人的头发丝还细，纤芯则根据光纤不同的种类有不同的直径，一般渐变型多模光纤的纤芯直径为 50～60μm，而阶跃型单模光纤的纤芯直径只有 8～10μm。

2. 光纤传输的优点

光纤通信在短短的几十年内得到飞速的发展，与光纤传输(与传统传输方式相比)的巨大优越性是分不开的。光纤通信主要有如下优点。

(1) 传输容量大。光纤传输是以光波为载波，因光波具有极高的频率(约为 1014Hz)，因此光纤具有极大的通信容量。目前商用系统单信道速率可达 40Gbit/s(相当于一根光纤上同时传送 48 万多路电话)，而多信道容量已达 1.6Tbit/s(相当于一根光纤上同时传送 1920 万路电话)，即便如此，所使用的带宽也大约只占光纤可使用带宽的 1%。

(2) 传输损耗低、中继距离长。目前使用的石英光纤，当传输波长 0.85μm 光信号时的传输损耗约为 0.5dB/km，传输波长 1.31μm 光信号时的传输损耗约为 0.3dB/km，传输波长 1.55μm 光信号时的传输损耗更可低达 0.18dB/km，这样低的损耗系数是任何传输手段都无法相比的。在实际通信系统中的中继距离也远比电缆传输系统要长得多，通常电缆传输系统的中继距离多在 1.5～2km，而相同容量的光纤传输系统其中继距离可达 60～100km。

(3) 抗电磁干扰能力强。光导纤维是由石英材料制成的，它是一种非导电介质，任何交变的电磁场均不会在其中产生感应电动势，即不会产生与传输光信号无关的任何噪声。因此，即使光纤与高压电线平行敷设，或直接敷设在电气铁路附近，都不会受到电磁干扰。

(4) 保密性能好。虽然光纤由透光的石英材料制成，但由于光纤结构的特殊设计，光纤中传输的光信号被限制在光纤的芯包界面内(即纤芯内)传输，很少会跑到光纤之外。即使在光纤弯曲半径很小的地方，引起光信号的泄漏也是极其微弱的，另外，制成光缆后的金属铠装层和外护层均是不透光的，因此泄漏到光缆外的光几乎没有，不可能出现信息泄密的现象。

(5) 体积小、重量轻。石英光纤连包层在内直径只有 125μm，比人的头发丝还细，这样的光纤，500m 长不到 50g，加上涂覆层后也不会超过 100g，以多根光纤制成多芯光缆后，主要的重量来自金属铠装层和外护层，但它仍比电缆要轻得多。以四芯光缆与四芯同轴电缆为例作比较，四芯光缆的直径约为 9mm，每千米长的重量约为 200kg，而四芯同轴电缆的直径约达 45mm，每千米长的重量将重达 4400kg；两者相比，光缆的重量仅有电缆重量的 4.6%左右。

(6) 节省有色金属，资源丰富。光纤的主要成分是二氧化硅(SiO_2)，这是一种在地球上取之不尽、用之不竭的资源，而生产电缆却必须用到大量的铜和铅，例如生产一千米四芯同轴电缆，需用 500kg 的铜和 1500kg 的铅。以光缆替代电缆来进行信息传输，可节省大量的有色金属。

3. 光纤传输视频信号

正由于光纤传输具有如此多的优点，在以安全防范为目的的大范围视频监控系统中，已广泛应用光纤来传输视频信号。

(1) 光纤视频传输系统的组成。如同其他光纤通信系统的基本组成一样，光纤视频传输系统也由光发送、光接收和光传输三部分组成，如图 4-26 所示。

从图中可见，光发送部分是由发送光端机和电信号处理电路组成，完成电到光的转换功能，并将光注入光纤进行传输；实际上，人们常把此两部分做在一起构成一个完整的设备，称为发送光端机，同时在设备上留有电信号输入口与光信号输出口。光接收部分是由接收光端机和电信号处理电路组成，完成光到电的转换功能；一般也把此两部分做在一起构成一个完整的设备，称为接收光端机，同时在设备上留有电信号输出口与光信号输入口。在视频传输系统中，发送光端机和接收光端机往往是成对使用的，总称为视频光端机。

(2) 视频光端机的种类。用以传输视频信号的光端机按电信号处理电路的不同可有不同的种类。

① 直接强度调制(IM)视频光端机。这是最简单的视频光端机，电信号处理电路将输

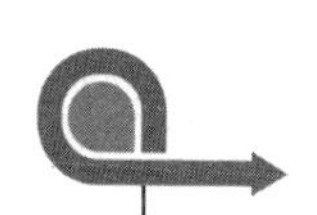

入的模拟视频信号直接转换为按其规律变化的电流信号驱动发光管，使发光管发出的光强随信号的变化而变化；接收端则将收到变化的光信号转换为电信号，完成视频信号的传输。直接强度调制光端机设备简单，成本低，但是传输信号的质量较难保证，它与收、发光器件的光—电特性线性度相关；尤其是接收端的信号幅度与光信号的强弱有直接的关系，这在视频信号的传输中是非常不可取的。目前这种视频光端机已基本被淘汰。

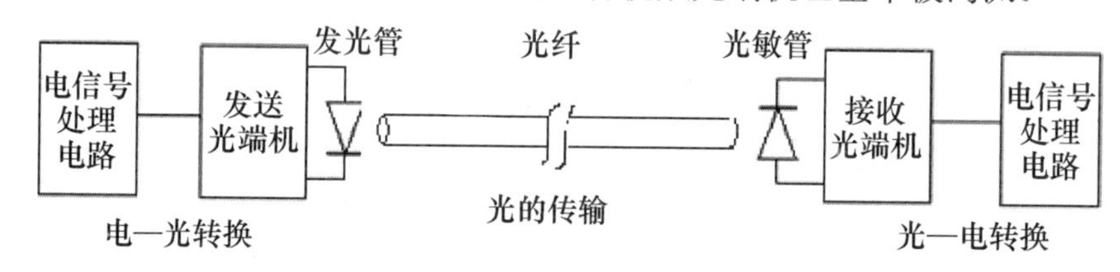

图 4-26　光纤视频传输系统的基本组成

② 脉冲频率调制(PFM)视频光端机。这种光端机的电信号处理电路将输入的模拟视频信号先对脉冲压控振荡器进行频率调制，使振荡器产生重复频率按输入信号规律变化的等幅脉冲，再将此脉冲对光源进行开关控制，从而产生重复频率按输入信号规律变化的光脉冲；光接收机则将收到的光脉冲转换为电脉冲，再从中解调出视频信号来。这种光端机的光源工作在开关状态，收、发光器件光—电特性的线性度与传输质量无关，另外，被传的视频信号包含在脉冲的频率信息中，与光信号的强弱也无关，因此可以获得极高的传输质量。很多厂家生产的此种光端机，视频信号的传输质量都能达到广播级标准。

脉冲频率调制视频光端机还有一种变种机型，它的信号处理电路将输入的模拟视频信号先对方波压控振荡器进行频率调制，使振荡器产生重复频率按输入信号规律变化的等幅方波，再将此方波对光源进行开关控制，从而产生频率按输入信号规律变化的方波光。光接收机则从调频方波中解调出视频信号来。事实上，接收端对调频方波的解调要比调频脉冲的解调来得方便，更易获得高的传输质量，所以大多脉冲频率调制(PFM)视频光端机其实采用的是调频方波，传输的也是调频方波光。

③ 付载波调制视频光端机。这种光端机适用于多路视频信号的传输，它是先将各路视频信号分别调制在不同频率的付载波上，再将这些已调载波合并成一个宽带信号对光源进行线性调制，接收端则先进行光解调，恢复出宽带电信号，再以频率分割的方式将各路已调载波独立出来，并分别进行相应的解调产生多路视频信号。

对付载波的调制方法有调频制(FM)、残留边带调幅制(VSB-AM))等，其中残留边带调幅制广泛应用于有线广播电视系统，光端机传输的信号路数已多达 100 路以上，其恢复出的宽带电信号可直接用普通电视机选路接收电视信号。

④ 数字视频光端机。这是目前较新型的视频光端机，它采用先进的无压缩视频编码技术将视频信号编成数字码流，再对光源进行数字调制(两状态开关控制)，并进行光发送；通过光纤传输后，光接收机则先将光转换为数字电信号，再经解码恢复出视频信号。利用时分复用技术还能将多路视频的编码信号，合并在一起传输，较常用的有 4 路、8 路、16 路数字视频光端机；如今采用千兆比光纤高速传输技术，单根光纤传输视频信号的路数已达 128 路，传输距离达 60km 以上。由于采用全数字无压缩技术，因此能支持任何高分辨率运动、静止图像信号的无失真传输，传输质量都能达到广播级标准；克服了常规的模拟调频、调幅制光端机多路信号传输时的交调、互调干扰及易受环境干扰等影响。同时还能

将多路音频、数据、以太网、电话及其他信号编码后插入相应路视频编码信号中一起传输。因此这种视频光端机的性能优良，功能强大，必将会大量地应用于视频监控系统中。

4.6.3　双绞线传输视频信号

利用双绞线传输视频信号，是近年来发展起来的一项新技术。双绞线是由两条相互绝缘的导线按照一定的规律互相缠绕(一般为顺时针)在一起而制成的一种通用传输线，常用于网络通信中，所以有时也泛指网线。双绞线在结构上可有非屏蔽双绞线和屏蔽双绞线之分，屏蔽双绞线则还有每对线都有各自屏蔽层结构(STP)和采用整体屏蔽结构(FTP)的差别，通常，屏蔽双绞线的传输性能与抗干扰能力要优于非屏蔽双绞线，但价格也相对略高，施工敷设与信号连接也比非屏蔽双绞线要复杂。图 4-27 所示为一种普通非屏蔽双绞线电缆的外形与结构。

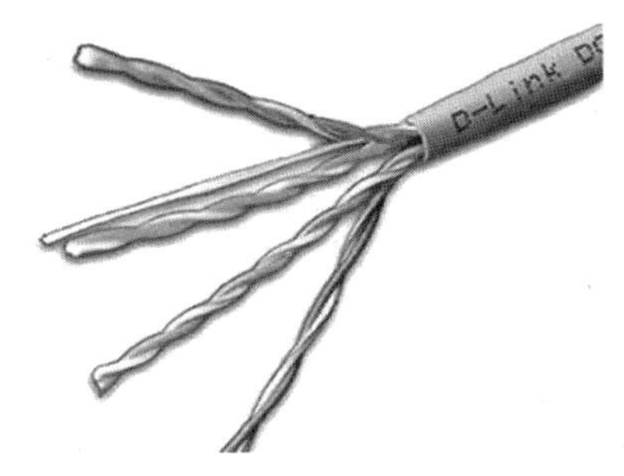

图 4-27　双绞线电缆的外形与结构

双绞线传输是利用差分传输原理，在发射端将不平衡的视频信号变换成幅度相等、极性相反的平衡视频信号，通过双绞线传输后，在接收端将两个极性相反的视频信号相减就能获得原来的视频信号。

根据前述，同轴电缆用于视频信号的传输比较合适的距离通常限制在 300～500m，超过此距离时则应考虑使用电缆补偿器；光纤传输则是为了解决远距离的视频信号传输而使用的，由于光纤传输系统的整体价格较高，光纤铺设、接续需要专门设备，并且安装调试较困难，维修相对不易等缺点，对于 3000m 以内距离的视频传输而言，光纤并不是一个很好的选择。将双绞线应用于视频监控系统中视频信号的传输，可很好地解决上面的问题。

双绞线传输视频信号具有如下的优点：

(1)　传输距离远、传输质量高。由于在双绞线收发器中采用了先进的处理技术，极好地补偿了双绞线对视频信号幅度的衰减以及不同频率间的衰减差，保持了原始图像的亮度和色彩以及实时性，在传输距离达到 2km 或更远时，图像信号可基本无失真。如果采用中继方式，传输距离还会更远。现今许多双绞线视频传输设备，视频传输指标已可达到：加权信噪比≥60dB，　微分增益≤2%，微分相位≤2° 的水准，可与一般的视频传输光端机相媲美。

(2)　布线方便、线缆利用率高。在智能楼宇大厦内广泛铺设的 5 类非屏蔽双绞线中任取一对就可以用来传送一路视频信号，无须另外布线；即使是重新布线，5 类电缆也比同轴电缆及光纤容易得多。一根 5 类电缆内有 4 对双绞线，如果使用一对线传送视频信号，另外的几对线还可以用来传输音频信号、控制信号、供电电源或其他信号；若全部用来传

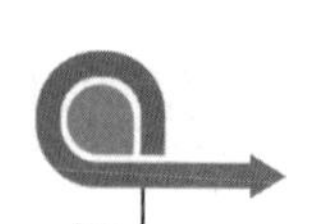

送视频，可传送 4 路视频，提高了线缆利用率，同时避免了各种信号单独布线带来的麻烦，大大降低了工程造价。

(3) 抗干扰能力强。双绞线利用差分平衡传输原理，能有效抑制共模干扰，即使在强干扰环境下，双绞线也能很好地传送图像信号。而且，使用一根电缆内的几对双绞线分别传送不同的视频信号时，相互之间也不会发生干扰。因为采用差分平衡传输，前述同轴电缆传输视频信号时的两端不同接地点所产生的地电压干扰在此将不会发生。

(4) 可靠性高、使用方便。双绞线传输前端设备带有防雷击措施，按工业级设计，使用起来十分简单，一次安装，即可长期稳定工作。

(5) 价格便宜，取材方便。由于使用的是目前广泛使用的普通 5 类非屏蔽电缆或普通电话线，购买容易，而且价格也很便宜，给工程应用带来极大的方便。

4.7　视频安防监控系统

将上述介绍的前端设备、传输部分、控制部分、终端显示与记录部分按不同的需要与不同的方式组合起来，就成了完整的视频安防监控系统。前端部分包括一台或多台摄像机以及与之配套的镜头、云台、防护罩、云台解码驱动器等；传输部分包括视频电缆、光缆或其他传输线，以及可能的有线/无线信号调制解调设备等；控制部分主要包括视频矩阵切换器、云台镜头控制器、操作键盘、各种控制通信接口、电源和与之配套的控制台等；终端显示与记录部分主要包括监视器、监视器柜、录像机、多画面分隔器及计算机显示屏等。

4.7.1　视频安防监控系统的设计

1. 系统设计要求

数字视频安防监控系统设计评审及验收程序与模拟视频安防监控系统一致。文本资料由系统技术指标、前端设备布置、系统设备组成、基本工作原理、系统主要功能等内容组成。

系统技术指标包括系统规模等级、系统清晰度、时延等，对于同一系统的清晰度存在多种分级的，应明确各个分级接入的摄像机。

前端设备布置包括摄像机布控图、传输设备布置图、走线路由分布图(表)、摄像机点位表、前端设备设计要素等。前端设备布控(布置)图中的图形符号、编号及安装位置应准确、清晰，布控(布置)图中不应显示线缆图层；走线路由分布图(表)应明确标识每个接入设备输入(或输出)的路由、距离，对于网络型数字视频安防监控系统还应标识最大可能产生的带宽；摄像机点位表应包括名称、编号、型号、清晰度、安装位置、安装高度、安装方式、安装角度、监视范围或监控目标等内容；前端设备设计要素应阐述各前端设备选用及布点的理由和依据。

系统设备组成包括系统组成主要设备(如摄像机、交换设备、编码器、光端机、光缆、电线、数字录像设备、显示终端等)的技术参数描述、设备清单表(应有序号、名称、型号、数量、单价、总价、品牌、产地、必要的说明以及涵盖各种综合费率的系统合计价)。

基本工作原理包括系统原理图、网络拓扑图、设备连接架构图、机房布置图等，图中

应有设备清单表中的主要设备，以及系统带宽、硬盘容量、电源功耗、显示窗口等设计描述，并应对系统的工作原理及设计特点进行阐述。

系统主要功能包括实时图像的切换、监视，历史图像的查询、回放，管理软件的操作、控制等系统功能的介绍。

应根据各建筑物安全技术防范管理的需要，对建筑物内(外)的主要公共活动场所、通道及重要部位和场所等进行视频监测、图像实时监视和有效记录、回放。对高风险的保护对象，显示、记录、回放的图像质量及信息保存时间应满足管理的要求。

系统的画面显示应能任意编程。能自动或手动切换，画面上应有摄像机的编号、部位、地址和时间、日期显示。

系统应具有与其他系统的联动接口，当其他系统向视频系统发出联动信号时，系统能按照预定工作模式，切换出相应部位的图像至指定监视器上，并能启动视频录像设备，其联动响应时间不大于 4s。

系统的信号传输应保证图像质量、数据的安全性和控制信号的准确性，前端设备对控制终端的控制响应和图像传输的实时性应满足安全管理要求。

系统的所有设备与部件的视频输入和输出阻抗及电缆的特性阻抗均应为 75Ω，如有监听装置，音频设备的输入和输出阻抗为高阻抗或 600Ω。

系统中各种配套设备的性能及技术要求应协调一致。在监视区域内，环境照度应符合视频监控系统的要求。在正常照明条件下，视频监控系统的技术指标应满足下列要求：①视频信号输出幅度=(1±0.3)V(峰－峰)；②水平分辨率≥270TVL；灰度等级≥8 级；信噪比≥38dB；③在视频监控系统正常工作条件下，图像质量不应低于下述 4 级要求，或至少能辨别人的面部特征。

图像记录应符合下列规定：①记录图像的回放效果应满足资料的原始完整性，视频存储量和记录/回放带宽与检索能力应满足安全防范要求；②系统应记录下列图像信息：发生事件的现场及其全过程的图像信息；预定地点报警时的图像信息；用户需要的其他现场动态图像信息；③对于重要固定区域的报警录像宜提供报警前的图像记录；④根据安全管理需要，系统应能记录现场声音信息。

视频安防监控系统其他的功能性能设计应符合《视频安防监控系统工程设计规范》(GB 50395—2007)的要求。

2. 主要前端设备的配置要点

为确保系统总体功能和总体技术指标，摄像机选型要充分满足监视目标的环境照度、安装条件、传输、控制和安全管理需求等因素的要求。为获取更多的目标信息，宜采用彩色摄像机。

基于当前摄像机产品的生产和销售市场比较混乱，质量良莠不齐，为保证摄像机的图像质量，剔除质量低劣的摄像机，前文中，我们针对不同类型的摄像机有详细的技术指标说明，具体到系统实际搭建的时候，在选用摄像机时，宜达到下述要求。

1) 对模拟摄像机的基本要求

摄像机的供电应采用 AC(24±2.4V)、AC(12±2.4V)和 DC (12±1.2V)的交直流自适应形式；

图像水平分辨率≥480 TVL(F=1.2，输出视频信号幅度为 0.7$V_{p\text{-}p}$)。

信噪比(S/N)≥48dB[F=1.2，输出视频信号幅度为(0.7±10%$V_{p\text{-}p}$)，断开摄像机的AGC和校正电路]。

有效最低照度≤10 Lx(F=1.2，能够通过图像辨别被摄目标的基本特征，同时图像的色彩还原性较好)。

快门速度具有不少于在1/50s和1/1000s之间(含1/50 s、1/1000 s)五挡可调功能。

摄像机的防尘罩，应采用高透光材料，使用防尘罩时，图像不应出现明显色散、变形和重影现象。

半球摄像机应为水平、斜向、垂直三向可调功能，且具有无外力自锁紧装置，选用焦距12mm(含12mm)以下的镜头摄像机，应为变焦镜头摄像机，选用焦距12mm以上的镜头摄像机，可为固定焦距摄像机。

2) 对数字摄像机的技术要求

输出的数字视频信号时延应满足联网系统对时延的整体要求，保证数字视频信息实时数据流的流畅性，保证现场信息的及时传递。

网络型摄像机应具有以太网接口，支持TCP/IP协议，宜扩展支持SIP、RTSP、RTP、RTCP等网络协议，并应支持IP组播技术。

网络型摄像机应支持采用标准的H.264或MPEG-4视频编码标准，可根据需要扩展支持G.711、G.723或G.729音频编码标准。在安全防范监控数字视(音)频编解码标准(SVAG)发布后，宜优先采用SVAG标准。

网络型摄像机通常可输出 2～12 个视频流(进口产品提供的视频流较少)。对于应用视频流数量(包括存储、多画面显示、切换显示、联动显示、客户端等)不超过摄像机输出视频流能力的，可不配置流媒体服务设备；对于应用视频流数量超过摄像机输出视频流能力的，应配置流媒体服务设备(网络型数字视频安防监控系统网络架构不推荐组播和广播方式)。

流媒体服务设备的配置数量与数字视频安防监控系统应用视频流的需求有关(不包括硬盘录像设备本机显示的视频流)。单台流媒体服务设备宜提供不超过32路1080P(或64路720P、128路D1)的流媒体转发输出能力，且流媒体服务设备不应与客户端或用于设置回放、显示的工作站混用。

网络型数字视频安防监控系统的带宽设计应能满足前端设备接入监控中心、用户终端接入监控中心的带宽要求并留有余量。所有传输节点实用带宽应≤传输带宽的45%。

3) 产品分级

彩色数字摄像机，按其图像清晰度由低到高分为A、B、C三级。各级产品相应的图像质量要求如下：

A级：分辨率(像素)≥704×576(或≥40万像素)；监视水平分辨率≥480 TVL(F=1.2、视频帧速≥25帧/s)；信噪比≥48dB。

B级：分辨率(像素)≥1280×720(或≥100万像素)；监视水平、垂直分辨率均≥650 TVL(F=1.2、视频帧速≥25帧/s)；信噪比≥50dB。

C级：分辨率(像素)≥1920×1080(或≥200万像素)；监视水平、垂直分辨率均≥900 TVL(F=1.2、视频帧速≥25帧/s)；信噪比≥52dB。

图像延时：A级≤250ms；B、C级≤800ms。

视(音)频失步：≤1s。

监视目标的最低环境照度不宜低于 50lx，且通过显示设备能基本看清人的体貌特征。当环境照度达不到要求时，需设置附加照明装置。附加照明装置的光源应避免直射摄像机镜头，并力求环境照度分布均匀，附加照明装置可由监控中心控制。

应根据现场环境照度变化情况，选择适合宽动态范围的摄像机；监视目标的照度变化范围大或必须逆光摄像时，宜选用具有自动电子快门的摄像机。

摄像机镜头安装宜顺光源方向对准监视目标，并宜避免逆光安装(如对着门窗安装)；当必须逆光安装时，宜降低监视区域的光照对比度或选用具有帘栅作用等具有逆光补偿的摄像机。

摄像机的工作温度、湿度应适应现场气候条件的变化，必要时可采用适应环境条件的防护罩。

选择数字型摄像机除应满足上述数字摄像机的要求外，还应符合上述模拟摄像机的技术要求。

摄像机应有稳定牢固的支架：摄像机应设置在监视目标区域附近不易受外界损伤的位置，设置位置不应影响现场设备运行和人员正常活动，同时保证摄像机的视野范围满足监视的要求。设置的高度，室内距地面不宜低于 2.5m；室外距地面不宜低于 3.5m。室外如采用立杆安装，立杆的强度和稳定度应满足摄像机的使用要求。

电梯轿厢内的摄像机应设置在电梯轿厢门侧顶部左上角或右上角，并能有效监视乘员的体貌特征。

4) 镜头的配置

应该尽量使镜头的成像尺寸与摄像机靶面尺寸的大小相适宜。当镜头的成像尺寸比摄像机靶面尺寸大时(如图 4-28 所示)，不会影响成像，但实际成像的视场角要比该镜头的标准视角小。而当镜头的成像尺寸比摄像机靶面尺寸小时(如图 4-29 所示)，画面的四个角上将出现黑角，原因是成像的画面四周被镜筒遮挡。

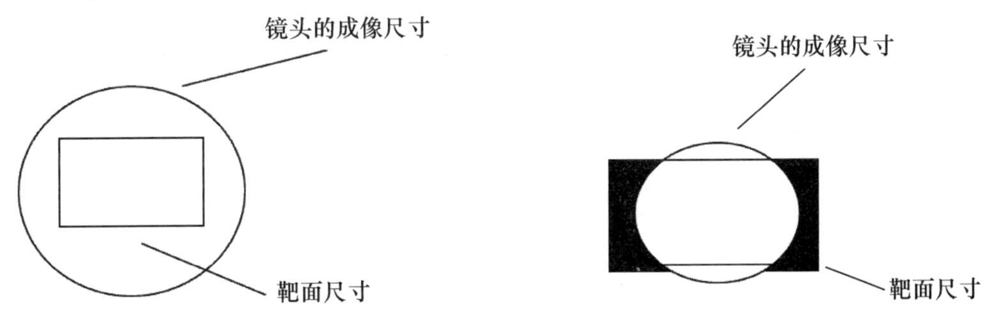

图 4-28 当镜头的成像尺寸大于摄像机靶面尺寸时　图 4-29 当镜头的成像尺寸小于摄像机靶面尺寸时

3. 主要后端设备的选择与配置

1) 存储设备的选择与配置

数字视频安防监控系统集中存储的记录设备应根据系统规模的大小进行设计，设备的选用应考虑存储设备接入视频流的最少节点、读写速度、网络带宽以及设备自身的稳定性和性价比。设备选型参考如下。

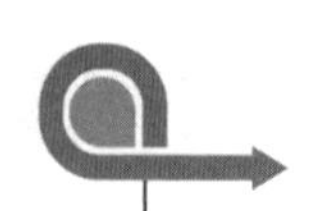

(1) 对小于 32 路的系统，可采用数字录像设备进行存储。

(2) 对大于 32 路小于 128 路的系统，可采用数字录像设备或网络视频录像设备进行存储。

(3) 对小于 512 路的系统(或 30 天图像保存总容量小于 640TB)，可采用数字录像设备、网络视频录像设备或磁盘阵列进行存储。

(4) 对采用专业型数字录像设备进行存储的，单台专业型数字录像设备接入前端摄像机数量不超过 16 路。

(5) 对 30 天图像保存总容量大于 640TB 小于 1.2PB(或大于 512 路小于 1024 路的系统)，应采用 TB 级或 PB 级高密度磁盘阵列进行存储。

(6) 对 30 天图像保存总容量大于 1.2PB(或大于 1024 路的系统)，应采用 PB 级高密度磁盘阵列进行存储。

2) 存储容量的计算规定

储存时间应符合相应的上海市地方标准《住宅小区安全技术防范系统》(DB31/294—2010)、《重点单位重要部位安全技术防范系统要求》(DB31/329)系列标准的要求。

摄像机码流测算应与摄像机检测报告标称的码流相一致，系统图像保存容量的测算应合理，应以系统清晰度和主观评价标准为主要依据。

数字视频安防监控系统的数字录像设备应能响应公安技防监管平台主动调阅前端实时图片的要求，在设置的时间内，接收指令、截取并上传指定通道的图片。

3) 显示终端、显示屏配置要求

应满足上海市《重点单位重要部位安全技术防范系统要求》的系列标准。对“系列标准”中含有除采用单个显示终端显示所有图像外，需另配显示终端用于切换或固定显示要求的，以及数字视频安防监控系统接入图像数量大于 128 路的，最低配置数量应符合表 4-6(“技术要求”附录二“数字视频安防监控系统终端显示屏数量配置表”)的规定。

表 4-8 中，用于“多画面轮巡显示终端显示屏配置数量”为显示终端的配置数量；“切换显示终端显示屏配置数量”为显示屏(显示窗口)的配置数量。

用于多画面轮巡显示的显示屏(显示窗口)最小有效显示尺寸应不小于 5 in，显示图像的清晰度应不低于 A 级；用于切换显示的显示屏(显示窗口)最小有效显示尺寸应不小于 10 in，除系统清晰度为 A 级以外，切换显示终端显示屏(显示窗口)显示图像的清晰度应不低于 B 级。

表 4-8 数字视频安防监控系统终端显示屏数量配置

序号	摄像机接入数量	多画面轮巡显示终端显示屏配置数量	切换显示终端显示屏配置数量	合计终端显示屏配置数量
1	16	1	1	2
2	32	2	2	4
3	48	3	3	6
4	64	4	4	8

续表

序号	摄像机接入数量	多画面轮巡显示终端显示屏配置数量	切换显示终端显示屏配置数量	合计终端显示屏配置数量
5	80	5	5	10
6	96	6	6	12
7	112	7	7	14
8	128	8	8	16
9	160	8	9	17
10	192	8	10	18
11	224	8	11	19
12	256	8	12	20
13	288	8	13	21
14	320	8	14	22
15	352	8	15	23
16	384	8	16	24
17	416	8	17	25
18	448	8	18	26
19	480	8	19	27
20	512	8	20	28
21	576	8	21	29
22	640	8	22	30
23	704	8	23	31
24	768	8	24	32
25	832	8	25	33
26	896	8	26	34
27	960	8	27	35
28	1024	8	28	36

4.7.2　视频监控数据导出防泄密系统

视频监控系统，尤其是数字视频监控系统中存储的图像、信息数据是重要的事后侦、破案的线索，同时也涉及被监控区域内个人的隐私信息安全。目前主流的数字视频监控系统为网络型数字视频监控系统。这一类型既可以采用专门建设的网络，也可以搭载在已有的公网之上。不管采用哪种方式，都不可避免地面临着各种网络黑客行为的威胁。通常生产商已经针对“非法网络入侵”设置了众多的软硬件防护措施，但是如何应对通过“合法”渠道违规非法获取监控系统存储设备中存储的数据信息是一件非常值得关注的事情。针对这一问题，上海市技防办于 2014 年发布了《上海市视频安防监控数据导出防泄密系统基本技术要求(试行)》[沪公技防(2014)003 号] 明确规定了视频安防监控系统数据导出防泄密系统的技术要求。有效加强本市视频安防监控系统管理，提高视频安防监控系统图像信息防

泄密能力。

本地视频安防监控系统防泄密系统拓扑结构如图 4-30 所示，远程视频安防监控系统防泄密系统拓扑结构如图 4-31 所示。

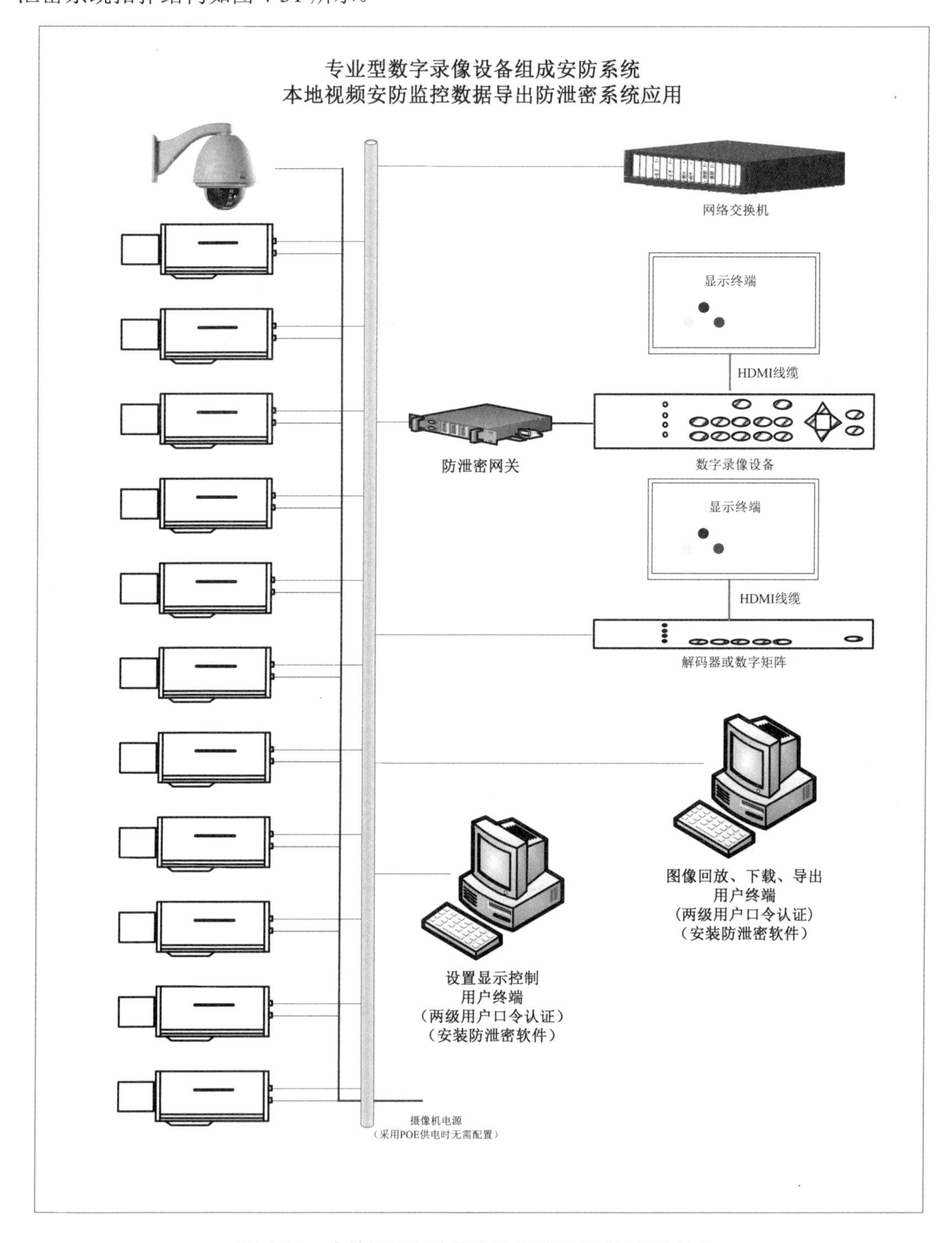

图 4-30　本地视频安防监控系统防泄密系统拓扑结构

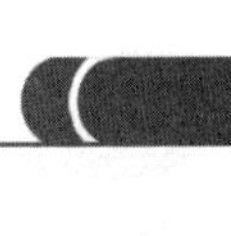

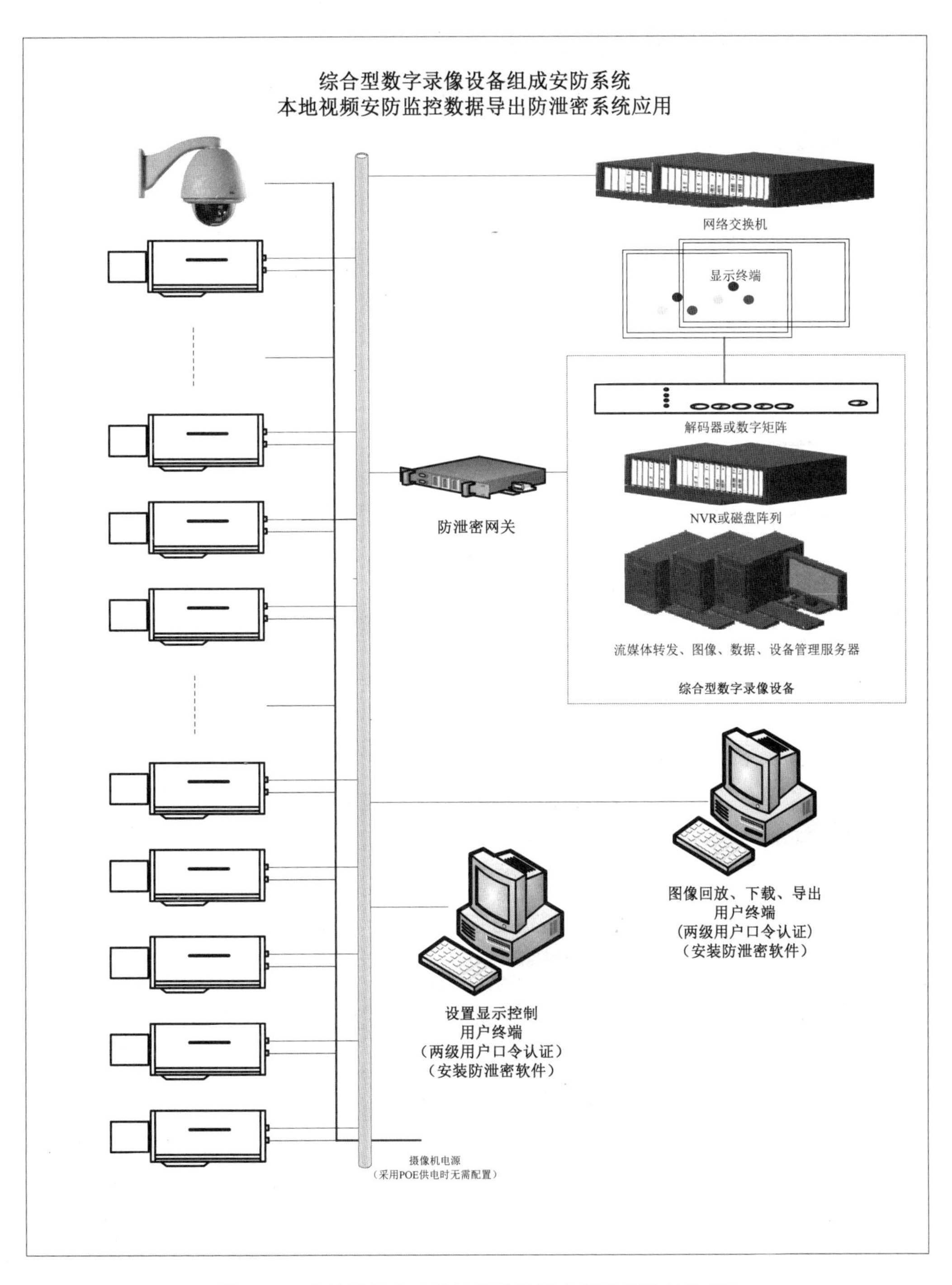

图 4-30　本地视频安防监控系统防泄密系统拓扑结构(续)

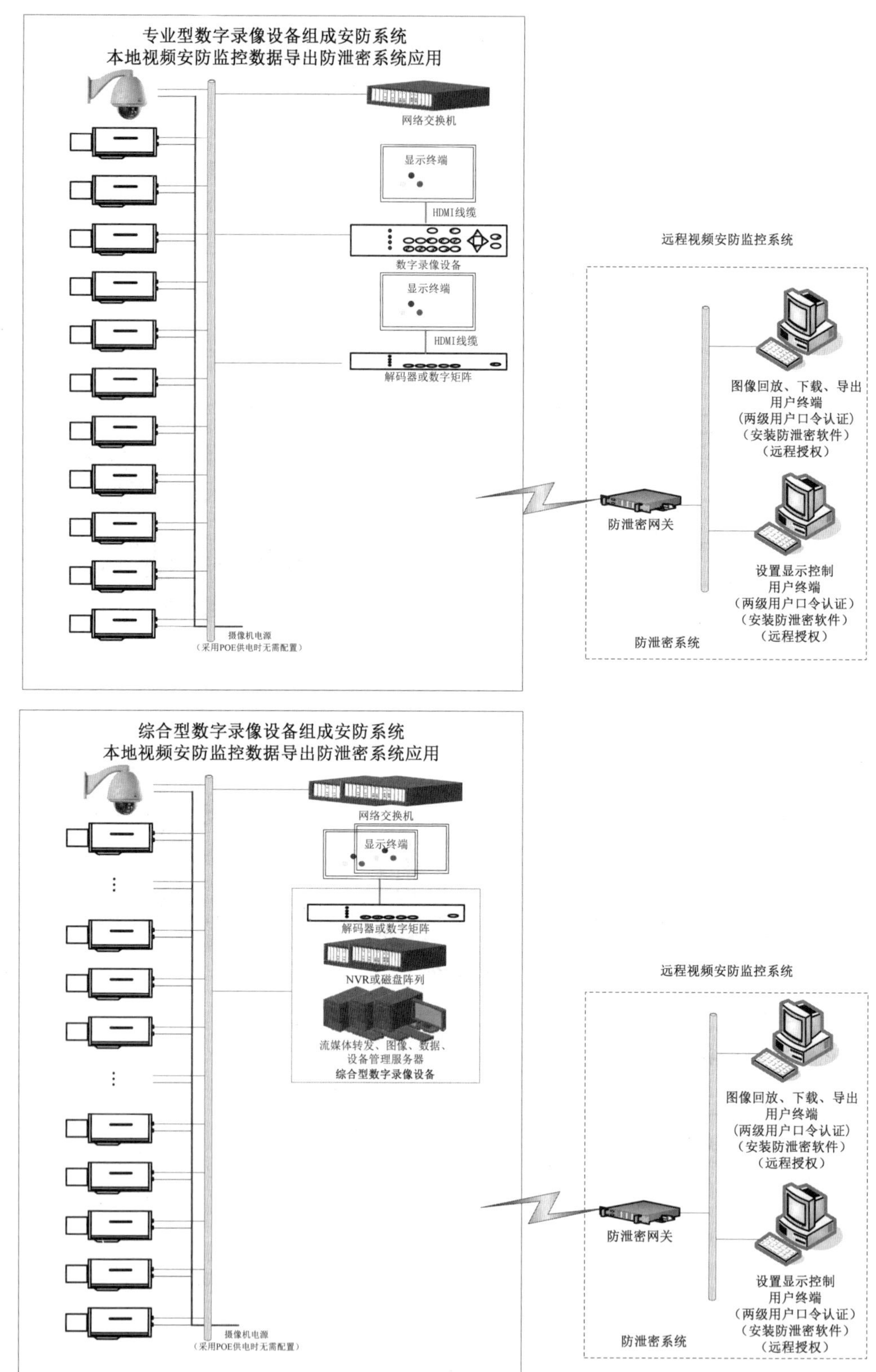

图 4-31　远程视频安防监控系统防泄密系统拓扑结构

1. 防泄密系统总体要求

防泄密系统安全性评估应符合《信息技术 安全技术 信息技术安全性评估准则 第 3 部分：安全保证要求》(GB/T 18336.3－2001)的规定。

防泄密系统身份鉴别和安全审计的防控强度应满足《信息安全技术 信息系统安全等级保护基本要求》(GB/T 22239—2008)第三级安全防护的规定。

防泄密系统应符合《信息安全技术 主机文件监测产品检验规范》(MSTL_JGF_04-025)的规定。

防泄密系统应适用于符合《视频安防监控数字录像设备》(GB 20815—2006)、《上海综合型数字录像设备补充技术要求》及《本市专业型数字录像设备补充技术要求》规定的数字录像设备。

用户终端任何对数字录像设备的操作应采用两组用户口令的认证方式。其中一组为视频安防监控系统自身的用户口令，一组为防泄密系统的口令。

1)　系统的组成

防泄密系统可由单台或多台防泄密网关及防泄密系统软件组成。防泄密网关的配置应与视频安防监控系统和联网模式相适应。防泄密系统软件的自身运行环境要求如下：CPU：1.8GHz 及以上；内存：1G 及以上；操作系统：通用性操作系统。

2)　系统的技术要求

(1)　安全策略。防泄密系统应具有对用户终端管理员提供策略增加、修改、删除与应用等功能。

(2)　身份鉴别。防泄密系统应提供专用的登录控制模块对登录用户进行身份标识和鉴别；应对同一用户采用两种或两种以上组合的鉴别技术实现用户身份鉴别；应提供用户身份标识唯一和鉴别信息复杂度检查功能，保证应用系统中不存在重复用户身份标识，身份鉴别信息不易被冒用；应提供登录失败处理功能，可采取结束会话、限制非法登录次数和自动退出等措施；应启用身份鉴别、用户身份标识唯一性检查、用户身份鉴别信息复杂度检查以及登录失败处理功能，并根据安全策略配置相关参数。

(3)　访问控制。防泄密系统应提供访问控制功能，依据安全策略，控制视频监控文件访问的授权环境及视频监控文件的访问。保护视频监控文件的能力应不小于 5G 字节；应具有防控用户终端截取内存和显存数据截屏的能力；应支持对视频监控文件的操作提交申请、批复和授权。申请、批复和授权均应被记录。

(4)　安全审计。防泄密系统应提供覆盖到每个用户的安全审计功能，对应用系统重要安全事件(对安全策略中指定文件的所有操作事件)进行审计；应保证无法单独中断审计进程，无法删除、修改或覆盖审计记录；审计记录的内容至少应包括事件的日期、时间、发起者信息、类型、描述和结果等；应提供对审计记录数据进行统计、查询、分析及生成审计报表的功能。

(5)　视频监控文件通信及存储的保密性和完整性保护。防泄密系统应采用保密技术保证数字录像设备与用户终端间通信过程中数据的保密性和完整性。应采用保密技术保证用户终端存储的视频监控文件的保密性和完整性。

(6)　视频监控文件的外发应用。防泄密系统应能通过授权，在用户终端将视频监控文件制作成外发数据，并应具有设置密码、时效、编辑、自删除等修改、调整功能；防泄密

系统所制作的外发数据，在时效和权限许可范围内，应无须安装专用软件即可使用；5G 大小的外发文件在标准配置的计算机上打开时间比原始视频文件增加不应超过 10s。

(7) 防泄密系统应能直接与“上海安全技术防范监督管理平台”联网并发送报警信息。

复习思考题

1. 按视频信号的传输方式来区分，如今的视频监控系统主要有哪几种？请简单叙述各种视频监控系统的优缺点。

2. 视频监控系统通常由哪几部分组成？

3. 目前使用的摄像机，若按灵敏度区分可有哪几种类型，分别具有什么性能特点？

4. 在摄像机的技术指标中最低照度是如何定义的？它是衡量摄像机什么性能的指标？

5. 以镜头视场的大小来分，摄像机镜头可分成哪些种类？

6. 某建筑物的高度为 10m，宽度为 15m，现选用 1/3in 的摄像机为其拍摄全景图像，当配用的镜头为 8mm 时，则摄像者至少应站在离建筑物多远的地方才行？

7. 某银行营业大厅需要安装一台摄像机对营业室大门进行监控，该大门宽 5m，高 3m，摄像机安装在距大门 6m 的地方，如采用 1/2in 的摄像机，应选择怎样的镜头？

8. 已知某需观察的对象高度为 30m，采用 1/3in 的摄像机，站在离观察对象 50m 的地方拍摄，用查工程计算图的方法求出用怎样的镜头才能使摄像机拍摄到全景？

9. 视频监控系统选择监视器的原则是什么？

10. 何谓矩阵视频切换器？

11. 视频信号分配器的主要功能是什么？适合何种使用场合？

12. 请简单叙述目前硬盘录像机的种类及各类硬盘录像机主要性能与优缺点。

13. 控制操作键盘的主要功能是什么？

14. 用同轴电缆进行视频信号的传输，什么情况下应使用电缆补偿器？电缆补偿器的主要功能是什么？

15. 用光纤进行信号传输的优点是什么？

16. 用光纤进行视频信号传输主要有哪几种方式？

第 5 章　火灾探测与消防报警技术

火灾是当前人类普遍关注的灾难性问题。火灾是指违背人们意志，在时间或空间上失去控制的燃烧，它是发生频率较高的一种灾害，在任何时间、任何地点都可能发生。它不仅能在顷刻之间烧掉大量的物质财富，毁灭无法补偿的历史文化珍宝，而且严重地危及人们的生命安全。火灾如果不能及时被控制与扑灭，很容易蔓延而殃及周围的建筑并迅速扩大受灾面积。

我国每年因火灾(不含森林大火)造成的经济损失达数百亿元，死亡上万人。2003 年韩国大邱市地铁一号线发生火灾，造成 176 人死亡，数百人受伤。美国 1997 年全年火灾 180 万起，死亡 4050 人，受伤 23750 人，损失 87 亿美元；2010 年 11 月 15 日，上海市静安区胶州路一幢 28 层公寓楼发生特别重大火灾事故，共造成 53 人死亡，70 人受伤。可见火灾不分国籍、民族，给人类带来巨大的伤害。人类从利用火以来就没有间断过防火、灭火的探索研究，最早的灭火方法是在发现火情时，人工用水、黄沙、泥土等去降温、隔断空气来灭火。随着人类的发展，火灾的形式也发生了巨大的变化，给消防工作提出了更高的要求。

随着社会经济的发展，尤其在我国加快实现农村城镇化建设的政策指引下，大量的居民住宅小区和各种高层智能型建筑也在不断产生，各种用于建筑的材料也越来越多样化，其中不乏易燃的材料；加上人们生活环境和生活方式的变革，大量的用电设备遍布人们居住的每个房间，火灾隐患也日益增加，火灾的次数，火灾造成的人员伤亡和经济损失也逐渐增多。尤其是近几年高层建筑大量增加，一旦发生火灾，灭火的难度更大。疏散人员、抢救物资、通信联络等都变得更加复杂。地铁车站、地下商场、停车场等地下建筑的大量兴建，对消防工作都提出了更高的特殊要求。总而言之，未来可能发生的火灾将更加复杂，消防工作的困难程度也会大大增加，对此应有足够的认识：消防已不再是原来意义上的“救火”工作，而成为一门要求极为严格的科学技术。

5.1　消防报警系统的发展

随着人类社会的不断发展、工业生产的发展、城市规模的扩大，世界各国早就对如何有效降低火灾对人民生命财产的损失、如何尽早发现火灾产生前的各种征兆并在蔓延前将其扑灭的方法和手段进行研究。

一百多年以来，这种研究主要经历了以下一些发展阶段：第一阶段是用一些简单的分立电子元件构成的火灾自动报警系统，从 19 世纪 40 年代一直延续到 20 世纪 40 年代，这期间感温探测器占主导地位。在此期间及随后的若干年里，不同类型的火灾探测装置也相继研制成功，并逐渐得到实际的应用。第二阶段从 20 世纪 50～70 年代，在这期间感烟探测器得到大力的发展，尤其是离子感烟式探测器自问世以来就一直统治着火灾探测器的市场，同时感温探测器则降到次要位置；“先见烟后见火”，用感烟的方法来探测火灾使人

类在实现火灾早期发现与报警方面向前迈进了一大步。此时的火灾报警控制系统也逐步完善，系统的组成则大多为多线制连接，这种系统连接方式的特点是稳定性、可靠性较差，布线较多且复杂，调试难度也较高。第三阶段则是从 20 世纪 80 年代至今，总线制火灾自动报警系统蓬勃兴起，它同以前的产品相比有了很大的飞跃，布线工作显著减少，安装调试变得容易，降低了安装和维修费用，其最大的优点是施工简单并能精确定位报警部位，因而得到了极为普遍的应用。随着技术的不断进步，智能系统已突破传统火灾探测与报警的范畴，它与建筑物内的防盗报警系统、电视监控系统、信息交换系统、公共安全系统等组成现代楼宇的智能控制系统。

我国消防系统的发展起步较晚，但大致也经历了如下几个阶段。

1. 从无到有

20 世纪 70 年代以前，我国基本没有现代化的消防系统，1979 年，国家公安部和核工业部下达了研究解决火灾自动报警的科研计划，要求制造出中国自己的火灾自动报警系统，以适应国家经济日益发展的需要。早期的产品虽然科技水平较低，稳定性和可靠性较差，线制复杂，施工困难，但却实实在在地解决了我国火灾自动报警产品从无到有的大问题，这些科研人员无愧为行业的元勋。

2. 从小到大

从 20 世纪 80 年代起，随着半导体集成技术和计算机技术的飞速发展，传统型火灾探测器及多线制报警系统在技术方面越来越显得落后，于是很多厂商高起点地推出了总线制自动火灾报警系统，也预示着多线制系统将淡出火灾报警市场。于是众多的科技工作者全力研制线制最少，稳定性、可靠性最高的总线制火灾报警系统，在行业内激烈的竞争中，把技术水平向前大大地推进了。

3. 从弱到强

1994 年后，国内在科学研究水平、产品制造能力、市场占有率等主要指标上具有相当高的水平和相当强的能力，并向世界级的火灾报警制造商学习、竞争，行业内形成了百花齐放的景观。

4. 博采众长

学习先进才能抛弃落后，在世界经济逐步一体化的当今时代，我国的火灾自动报警行业的发展，在学习先进的正确道路上前进，做到了“洋为中用、博采众长”。无论是世界上最早从事火灾自动报警行业的瑞士，还是当今比较发达的美、日、英、德、法的技术目前都暂领先于我国，学习它们的先进技术对我国火灾自动报警的发展是一条捷径。我们必须注意到新技术都有阶段性、有滞留期，如果国内外的研究同时到达某一先进水平后，而暂时又无更新的技术出现，这就意味着正是我们加紧研究新技术的大好时机，有利于我国向更新的技术高峰攀登。

5. 发展方向

我国火灾自动报警行业起步较晚，但起点较高，数十年来经历了从小到大、从弱到强、从原始到智能化三个发展阶段，目前已经具有较雄厚的实力。但是摆在我们面前的课题还很多，例如，集中智能系统和分散智能系统有机结合的问题；复合型火灾探测器尽快为市场接受并大量应用的问题；特殊恶劣环境的火灾报警及联动控制的问题；城市和区域自动火灾报警系统联网的问题等。随着智能化技术、各种新工艺、新技术的不断发展，火灾报警及联动控制也将全面进入智能化，尤其是将复合型智能探测器、分布式智能报警系统、遥控软地址编码技术等融合而成的专用火灾报警系统、网络型火灾报警控制系统等将得到大力的发展，并成为现代智能大厦的必备子系统之一，同时为建立城市自动消防通信指挥系统创造条件。

5.2　火灾探测技术

火灾探测器通常由敏感元件(传感器)、探测信号处理单元和判断及指示电路等组成，它是消防报警系统的信号采集部分，至少能向控制和指示设备提供一个适合的信号。

火灾探测器根据其传感器所对应的监测范围，常有下列两种常见的形式。

(1)　点型火灾探测器。这种探测器是指响应在传感器附近的火灾所产生的物理或化学现象的火灾探测器件。在建筑对象中使用的火灾探测器，绝大多数是点型火灾探测器。

(2)　线型火灾探测器。这种探测器是指响应某一连续现场(如较大面积的仓库等)附近的火灾产生的物理或化学现象的火灾探测器件。

5.2.1　火灾探测器的构成与原理

自火灾探测器发明至今的一个半世纪以来，人们认真分析研究了物质燃烧过程中所伴随的燃烧气体、烟雾、热、光等物理及化学变化的情况，研制了不同类型的探测器，并不断提高火灾探测器技术，使火灾探测器的灵敏度不断提高，预报早期火灾的能力不断增强。根据对火灾发生时不同物理及化学参量的响应，火灾探测器可分为感烟探测器、感温探测器、感光探测器、复合探测器和可燃气体探测器等多种。

1. 感烟式火灾探测器

火灾作为一种失去控制的灾害性燃烧现象，在发生的初期一般均会释放出烟雾，通常烟雾的出现比火焰和高温都要早。针对烟雾是火灾早期最为重要的火灾参量之一，各种感烟探测技术随之不断出现，并且得到了广泛的发展与运用。据统计，目前我国每年建筑中新安装的火灾探测器数量有 500 万～600 万只，其中约 80%为感烟探测器，这种探测器正占据着火灾探测市场的统治地位。感烟式火灾探测器是利用烟雾传感器响应悬浮在其附近大气中的燃烧或热解时产生的烟雾气溶胶微粒的一种火灾探测器，可分为离子感烟火灾探测器，光电感烟火灾探测器和空气采样火灾感烟探测器等类型。

1)　离子感烟火灾探测器

离子感烟火灾探测器是利用电离室离子流的变化基本正比于进入电离室的烟雾浓度来探测火灾的。在电离室内放置放射源(一般为放射性元素“镅 241”)，其放射的 α 射线可将室内的纯净空气电离，形成正、负离子。当两个收集极板间加一电压后，极板间形成的电

场将使离子分别向正、负极板运动而形成离子流。当烟雾粒子进入电离室后，由于烟雾粒子的直径大大超过被电离空气离子的直径，因此，烟雾粒子在电离室内将对离子产生阻挡和俘获的双重作用，从而减少离子流。只要设法检测离子流的变化，即可感知进入电离室烟雾的浓度。

如图 5-1 所示为离子感烟火灾探测器结构示意图。它有两个电离室，一个为烟雾粒子可以自由进入的外电离室(测量电离室)，另一个为烟雾不能进入的内电离室(平衡电离室)，两个电离室串联并在两端外加电压，正常状态下 $V_1=V_2$，2 号节点的电位近似等于外加电压的 1/2。当烟雾粒子进入外电离室时离子流减少使两个电离室电压重新分配，即 2 号节点的电位将发生变化，当变化达到一定程度时将输出火灾报警信号。

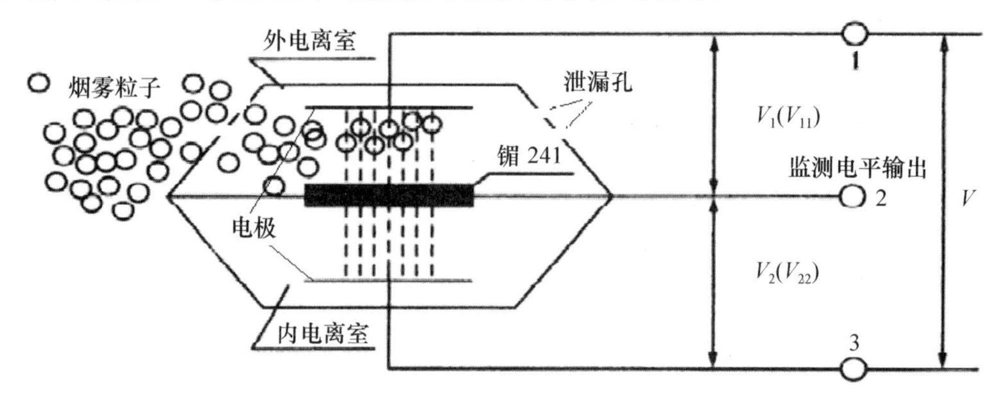

图 5-1　离子感烟火灾探测器结构示意图

2)　光电感烟火灾探测器

光电感烟火灾探测器是利用烟雾能够改变光的传播特性这一基本性质研制的。根据烟雾粒子对光线的吸收和散射作用，光电感烟火灾探测器又分为减光型和散射光型两种。

减光型光电感烟火灾探测器由发光元件、透射镜和受光元件组成，平常发光元件发出的光，通过透镜射到受光元件上，电路维持正常，如果有烟雾从中阻隔，到达光敏元件的光通量就显著减弱，于是光敏元件把光强的变化转化成电信号的变化。电信号变化量的大小，反映了烟雾的浓度，当变化量达到一定数值时将输出火灾报警信号。

散射光型光电感烟火灾探测器由检测暗室、发光元件、受光元件和电子电路组成。检测暗室是一个特殊设计的“迷宫”，发光元件与受光元件在检测暗室中成一定角度设置，并在其间设置遮光板，使得从发光元件发出的光不能直接到达受光元件上。当烟雾粒子进入此暗室，光源发出的光线会被烟雾粒子散射，其散射光被受光元件感应。光敏元件的响应与散射光的能量有关，且由烟雾粒子的浓度所决定。如果探测器感受到的烟雾浓度超过一定量时，光敏元件接收到的散射光的能量足以激发探测器动作，就会发出火灾报警信号。图 5-2 所示即为散射光型光电感烟火灾探测器工作原理示意图。

线型红外光束式感烟火灾探测器是对警戒范围中某区域的烟雾粒子予以响应的火灾探测器，也属于一种减光型感烟火灾探测器，如图 5-3 所示。它的特点是监视范围广，保护面积大，它由红外光发射和红外光接收器两个独立部分组成，作为测量用的光路暴露在被保护的空间上方，如果有烟雾扩散到测量区，烟雾粒子对红外光束起到吸收和散射的作用，使到达光接收器的光信号减弱。当光信号减弱到一定程度时，探测器就发出火灾报警信号。

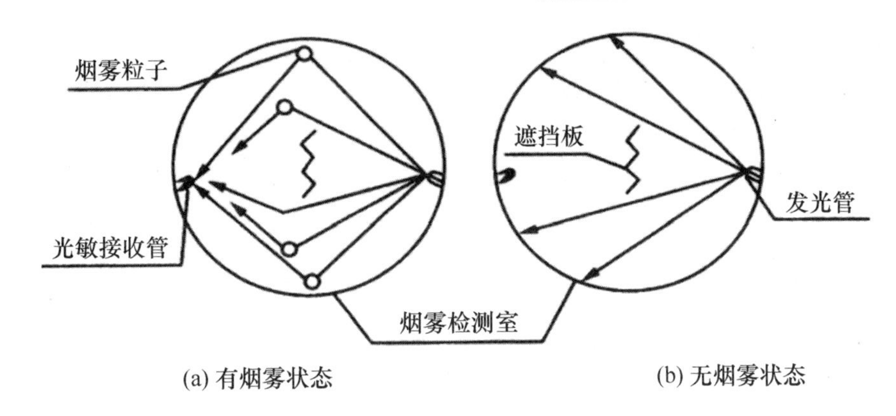

(a) 有烟雾状态　　(b) 无烟雾状态

图 5-2　散射光型光电感烟火灾探测器工作原理示意图

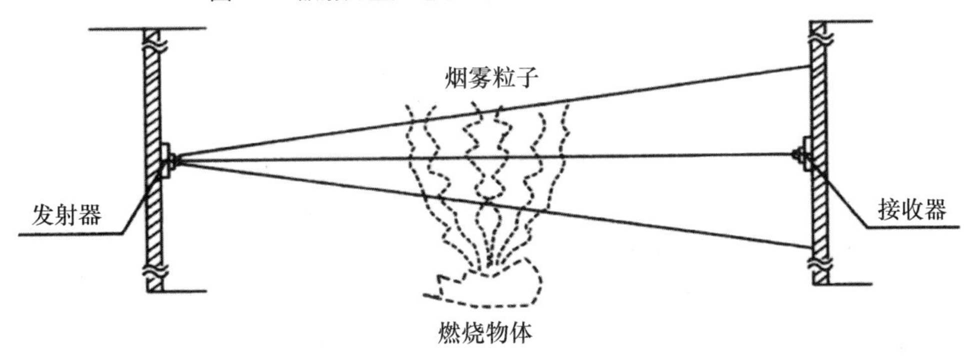

图 5-3　线型红外光束式感烟火灾探测器工作原理示意图

3)　空气采样感烟火灾探测器

空气采样感烟火灾探测器是通过管道抽取被保护空间的空气样本到中心检测室，以监视被保护空间内烟雾存在与否的火灾探测器。该火灾探测器能够通过测试空气样本，了解烟雾的浓度，并根据预先确定的响应阈值给出相应的报警信号。

这种火灾探测器是一种主动式的探测系统，其内置的抽气泵在管网中形成了一个稳定的气流，通过所敷设的管路(通常采用 PVC 管)抽样孔不停地从警戒区域抽取空气样品并送到探测室进行检测。为了防止空气中的灰尘或其他颗粒对检测造成干扰，所采集的空气样品还经过一道过滤网，但却并不阻挡烟雾粒子的通过。该系统在测量室内特定的空间位置安装了测量光源(一般为氙闪光灯或激光器)及特殊的反射镜，测量光源发射出平行的激光光束，但却不直接照射到光接收器上。来自警戒区域的空气样本进入测量室后，如果样本中有烟雾粒子存在，激光束将产生前向散射，散射光线经凹面反光镜反射后穿过带孔圆盘照射到高灵敏度光接收器，所产生散射光的强弱变化量测量后经过处理计算，并结合测得的散射光信号脉冲数，可测出空气样本中的烟粒子数。这些数据经过称为“人工神经网络”的微处理器处理后，与预先设定的报警阈值比较，如果烟雾浓度达到警报级别则发出警报。对于其他的杂乱光线则会由带孔圆盘的平面反光镜射出探测室，不会影响光接收器的正常工作。其工作原理如图 5-4 所示。

这种主动式空气采样探测系统与常规感烟火灾探测器相比较，具有如下一些优点。

(1)　普通的感烟探测器为被动工作方式，须等待烟雾依靠空气自然对流到达探测器后才能探测。而在火灾早期，烟雾的扩散速度通常很慢，须经过较长的时间才能到达探测器，有的根本就到达不了，导致探测器无法实现早期火灾探测报警。

(2) 普通感烟探测器使用的传感器大多是靠黑烟遮挡住光源或放射源射线而产生报警的。主动式空气采样感烟火灾探测器的工作方式为主动吸气工作方式，它主动抽取检测区域的空气样本并进行烟雾粒子(包括不可见烟雾粒子)探测计数分析；同时，它采用独特设计的检测室和现代高科技技术，使可靠性和灵敏度比普通感烟探测器提高了近千倍。因此，它对初期火灾具有极灵敏的反应，可提前预报火灾隐患，从而赢得宝贵的扑救时间。

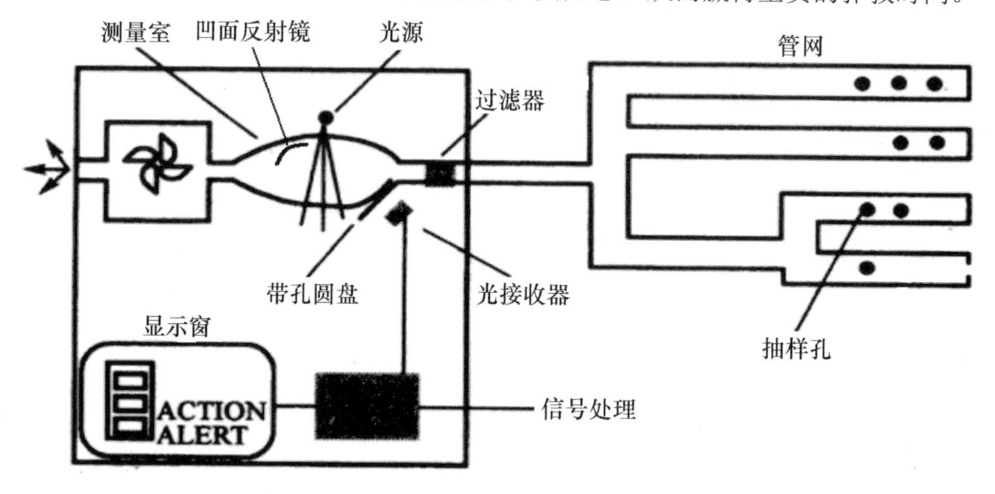

图 5-4 空气采样感烟火灾探测器工作原理示意图

(3) 人工智能神经网络技术和微处理器控制技术在系统中的成功应用,使其具备自学能力，可以持续依据当时环境状态调整适当的警报阈值，从而解决了高灵敏度系统可能出现的误报问题。

2. 感温式火灾探测器

感温式火灾探测器是对警戒范围中的温度参数变化进行监测的一种探测器。物质在燃烧过程中释放出大量热，使环境温度升高，致使探测器中热敏元件发生物理变化，从而将温度转变为电信号，传输给控制器，当温度参数的变化超过一定量时发出火灾信号。感温式火灾探测器，根据其结构造型的不同分为点型感温探测器和线型感温探测器两类；根据检测温度参数的特性不同，可分为定温式、差温式及差定温组合式三类。定温式火灾探测器用于响应环境的异常高温；差温式火灾探测器响应环境温度异常变化的升温速率；差定温组合式火灾探测器则是以上两种火灾探测器的组合。

1) 定温式火灾探测器

点型定温式火灾探测器的工作原理是当它的感温元件被加热到预定温度值时发出报警信号。它一般用于环境温度变化较大或环境温度较高的场所，用来监测火灾发生时温度的异常升高。定温式火灾探测器的种类较多，常用的有双金属片型、易熔合金型、水银接点型、热敏电阻型及半导体型几种。

双金属片定温式火灾探测器是以具有不同热膨胀系数的双金属片作为敏感元件的一种火灾探测器。常用的结构形式有圆筒状和圆盘状两种，圆筒状的结构如图 5-5(a)和图 5-5(b)所示，由不锈钢管、铜合金片以及调节螺栓等组成。两个铜合金片上各装有一个电接点，其两端通过固定块分别固定在不锈钢管上和调节螺栓上。由于不锈钢管的膨胀系数大于铜合金片，当环境温度升高时，不锈钢外管的伸长大于铜合金片，因此铜合金片将被拉直。图 5-5(a)为两接点闭合时发出火灾报警信号，图 5-5(b)为两接点断开时发出火灾报警信号。调节螺栓是用来预先设定接点动作温度的调节装置。双金属片圆盘状定温式火灾探测器则直接选用双金属片温度继电器作为感温器件，其结构如图 5-5(c)所示。

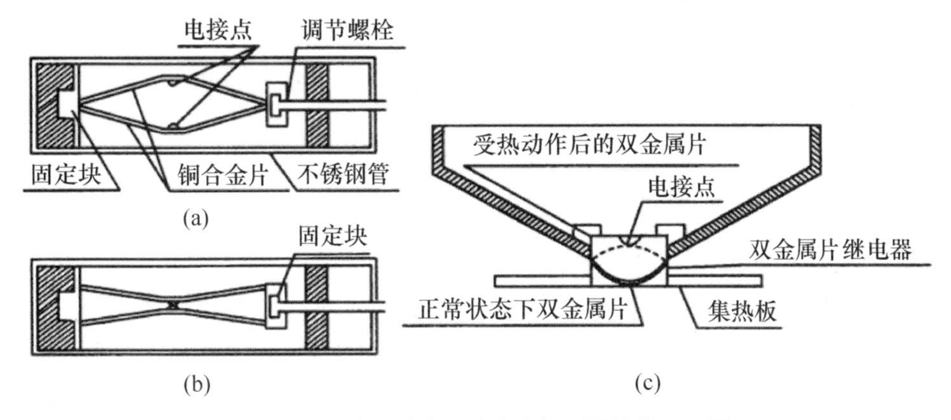

图 5-5　双金属片定温式火灾探测器结构原理图

热敏电阻型及半导体型定温式火灾探测器是分别以热敏电阻及半导体 PN 结为敏感元件的一种定温式火灾探测器。两者的原理大致相同，区别仅是所用的敏感元件不同。这种火灾探测器的工作原理如图 5-6 所示，当环境温度升高时，敏感元件 R_t 会随着环境温度的升高而等效电阻值变小，A 点电位升高；当环境温度达到或超过某一规定值时，A 点电位高于 B 点电位，导致电压比较器输出翻转，信号经处理后输出火灾报警信号。图中 R_p 是用来预先设定电压比较器输出翻转时温度值的调节电位器。

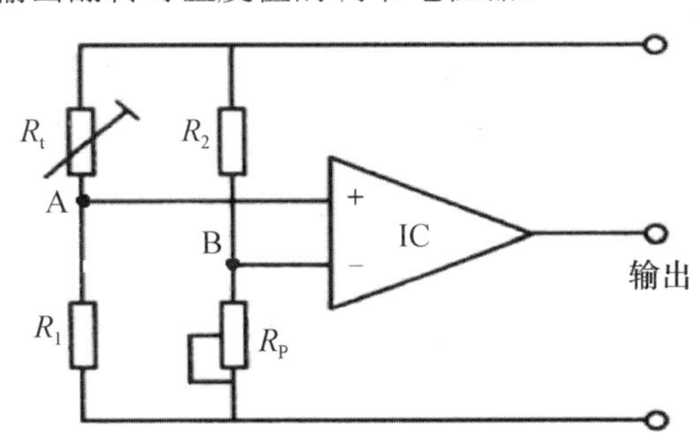

图 5-6　热敏电阻及半导体 PN 结定温式火灾探测器原理图

线型缆式定温式火灾探测器由感温电缆、接线盒和终端盒三部分组成。感温电缆是检测火灾的敏感元件，接线盒、终端盒为配套部件，可以向火灾报警控制器发出火灾信号。感温电缆由两根弹性钢丝分别包敷热敏绝缘材料，绞成双绞线形，再加外护套而制成；如图 5-7 所示为线型定温式探测器感温电缆的结构原理图。在正常状态下，两根钢丝间阻值接近无穷大，由于电缆终端接有电阻，并在另一端加上电压，此时电缆中将通过微小的监视电流。当电缆周围温度上升到预定动作温度时，其钢丝间热敏绝缘材料的绝缘性能会被破坏，绝缘电阻发生跃变，接近短路，火灾报警控制器检测到这一变化后，将发出火警信号。同时，当线型定温感温电缆发生断线时，监视电流变为零，控制器据此可发出故障报

警信号。

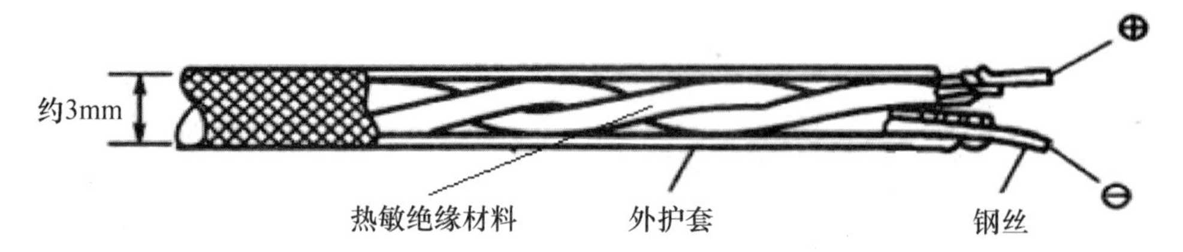

图 5-7　线型缆式定温式火灾探测器的感温电缆结构原理图

2)　差温式火灾探测器

当火灾发生时，室内局部温度将以超过常温数倍的异常速率升高，差温火灾探测器就是探测这种异常速率而研制的一种火灾探测器。它也有点型和线型两种结构。

点型差温式火灾探测器主要有膜盒差温、双金属片差温、热敏电阻差温火灾探测器等几种类型。常见的膜盒差温火灾探测器，由感温外壳、波纹片、漏气孔及定触点等几部分构成，其结构如图 5-8 所示。感温外壳、波纹片和气塞螺钉共同形成一个密闭的气室，该气室只有气塞螺钉的一个很小的漏气孔与外面的大气相通。在环境温度缓慢变化时，气室内外的空气由于有漏气孔的调节作用，使气室内外的压力能保持平衡。但是，当发生火灾，环境温度迅速升高时，气室内的空气由于急剧受热膨胀而来不及从漏气孔外溢，致使气室内的压力增大将波纹片鼓起，而被鼓起的波纹片与触点碰接，接通了定触点，于是送出火警信号到报警控制器。

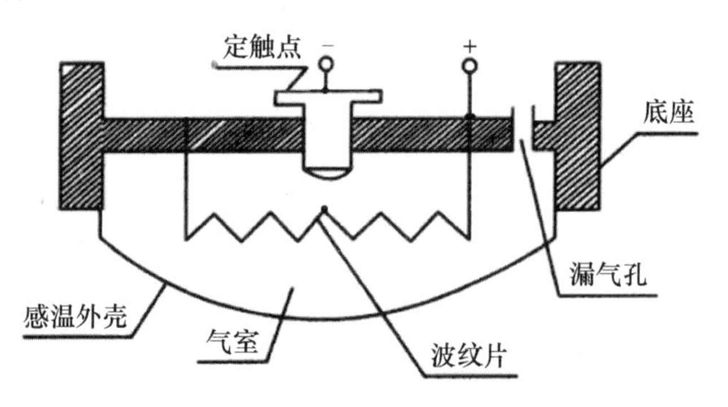

图 5-8　膜盒差温火灾探测器结构原理图

线型差温火灾探测器是根据较大范围的热效应而动作的探测装置，主要的感温元件有按检测面积大小而连续放置的蛇形空气管、分布式连接的热电偶以及分布式连接的热敏电阻等。如图 5-9 所示即为空气管线型差温火灾探测器结构原理图，它主要由两部分组成：①蛇形空气管作为敏感元件，置于要保护的场所，空气管一般由紫铜管做成；②传感元件则常为膜盒和电路部分，大多安装在保护现场之外。膜盒部分的气室与蛇形空气管相通，探测原理同膜盒差温火灾探测器一样，当保护场所环境温度缓慢变化时，紫铜管内的空气压力变化可通过泄漏孔释放，使管内外气体压力能保持平衡，当环境温度温升速率超过某一值时，紫铜管内迅速膨胀的气体来不及从泄漏孔排出，从而使管内的气压升高，导致膜片膨胀，并使电气接点闭合，产生一个短路信号，经输入模块后送到控制器，控制器便发出火灾报警信号。

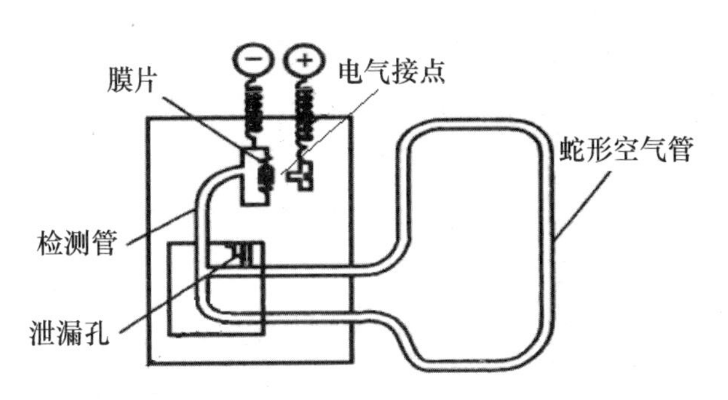

图 5-9　空气管线型差温式火灾探测器结构原理图

3)　差定温式火灾探测器

差定温式火灾探测器是将差温式、定温式两种感温探测技术结合在一起，兼有两种火灾探测功能的探测器。在实际使用中，即使其中一种功能失效，另一种功能仍起作用，因而大大提高了可靠性。这种差定温火灾探测器使用相当广泛，具体的主要有膜盒差定温式、双金属片差定温式和热敏电阻差定温式火灾探测器三种。

膜盒差定温式火灾探测器的结构原理图如图 5-10 所示。它的差温部分的工作原理同膜盒差温式火灾探测器；定温部分的工作原理是：弹簧片的一端用低熔点合金焊在外壳内侧，当环境温度达到标定温度时，易熔合金融化，弹簧片弹回，压迫波纹片并带动固定在波纹片上或安装于波纹片附近的动触点，从而发出火灾报警信号。

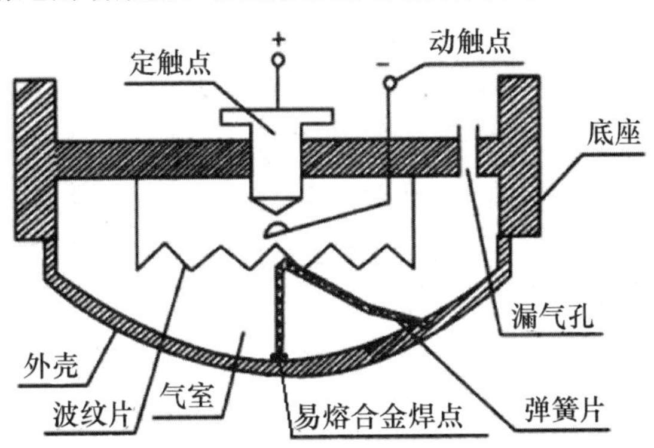

图 5-10　膜盒差定温式火灾探测器的结构原理图

4)　光纤光栅感温探测器

光纤光栅感温探测器是用光纤光栅作为温度传感器并以光纤作为信号传输媒体的感温探测器，它是一种新型的分布式传感器，在国内的石化、电力、冶金等行业都有较广泛的应用。图 5-11 是光纤光栅感温探测器的结构原理图，在光纤的某一部分以特殊工艺制作光纤光栅栅区，当宽带光信号 I_i 注入光纤的纤芯并经传输到达光栅栅区处时，光栅将有选择地反射回一窄带光 I_r。在光栅不受外界影响(拉伸、压缩或挤压，环境温度等恒定)时，该窄带光 I_r 的中心波长为一固定值，而当环境温度或被测接触物体的温度发生变化，或光栅受到外力影响时，光栅栅距 A 将发生变化，反射的窄带光中心波长将随之发生改变，这样就可以通过检测反射的窄带光中心波长的变化值，测量到光栅处温度的变化。使用中，将这

样的特种光纤绕制在需检测温度变化的物体上，即可随时探测被检测物体的温度。这种传感器具有防爆、抗电磁干扰、耐腐蚀和运行安全可靠、实时在线测试以及测量距离可长达数千米等一系列优点而被广泛地应用于特殊的大范围监测场合。

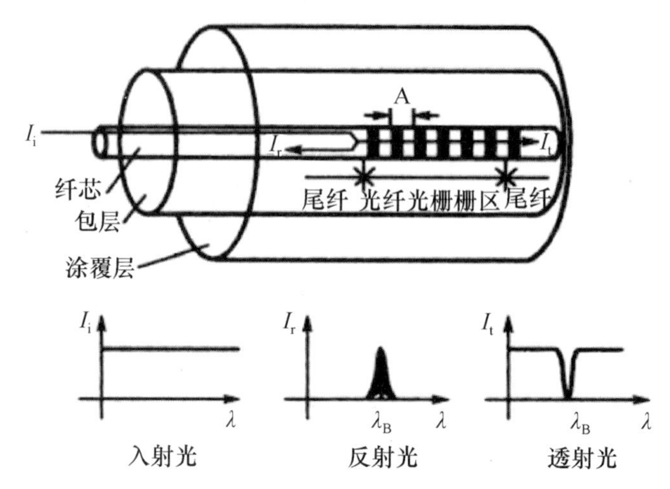

图 5-11　光纤光栅感温探测器的结构原理图

如图 5-12 所示即是在油罐区设置的分布式光纤感温探测系统示意图。探测光纤沿着各个油罐每隔 5m 环形敷设，分布式光纤测温主机位于控制室中，对两个油罐进行温度数据测量，当油罐温度超过一定时将发出火灾报警信号。

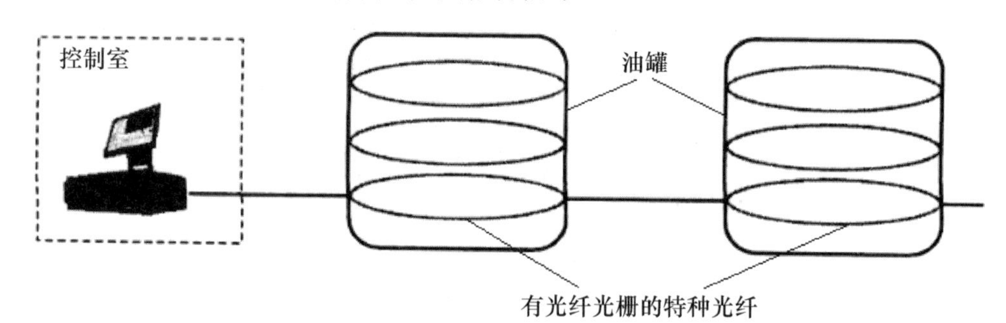

图 5-12　油罐区设置的分布式光纤感温探测系统示意图

3. 感光式火灾探测器

物质在燃烧时除了产生大量的烟和热外，也产生波长为 400nm 以下的紫外光、波长为 400～700nm 的可见光以及波长为 700 nm 以上的红外光。由于火焰辐射的紫外光和红外光具有特定的峰值波长范围，因此可以用专门的紫外光和红外光接收器来探测火焰辐射的红外光和紫外光，这就是感光式火灾探测器探测原理。由于此时物质燃烧已产生火焰，因此感光式火灾探测器又称为火焰探测器；它对火灾的响应速度比感烟、感温火灾探测器快，其传感元件在接收辐射光后几毫秒，甚至几微秒内就能发出信号，特别适用于突然起火而无烟雾的易燃易爆场所。由于它不受气流扰动的影响，是唯一能在室外使用的火灾探测器。

1)　红外感光火灾探测器

红外感光火灾探测器是对火焰辐射光中红外光敏感的一种探测器。它是利用红外光敏元件(硫化铅、硒化铅、硅光敏元件)的光电导或光伏效应来敏感地探测高温产生的红外辐射，探测光波长范围在 700nm 以上。由于自然界中物体只要高于绝对零度都会产生红外辐射，所以，利用红外辐射探测火灾时，一般还要考虑物质燃烧时火焰的间歇性闪烁现象，以区别于背景红外辐射。物质燃烧时火焰的闪烁频率在 3～30Hz。

燃烧产生的辐射光经过红外滤光片的过滤，只有红外光进入探测器内部，红外光经过凸透镜聚焦在红外光敏元件上，将光信号转换成电信号，其放大电路根据火焰闪烁频率鉴别出火焰燃烧信号并进行放大。为防止现场其他红外光辐射源偶然波动可能引起的误动作，红外探测器还有一个延时电路，它给探测器一个相应的响应时间，用来排除其他红外源的偶然变化对探测器的干扰。延时时间的长短根据光场特性和设计要求选定，通常有 3s、5s、10s 和 30s 等几挡。当连续鉴别所出现信号的时间超过给定延时时间后便触发报警装置，发出火灾报警信号。

2)　紫外感光火灾探测器

紫外感光火灾探测器是对火焰辐射光中的紫外光敏感的一种探测器。当有机化合物燃烧时，其氢氧根在氧化反应中会辐射出强烈的紫外光。紫外感光火灾探测器就是利用火焰产生的强烈紫外辐射光来探测火灾的，对爆燃火灾和无烟燃烧(如酒精等)火灾尤为适用。紫外感光火灾探测器由紫外光敏管、透紫石英玻璃窗、紫外线试验灯、光学遮护板、反光环、电子电路及防爆外壳等组成，如图 5-13 所示。发生火灾时，大量的紫外光通过透紫石英玻璃窗射入光敏管，光子能量激发金属内的自由电子，使电子逸出金属表面，光电子受到电场的作用而加速；由于管内充有一定的惰性气体，当光电子与气体分子碰撞时，惰性气体分子被电离成正、负离子，并在强电场的作用下被加速，从而使更多的气体分子电离。由于在极短的时间内，造成“雪崩”式放电过程，使紫外光敏管内阻急剧变小，乃至导通，最终产生报警信号。

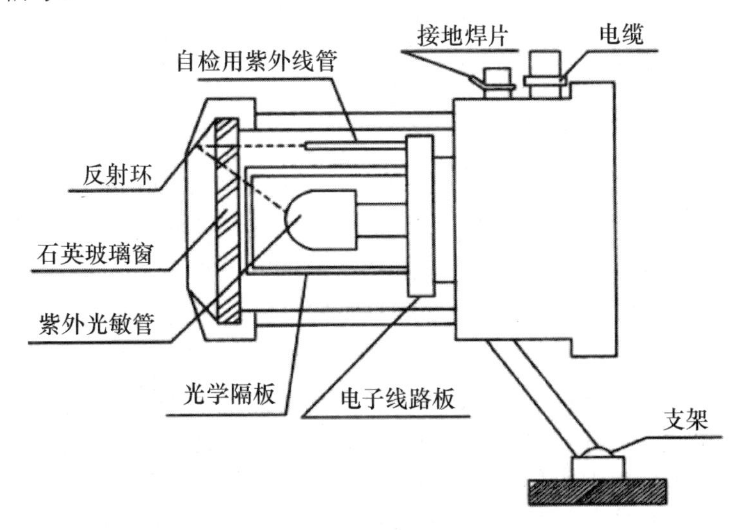

图 5-13　紫外感光火灾探测器结构原理图

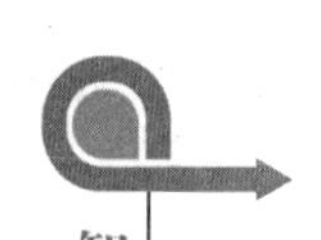

4. 可燃气体探测器

可燃气体的种类很多，主要有天然气、煤气、氢气、乙醇、柴油、汽油、一氧化碳、液化气、甲苯、乙炔、丙炔、甲烷、乙烷、丙烷、丁烷、乙烯、丙烯、丁烯、硫化氢等居民或工业用气体，这些气体的泄漏或在空气中达到一定的浓度时均会产生严重的后果。而可燃气体探测器就是对上述单一或多种可燃气体浓度进行响应的探测器。目前主要用于宾馆厨房或燃料气储备间、汽车库、压气机站、过滤车间、溶剂库、炼油厂、燃油电厂等可能存在可燃气体泄漏的场所。

可燃气体探测器可分为点型可燃气体探测器和线型可燃气体探测器，其区别在探测器实施监测的范围。

点型可燃气体探测器主要应用在燃气锅炉房及厨房等范围有限的场所对各类可燃气体的泄漏进行探测，其气体传感元件根据探测不同种类的气体而不同，主要有铂丝、钴钯和金属氧化物半导体(如钙钛晶体和二氧化锡半导体结烧体以及尖晶石)等几种。在常规工作温度下，二氧化锡结烧体吸附可燃性气体时(如液化气、天然气、一氧化碳等)，会发生还原性气体的吸附，从而使二氧化锡半导体的电导率上升；当恢复到清洁空气中时，由于半导体表面吸附氧气，使半导体的电导率下降。探测器就是将这种电导率变化，以输出电压的方式取出，从而检测出可燃气体的浓度。

线型红外吸收式可燃气体探测器可以实现远距离、大面积气体探测，相对于传统点型可燃气体探测器而言，具有气体选择性强、灵敏度高、探测范围大等优点。它是用基于红外吸收原理的气体传感器来制成探测器，其原理是：若对两个分子以上的气体照射红外光，则分子的动能发生变化，会吸收特定波长的光，这种特定波长的光是由分子结构决定的，因此由该吸收频谱可判别分子种类，且由吸收的强弱可测得气体浓度。这种探测器的信号检测部分由发射器、探测室和接收器组成，在正常情况下，发射器发送需检测气体所对应特定吸收波长的脉冲红外光束，经过气体检测室照射到接收器的光敏元件上，收发之间的最远探测距离可达 80m，而气体检测室则可做成主动吸收式以提高传感器的灵敏度并缩短响应时间，当检测气体进入探测室，接收器接收经由检测室气体吸收衰减的红外辐射能量，从而由红外特征波长得知气体的种类，由气体吸收红外光束能量的强弱得知气体的浓度。

5. 复合火灾探测器和智能型复合火灾探测器

在物质燃烧从阴燃到起火的整个过程中，要发热、发光和损失质量，对于不同的火灾，从火苗到酿成大火的过程是不一样的。这也就是采用单一传感方法的火灾探测器无法全面响应所有类型火灾，并且还可能会产生误报警的原因，因此采用多元传感技术并具有智能分析功能已成为当今火灾探测的一个主要发展方向。

复合探测技术是目前国际国内流行的新型、多功能、高可靠性的火灾探测技术，它采用对两种或两种以上火灾参数响应的探测技术做成复合火灾探测器，主要有感烟感温式、感烟感光式、感温感光式等几种形式，其中各种感烟、感温与感光的方式又可各不相同，以应对各类火灾发生过程中的各种参数探测。根据前述可知，用于火灾探测中感烟、感温与感光的技术种类非常繁多，因此用两种或两种以上火灾探测技术做成的复合火灾探测器的种类将更多。在各种复合火灾探测器中，感烟感温式复合火灾探测器的应用最为普遍，它可以用于几乎所有场合的火灾探测。

图 5-14 所示为某型号烟温复合火灾探测器结构示意图。这种探测器在烟雾探测方面，采用光电感烟的方法，避免使用放射源，消除了对环境的污染；在温度探测方面，使用响应快、线性好、长期稳定性好的温敏二极管作为传感元件；因此在复合探测状态下，它的火灾探测误报率可以降到最低。

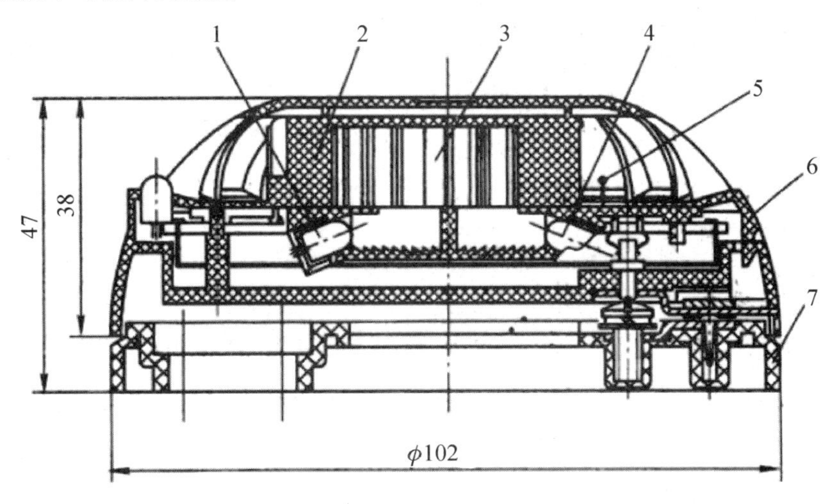

图 5-14　某型号烟温复合火灾探测器结构示意图

1—红外发射管；2—迷宫；3—烟雾敏感空间；4—红外接收管；5—温敏检测管；6—外壳；7—底座

智能型复合火灾探测器则除同时探测两个或两个以上的火灾参数以外，还将被探测参数经过一定的分析运算后再送入火灾报警控制设备，使火灾自动报警系统具有类似人的感官等多方面探测功能和大脑综合判断能力。

智能型复合火灾探测器常见的也有感烟感温式、感烟感光式和其他的复合方式，这种探测器可以自动检测和跟踪由灰尘积累而引起工作状态的漂移，并跟踪环境参数的变化，进而自动调整探测器本身的工作参数，并用一定的算法对这些因素进行补偿，使探测的结果更准确、更可靠。

5.2.2　常用火灾探测器分类比较

用于火灾探测的探测器种类繁多，它们分别应用不同的探测原理、不同的探测技术，并分别针对火灾发生过程中的不同物理现象，可以说，任何单一技术的火灾探测器甚至采用复合技术的火灾探测器均不可能应对所有火灾现象的探测。因此，不同环境、不同场合、不同单位和不同建筑物的特点与消防要求也不同，其火灾报警系统用于应对各类不同的火灾现象的探测器也应不同，也就是说，任何火灾自动报警系统均应合理地选择合适的火灾探测器，才能使报警系统真正起到防范火灾的作用。

表 5-1 为常见不同类型火灾探测器性能与适用范围的简单比较，供建设火灾自动报警系统选择火灾探测器时考虑。

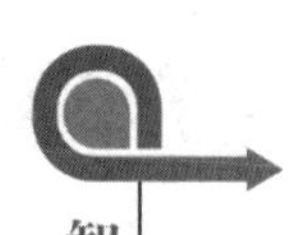

表 5-1　常见不同类型火灾探测器比较

探测器类型		性能特点	适用范围	备　注
感烟探测器	点型离子感烟探测器	灵敏度高、历史悠久、技术成熟、性能稳定，对阴燃火的反应最灵敏	宾馆客房、办公楼、图书馆、影剧院、邮政大楼等公共场所	
	点型光电感烟探测器	灵敏度高、对湿热气流扰动大的场所适应性好	同上	易受电磁干扰，散射光式对黑烟不灵敏
	红外光束线型感烟探测器	探测范围大，可靠性高，环境适应性好	会展中心、演播大厅、大会堂、体育馆、影剧院等无遮挡的大空间	易受红外、紫外光的干扰，探测视线易被遮挡
感温探测器	点型感温探测器	性能稳定、可靠性高，环境适应性好	厨房、锅炉房、地下车库、专门的吸烟室等	造价较高、安装维护不便
	线型感温探测器	同上	电气电缆井、变配电装置室、各种带式传送机构等	造价较高、安装维护不便
感光探测器		对明火反应迅速，探测范围宽广	各种燃油机房、油料储藏库等火灾时有强烈火焰但少量烟雾的场所	易受阳光和其他光源的干扰，探测易被遮挡
复合探测器		综合探测火灾时的烟雾、温度等信号，探测准确，可靠性高	装有联动装置系统等靠单一探测器不能确认火灾的场所	价格贵、成本高

5.2.3　火灾探测器的指标

1. 火灾探测器的性能指标

火灾探测器作为火灾监控系统中的火灾现象探测装置，其本身长期处于监测工作状态，因此，火灾探测器的灵敏度、稳定性、维修性和长期工作的可靠性是衡量火灾探测器产品质量优劣的主要性能指标，也是确保火灾监控系统长期处于最佳工作状态的重要指标。

(1)　火灾探测器的灵敏度。火灾探测器的灵敏度是指在相同的火灾探测现场不同的探测器探测火灾参数的能力，也有用对某火灾参数的响应阈值高低来表示。但由于火灾探测器的作用原理和结构设计不同，各类火灾探测器对于不同火灾的响应度差异很大，所以各类火灾探测器一般不单纯用某一火灾参数的灵敏度来衡量，而是对应不同的火灾类型进行大致的区分。

根据国家标准 GB 4968—1985《火灾分类》的规定，A 类火灾是指固体物质火灾，这种固体物质往往指有机物质，一般在燃烧时能够产生灼热的余烬，如木材、棉、毛、麻、纸张等火灾；B 类火灾是指液体火灾和可熔化的固体物质火灾，如汽油、煤油、柴油、原油、甲醇、乙醇、沥青、石蜡等火灾；C 类火灾是指气体火灾，如煤气、天然气、甲烷、乙烷、丙烷、氢气等火灾。前述各种不同的火灾探测器对各种类型火灾的灵敏度，大致如

表 5-2 所示，在火灾报警系统探测器配置时可以参考。

表 5-2　各种火灾探测器的灵敏度比较

火灾探测器类型	A 类火灾	B 类火灾	C 类火灾
定温探测器	低	高	低
差温探测器	中	高	低
差定温探测器	中	高	低
离子感烟探测器	高	高	中
光电感烟探测器	高	低	中
紫外火焰探测器	低	高	高
红外火焰探测器	低	高	低

(2)　火灾探测器的可靠性。火灾探测器的可靠性是指在适当的环境条件下，火灾探测器长期不间断运行期间随时能够执行其预定功能的能力。能在严酷的环境条件下正常工作，使用寿命长的火灾探测器可靠性通常较高。一般感烟式火灾探测器使用的电子元器件多，长期不间断使用期间电子元器件的失效率较高，因此其长期运行时的可靠性相对较低，但这类探测器的使用又是最普遍的，所以对于这类探测器运行期间的维护保养十分重要。

(3)　火灾探测器的稳定性。火灾探测器的稳定性是指在一个预定的周期时间内，以基本不变的灵敏度重复感受火灾相应参数的能力。为了防止稳定性降低，基于上述同样的理由，定期检验所有带电子元器件的火灾探测器的灵敏度也是十分重要的。

(4)　火灾探测器的维修性。火灾探测器的维修性是指对可以维修的探测器产品进行修复的难易程度或为修复所花费的时间与成本。对较多使用电子元器件的感烟式火灾探测器和电子感温式火灾探测器要求定期检查，发现故障或任何不正常则应加以维修，确保火灾探测器敏感元件和电子线路始终处于正常工作状态。

应当指出，上述四项火灾探测器的主要技术指标一般不能精确测定，只能给出高、中、低等一般性的估计，而对某一具体的火灾探测器来说，其实际性能也将因其设计、制造工艺、控制质量和可靠性措施，以及火灾探测器及火灾监控系统安装人员的训练素质和监督情况不同而有所不同。表 5-3 给出了常用火灾探测器的灵敏度、可靠性、稳定性和维修性指标的一般评价，供系统探测器配置时参考。

表 5-3　常见火灾探测器性能评价

火灾探测器类型	灵敏度	可靠性	稳定性	维修性
定温探测器	低	高	高	高
差温探测器	中等	中等	高	高
差定温探测器	中等	高	高	高
离子感烟探测器	高	中等	中等	中等
光电感烟探测器	中等	中等	中等	中等
紫外火焰探测器	高	中等	中等	中等
红外火焰探测器	中等	中等	低	中等

2. 火灾探测器的技术指标

作为大量应用的产品，技术指标通常是可以用具体的仪器仪表进行测量的各种不同的参数值。火灾探测器一般有如下的技术参数：

(1) 工作电压和允差。工作电压是指火灾探测器正常工作时所需的电源电压；火灾探测器的工作电压统一规定为DC24V。允差是指火灾探测器工作电压允许波动的范围。按照国家标准规定，允差为额定工作电压的-15%～＋10%。

(2) 响应阈值。响应阈值是指火灾探测器动作的最小参数值，不同类型火灾探测器的响应阈值单位量纲也不相同。点型感烟式火灾探测器的响应阈值为减光系数 *m* 值(dB/m)或烟离子对电离室中电离电流作用的参数 *Y* 值(无量纲)；线型感烟式火灾探测器的响应阈值是采用代表紫外线辐射强度的单位长度、单位时间的脉冲数(光敏管受光强照射后发出的脉冲数)；定温式火灾探测器的响应阈值为温度值(℃)；差温式火灾探测器的响应阈值为温升速率值(℃/min)；气体火灾探测器的响应阈值采用气体的浓度值。

(3) 监视电流。监视电流是指火灾探测器处于监视状态下的工作电流。此电流实质上是表示了火灾探测器在监视状态下的功率消耗，由于火灾探测器处于 24 小时连续工作状态，因此要求火灾探测器的监视电流越小越好，这样探测器连续工作状态时的热量小，寿命长，同时对报警控制器的供电要求也可低。

(4) 允许的最大报警输出电流。最大报警输出电流是指火灾探测器处于报警状态时允许的最大输出电流。通常是指允许拖动负载能力的大小；最大报警输出电流越大，表明火灾探测器的负载能力越强。使用中若超过此电流值，火灾探测器就可能损坏。

(5) 报警电流。报警电流是指火灾探测器处于报警状态时的工作电流。报警电流值和允差值决定了火灾探测报警系统中探测器的最远安装距离，以及在同一个地址码的线路端口允许并接火灾探测器的数量。

(6) 工作环境条件。工作环境条件是指环境温度、相对湿度、气流速度和清洁程度等的要求，通常火灾探测器对各种工作环境的适应性越强越好。

5.3 火灾报警控制器和联动控制器

火灾报警控制器是火灾自动报警系统中能够为火灾探测器供电，接收、处理及传递各探测点的故障与火灾报警信号，并发出声光报警信息、同时显示及记录火灾发生部位和时间，还能向联动控制器发出联动通信信号的报警控制装置，它是整个火灾自动报警控制系统的核心和信息交换与处理中心。

火灾报警控制器应具有如下的基本功能：

(1) 能为系统内的火灾探测器供电；

(2) 能接收来自火灾探测器的火灾报警信号，同时发出声、光报警信息；

(3) 能进行系统自检和探测器工作状态检测，当出现故障时能发出故障信息；

(4) 能检查火灾探测器的报警功能；

(5) 能准确显示火灾发生现场的位置和火灾发生的时间。

根据相关的标准，火灾报警控制器可以从不同的角度进行分类。

1. 按用途和警戒范围来分

(1) 区域火灾报警控制器。这种报警控制器直接与火灾探测点相连，并直接处理报警信息。

(2) 集中火灾报警控制器。这种报警控制器一般不与火灾探测器相连，而是与区域火灾报警控制器相连，处理区域火灾报警控制器送来的报警信号，主要用于容量较大的火灾报警系统中。

(3) 通用火灾报警控制器。通过硬件或软件的配置，既可作为区域火灾报警控制器使用，直接与火灾探测器相连接；又可做集中火灾报警控制器，连接区域火灾报警控制器。

2. 按对探测器信号的处理方式来分

(1) 有阈值开关量火灾报警控制器。这种报警控制器连接使用有阈值的开关量火灾探测器，它处理的探测信号为阶跃开关量信号，火灾报警完全取决于火灾探测器。

(2) 无阈值模拟量火灾报警控制器。这种报警控制器连接使用无阈值的模拟量火灾探测器，它处理的探测信号为连续的模拟量信号，火灾的判断和报警信号的发送由控制器决定，具有一定的智能判断能力。

(3) 具有分布智能的高级火灾报警控制器。这种报警控制器连接的探测器内置 CPU 芯片，探测器可以通过一系列的智能算法，对探测到的信息进行分析与处理，并最终将处理后的信号发送给报警控制器。

3. 按报警控制器的机械结构来分

(1) 挂壁式火灾报警控制器。

(2) 立柜式火灾报警控制器。

(3) 琴台式火灾报警控制器。

联动控制器与火灾报警控制器配合，通过数据通信，接收来自火灾报警控制器所管辖的报警点数据，然后对其配套执行器件发出控制信号，实现对各类消防设备的控制。联动控制器及其配套执行器件相当于整个火灾自动报警控制系统的“躯干与四肢”。联动控制器的主机部分主要完成接收来自火灾报警控制器的火灾报警数据。根据所编辑的控制逻辑关系发出控制驱动信号，并显示消防外控制设备的状态反馈信号，以及系统自检并发出声光故障信号等。联动控制器的数据通信部分与火灾报警控制器相连，驱动电路、驱动信号发送电路等则与配套执行器件连接，同时具有人机交互的操作键盘以及声光指示等功能。

市场上销售的火灾自动报警控制系统既有火灾报警控制器与联动控制器分离的，也有合为一体的。合为一体的一般又称为联动型火灾自动报警控制器，它必须符合《火灾报警控制器通用技术条件》(GB 4717—1993)和《消防联动控制设备通用技术条件》(GB 16806—1997)的双重要求，其总线为混合总线，可以接各种类型的探测器、各种控制模块和楼层显示器等，使现场安装与系统调试非常方便。

通常衡量火灾自动报警控制器与联动控制器产品质量优劣的技术指标主要有：

(1) 火灾自动报警控制器的最大容量；(可以接入探测器和控制模块的总数)

(2) 火灾自动报警控制器的功率消耗；(监控功耗、额定功耗)

(3) 火灾自动报警控制器的结构和工艺水平；

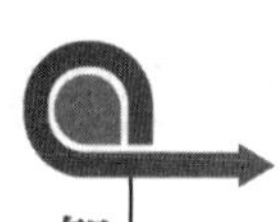

(4) 火灾自动报警控制器的可靠性和稳定性；

(5) 火灾自动报警控制器的抗干扰能力；

(6) 火灾自动报警控制器的人机对话界面。

联动型火灾自动报警控制器的系统组成原理框图如图 5-15 所示：主要由 CPU 板、总线板、系统集成控制板及开关电源等部分组成。其中，CPU 板为控制器的核心，控制着各种功能板的工作时序；CPU 板中的 RS232 接口用于连接计算机图形监控系统，将报警信息传给计算机进行处理，RS485 接口用于集中火灾报警控制器与区域火灾报警控制器之间的连接，控制器一般通过硬件配置与软件配置既可使其作为集中火灾报警控制器，也可作为区域火灾报警控制器。CPU 板中的存储器存有程序，各种编程信息和报警数据以及用于显示的汉字库等。

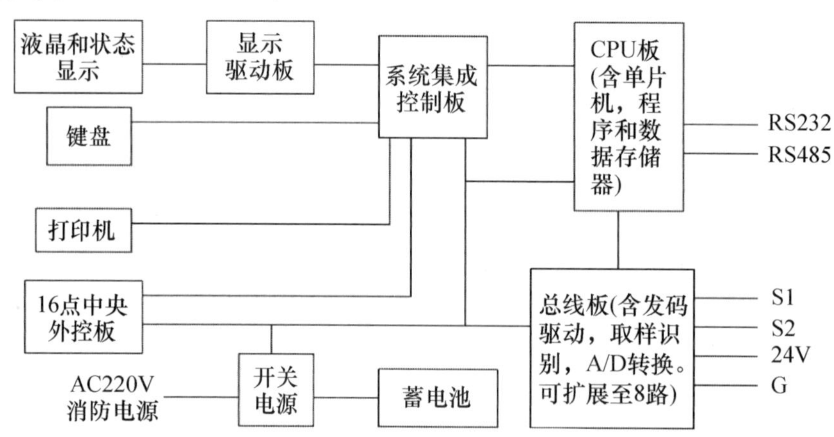

图 5-15 联动型火灾自动报警控制器的系统组成原理框图

总线板是二总线传输技术的核心，其主要作用是将并行数据转变为串行数据，再加到总线上(完成编码的过程)，同时接收总线上的各种状态信息。通常控制器最多可扩展到 8 路总线，每路混合总线可以带 127 个各种输入模块、探测器和各种控制模块。总线板上的信号取样采集部分主要是采集总线上各种探测器和模块的传感信号，并经 A/D 变换后送到 CPU 板，由 CPU 板中内置的智能算法，对火灾探测器的数据进行处理。

系统集成控制板的作用是确定控制器的功能和容量，如集中/区域机设置、打印机状态设置、区域机编号设置、输入总线回路数设置等；此外，系统集成控制板还具有键盘、打印机及液晶显示驱动部分的接口等。

液晶和状态显示部分还包括各种状态指示灯，主要反映自动报警控制器各种部件的运行状态，如打印机、交流电源、备用电池的运行状态、各种人机对话信息和报警信息、编程信息等。

开关电源部分相对独立，它的作用是将交流 220V 变换为直流 24V、5V，供系统使用。开关电源本身具有过流、过压保护措施，并具有很宽的交流电源输入范围。开关电源平时可以对蓄电池进行浮充，一旦停电，将会在很短的时间内自动使系统切换到电池供电。

5.4 火灾自动报警系统的其他设备

建成火灾自动报警系统，除前述的各种火灾探测器、报警控制器、联动控制器外，还有许多其他设备可根据需要用于火灾自动报警系统中。

1. 手动报警按钮和编码中继器

手动报警按钮是设置在每个楼层人员出入相对比较频繁的地方，由现场人工确认火灾后，手动输入报警信号的装置。这种装置的操作方法因各不同的生产厂家而不尽相同，有手动按碎型、手动击打型和手动拉下型等多种，而其面向用户的形式也有两种，不带电话插孔的和带电话插孔的。手动报警按钮内安装有手动输入模块板，它主要是完成与火灾报警控制器之间各种状态信息的传递功能，在模块板上有拨码开关用于手动报警按钮编码地址的设置，设置方式为二进制编码。

编码中继器主要用于连接类似水流指示器等的无源常开报警触点，它作为总线回路上的一个报警点，向报警控制器传送报警信号，具有监视电流小、安装连接方便等特点。

2. 楼层显示器

楼层显示器又称重复显示器，是火灾报警控制系统的辅助显示设备。楼层显示器结构形式可有汉字显示方式、数字显示方式和模拟图形显示方式；这种设备主要设置在每个防火分区内，用于显示本楼层或分区内各探测点的报警情况，模拟图形显示方式还可形象地呈现建筑分布图和探测点的分布位置。现在的模拟量火灾报警控制系统中楼层显示器可直接挂接于探测总线上，并由 24V 电源线单独供电。当楼层显示器接收到信号总线上的串行数据时，经计算机 CPU 分析处理，自动识别探测器地址；楼层显示器的地址范围可由其上的拨码开关设置。楼层显示器的主要功能有以下三点。

(1) 火灾报警功能。发生火灾时，控制器传来火警信息，楼层显示器相应的部位显示灯亮，指示该楼层的报警探测器号，同时喇叭发出相应的变调报警声。

(2) 消音功能。按“消音”键，可以消除变调报警声。

(3) 火警/故障复位功能。楼层显示器具有火警、故障的声光保持功能，按“复位”键，可使之复位。

3. 总线隔离器

为了保证系统工作的稳定可靠，避免因部分线路短路而影响整个系统的正常工作，将总线隔离器设置在探测总线树形布线的交叉处，可以隔开部分瘫痪的线路，而使其他正常的线路照常工作。其主要的技术指标为：

供电：DC24V，由探测器总线提供；

监视电流：<20mA；

动作电流：<30mA；

自动恢复时间：不大于 100ms。

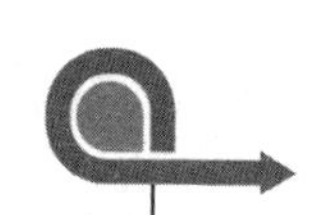

总线隔离器本身不带地址，正常监视状态下，总线隔离器可以给所有并接的探测器提供工作电流，故障指示灯不亮；一旦其后的线路发生过流或短路等异常情况，隔离器将切断供电，同时故障指示灯点亮，后面线路上的探测器也全部报故障。当故障排除后，隔离器会自动恢复供电。

5.5 火灾自动报警系统

1. 火灾自动报警系统的基本类型

将火灾探测器、火灾报警控制器、手动报警装置、火灾警报装置及其他设备按一定的连接方式组合起来，完成对火灾的探测与报警功能，就形成火灾自动报警系统。根据《火灾自动报警系统设计规范》的规定，火灾自动报警系统的基本形式主要有三种：区域火灾报警系统、集中火灾报警系统和控制中心火灾报警系统。

(1) 区域火灾报警系统。由火灾探测器、手动报警器与区域火灾报警控制器及火灾警报装置等构成。这种系统规模较小，适用于小型建筑，一般用于单独使用火灾报警系统的二级保护对象(注：火灾防护对象的级别划分见书后附录 D)。其系统构成原理框图如图 5-16 所示。

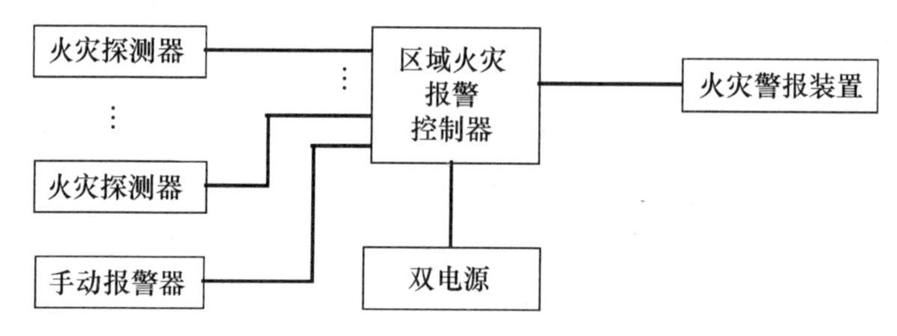

图 5-16 区域火灾报警系统构成原理框图

从图 5-16 中可见，区域火灾报警控制器直接连接各火灾探测器，处理各种报警信息，但其可接探测器数量有限，管辖范围也较小，当需保护的范围较大时，只能设置多台区域火灾报警控制器。一般在防护区域内的区域控制器数量超过 3 台时，应考虑使用集中火灾报警控制器。

(2) 集中火灾报警系统。由火灾探测器、手动报警器、区域火灾报警控制器、集中火灾报警控制器及火灾警报装置等构成。这是一种规模较大的火灾报警系统，实质上是将若干个区域火灾报警系统与集中火灾报警控制器组合而成。其系统构成原理框图如图 5-17 所示。

从图 5-17 中可见，集中火灾报警控制器并不与火灾探测器直接相连，而是与区域火灾报警控制器相连，处理区域火灾报警控制器送来的信号。显然，集中火灾报警系统管辖的防护范围较大，较适合高层建筑、高档宾馆、写字楼、教学楼、住院楼及住宅楼等的火灾探测与防护。这种系统通常适用于一级、二级防护对象(参见书后附录 D)。

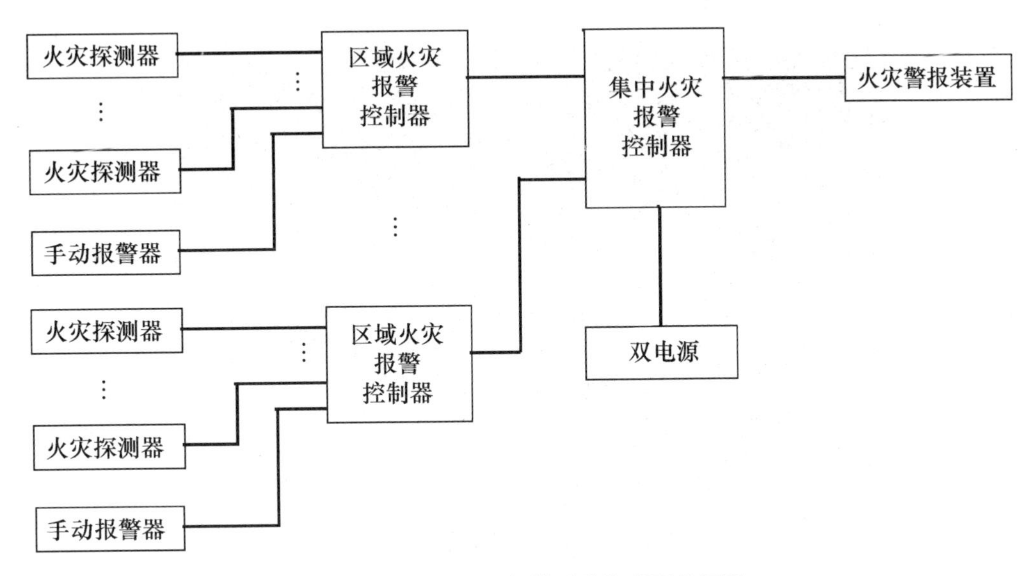

图 5-17　集中火灾报警系统构成原理框图

(3) 控制中心火灾报警系统。这种报警系统由设置在消防控制室的消防控制盘、集中火灾报警控制器、区域火灾报警控制器和火灾探测器以及火灾警报装置等组成，或由消防控制设备、环状布置的多台通用火灾报警控制器和火灾探测器组成。其系统构成原理框图如图 5-18 所示。

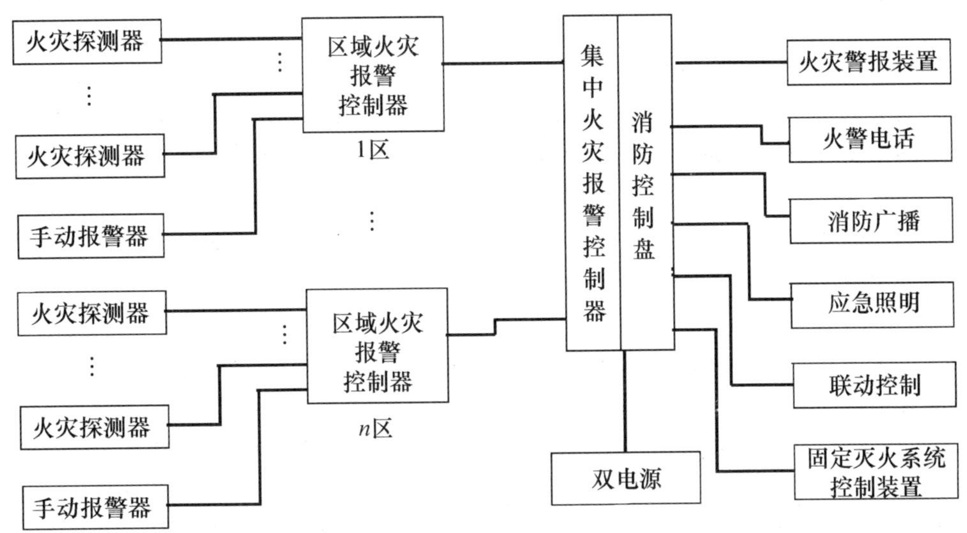

图 5-18　控制中心火灾报警系统构成原理框图

从图 5-18 中可见，控制中心火灾报警系统规模大，辅助设施较齐全，它适用于大型建筑群、高层及超高层建筑、商城、大宾馆、公寓综合楼、住宅小区、学校等，通常适合于特级、一级防护对象(参见书后附录 D)。这种报警系统可对各类设在建筑中的消防设备与其他设施实现联动控制和手动/自动转换控制；目前，控制中心火灾报警系统已是智能型建筑中消防系统的主要类型，也是智能楼宇自动化系统中的重要组成部分。实际布局实例见图 5-19。

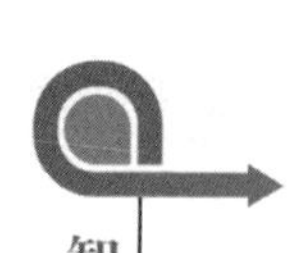

图 5-19　某控制中心火灾报警系统的布局实例

2. 火灾探测器数量的确定及布置

在火灾自动报警系统中，探测器种类及数量的选择十分重要，包括大型防范区域的划分、每个区域探测器的布置合理与各种探测器的正确安装等，均是保证各探测器和报警系统长期、有效、正常运行的关键。(参见书后附录 D)

3. 火灾自动报警系统的线制

线制是火灾自动报警系统运行机制的体现，它指所有火灾探测器与报警控制器之间连接用线缆的数量和制式。根据火灾自动报警系统所用火灾探测器的不同与各种功能模块及报警控制器种类的不同，它们之间的连接方式主要有两种：多线制与总线制。

多线制连接方式与火灾探测器早期设计、火灾报警控制器的早期设计相关。这种制式的火灾自动报警系统中每个探测器都需要两条或更多条电线与控制器相连，用以供给探测器工作电源和接收每个探测点的火警信号。即多线制系统的探测器与控制器之间是采用一一对应的连接关系。多线制系统的设计、施工和维护都比较复杂。目前已逐渐被淘汰出火灾自动报警系统市场。

现在的火灾自动报警系统已广泛应用的线制形式是总线制。随着微电子器件、数字脉冲电路以及微计算机应用技术的快速发展，无论是火灾探测器还是报警控制设备以及其他消防控制设备，都大量应用上述先进技术，使它们之间从原来一一对应的连接方式改变为采用编解码器件来实现探测器与控制器的协议通信——总线制连接方式。这种连接方式，大大减少了系统接线的数量，给工程施工带来了极大的方便，同时简化了系统的结构，增加了系统结构的灵活性。

当前使用较多的总线制连接方式是两总线和四总线形式。

在二总线系统中区域火灾报警控制器到各火灾探测器之间的连接线只用两条线，即所有的探测器均挂接在此两条线上，而每个部位的探测器都有自己的编址单元，区域火灾报警控制器不断向总线发送查询信息，当编址单元接收到主机发来的信号，会加以判断，如

果信号码与本单元地址码相同，则该单元响应，同时返回应答信号及本单元状态信息；主机在收到信息后进行分析、判断并处理。如果探测器工作状态正常，报警控制器会继续向下查询，如经判断为故障或报警信号，报警控制器将以声和光发出故障或火灾警报信号，同时显示报警部位并记录。

四总线系统则通常在两总线基础上增加两根电源总线，使数据线与供电线分开。可使系统的调试更方便。

为了提高系统的可靠性，火灾报警控制器与探测器之间的状态信息传播采用多次应答、判断方式进行，各种数据经反复判断后才给出报警信号，此中，火灾报警、故障报警、火警记录、声响、报警显示等均由微计算机自动完成。

5.6　火灾自动报警系统的其他新技术

随着火灾自动报警技术的不断发展，传统的火灾自动报警系统已发生较大的变化，生产技术和制造工艺也得到不断的更新和完善，新技术、新方法在火灾自动报警系统中得到越来越广泛的应用，其中，有很多令人瞩目的成就。

1. 现场总线技术

现场总线(FIELDBUS)的技术发展很快，例如，CAN 总线、LONWORKS 总线和 PROFIBUS 总线等。它不是简单的两根线、三根线或四根线的连接方式，而是一种为公众所接受并共享的通信体制。国际电工委员会 IEC 在 2000 年投票通过了现场总线 IEC61158 国际标准，IEC61158 包括了 7 种现场总线标准。现场总线是连接探测器、传感器和受控设备与控制中心的全数字化、双向、多站点的串行通信网络，现场总线技术可以应用于自动控制和工业自动化等多个领域，被称为 21 世纪工业过程控制网络标准。它能以多种方式工作，网络上任意一个节点均可在任意时刻主动地向网络上其他节点发送信息，而不分主从关系，通信方式灵活，可以点对点、一点对多点以及全局广播方式传送、接收数据，其直接通信距离可达 10km。网络中任意一个节点出现故障也不会影响其他节点的正常运行。由于其高性能、高可靠性、实时性好及其独特的设计，在火灾自动报警系统和智能楼宇系统中得到较为广泛的应用，其特点是各个不同的系统很容易做到互联互通，便于以后整个系统的升级改造和联网运行。

2. 无线报警技术

一般的火灾自动报警系统是用金属线缆来实现通信与控制的，而无线系统则是以无线电波作为信号的传输媒介。

无线式火灾自动报警系统一般由火灾探测/无线发射部分、中继器以及控制中心三大部分组成。火灾探测传感器与发射机组合成一体，由高能电池供电，发射距离一般可达 50m，若干个探测/发射部分与一个中继器编为一组，即中继器只接收组内探测/发射部分信号。当中继器收到组内某火灾探测器的故障或火警信号时，它会保持其接收状态，进行地址对照，当地址码相符，便判断为信号有效并接收数据，然后将数据转发给控制中心，控制中心的显示屏上将进行故障或火警的部位号显示。

无线式火灾自动报警系统的优点是节省布线等费用，且工程实施比较方便，适宜不宜布线的楼宇、工厂与仓库等场合使用，特别是对原有建筑火灾报警系统的改造提供了极大的方便。如同无线式防盗报警系统一样，这种方式的缺点是：以中继器为核心的分组中，探测/发射部分的数量不宜过多，且探测器布局时必须考虑周围的环境干扰。

3. 智能型火灾探测技术

智能型火灾探测器采用先进的微处理器技术，能够对火灾先期的情况进行智能处理，做到早期探测、正确判断，大大提高了预防火灾的有效性。本章前面已经介绍到的空气采样感烟探测器、智能型复合火灾探测器等就是采用了这些技术。它们不同于常规探测器依据本身的物理状态来探测火情，而是预先设定了一些针对常规及个别区域和用途的火情判断计算规则，能对探测器收到的各种环境信息以及火灾信息进行计算处理、统计评估，并在评估过程中，不再只是根据简单的是非准则，而是同时考虑其他中间环节，如“火势很弱—弱—适中—强—很强”等，再根据预设的有关规则，把这些不同程度的信息转化为适当的报警动作或提示。如“烟不多，但温度快速上升——发出警报”，“烟不多，温度没有上升——发出预报警”等。

这些功能的具备，是因为探测器本身具有微处理器组成的信息处理电路，可把累积的经验分类，设下各种特定的反应程式，探测中如出现类似情况，就可根据特定的反应程式来处理。这就使得探测器能在异常情况发生初期，根据有限的、有时甚至是矛盾的信息，预测接下来将要发生的情况，及时发出相应程度的警报。因此智能型火灾探测器的灵敏度一般要比普通探测器高出两个至三个数量级。

必须指出，智能型火灾探测器对信息的处理是一个快速持续的过程，它能处理的信息量可以很大，但处理时间必须短暂，以免延误灭火的时间和耽误人员疏散工作的进行，因此其信息处理电路对所有信息的处理都是同步进行的。如同人脑的神经细胞，可以相互联系及相互交换信息。

智能型火灾探测器在火灾报警系统中能担负起最先发现事发现场的信息并进行快速的评估分析，能自行判断信息的危险程度，及时向报警控制器传送报警信号。

4. 智能型火灾报警控制器、神经网络和自诊断技术

具有智能特性的火灾自动报警系统，除智能型火灾探测器外，还应有智能型火灾报警控制装置。智能型火灾报警控制装置，是火灾自动报警系统的心脏；能对捕捉到的状态信息与所在环境的温度和烟雾浓度与时间变化等数据进行智能化的分析与鉴别，并根据内置在智能数据库内的有关火灾形态资料对火灾情况进行准确的判断。

现在的有些智能型火灾自动报警系统，已有采用人工智能、神经网络、模糊推理、专家经验与各种自诊断技术，可在系统正常工作的同时进行在线故障检测，并进行故障定位和故障报警，用以及时了解并发现外场线路与探测器的不正常工作状态。

神经网络技术是在现代神经生物力学和认知科学、信息处理科学的基础上发展起来的，主要利用神经网络处理单元组成的大规模并行网络的并行处理能力；神经网络具有很强的自适应能力、学习能力和容错能力，使信号处理过程更接近于人类的思维活动。

神经元处理信号首先通过输入信号与神经元连接强度的内积运算，然后将运算结果通

过激活函数再经过阈值判决，以决定该神经元是否被激活或抑制，根据神经元连接的不同拓扑结构、神经元特性和网络学习规则，可以构成不同的神经网络模型。如今神经网络技术在火灾自动报警系统中已得到应用，国际上已出现采用分布智能和神经网络算法的专用集成电路，它在探测器内部补偿了污染和温湿度对散射光传感器的影响并对信号进行了数字滤波，用神经网络对信号的幅度、动态范围，以及持续时间等特性进行处理、分析之后才输出报警信号。

有的火灾自动报警系统已采用大屏幕液晶汉字显示装置，显示内容清晰直观。除可显示各种报警信息及报警部位外，还可显示各类图形。这些图形可以是探测器所探测的各种火灾参数随时间的变化曲线，也可以是由传感器所采集到的现场环境参数随时间的变化曲线；火灾自动报警系统会对这些参数和曲线进行缜密的分析，它只对具备火警特有形态的曲线才判别为火警状态，并发出报警，从而能更准确地判断火灾的发生。

复习思考题

1. 简述火灾的危险性和消防报警的重要性。

2. 何谓火灾探测器？目前的火灾探测器主要有哪些种类？

3. 感烟火灾探测器是较常用的探测器，它主要有哪几种类型？简述这几类感烟火灾探测器的探测原理。

4. 简述定温式火灾探测器的工作原理，常用的定温式火灾探测器有哪些种类？

5. 简述差温式火灾探测器的工作原理，常用的差温式火灾探测器有哪些种类？

6. 请解释火灾探测器的灵敏度、火灾探测器的可靠性、火灾探测器的稳定性、火灾探测器的维修性等性能指标的含义。

7. 火灾自动报警系统中的联动控制器是如何工作的？其主要功能是什么？

8. 在火灾自动报警系统中，手动报警按钮应设置在什么地方？目前常用的手动报警按钮有哪些类型？

9. 根据《火灾自动报警系统设计规范》的规定，火灾自动报警系统有哪几种基本形式？请简述每种形式的基本组成。

第 6 章　维护与保养

6.1　维护保养概述

技防设施的维护与保养工作做得如何直接关系到技防设施的使用寿命，一个功能齐全的技防系统设备品种繁多，数量成千上万，在系统运行时难免会产生这样那样的问题和故障，所以，如何加强技防设施的维护与保养工作不仅是延长技防设施使用寿命问题，也是对社会资源的最大利用。

要维护和管理好这些先进的技防设备，除了要聘请外单位具有较高的专门技术、专职的技术人员外，还必须建立一套单位内部的日常维护保养制度，这是保证技防设施长期处于良好运行状态的两个不可分割的环节。

对技防设施的维护保养主要分预防性维护和故障性维修两类。技防设施的维护与保养，如图 6-1 所示。

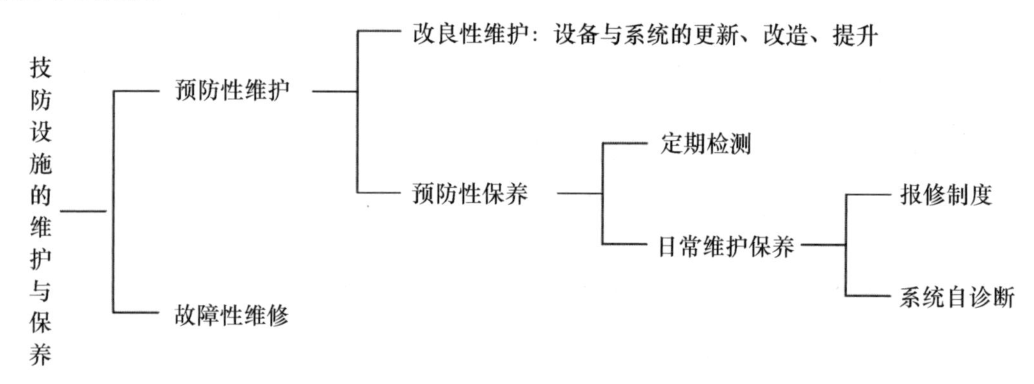

图 6-1　技防设施的维护与保养

预防性维护：预防性维护建立在计划和时间表的基础上，在设备使用期内进行定期保养和检查，防止设备和系统器材可能发生的故障和损坏，同时定期预防性维护也要和日常维护保养相结合，一旦发生故障前兆就应及时进行保养，对于一些小故障也不能轻易放过。预防性维护也包括改良性维护，改良性维护是指对设备和系统的更新、改造、提升，从而保证设备和系统能够不断满足安全防范的需要。

故障性维修：设备或系统器材由于外界原因或产品质量问题造成意外事故而使设备或系统损坏，这种维修称为故障性维修。通常故障性维修在迅速诊断设备系统的故障部位后，采用备品备件的方式来进行更换，使得设备或系统在尽可能短的时间内恢复正常运行。

6.2　维护保养守则

1. 建设/使用单位

(1) 技防设施的建设/使用单位应制定和落实安全防范系统使用、管理和维护保养的规章制度，建立维护保养的长效机制，保证系统有效运行。

(2) 建设/使用单位应在年度财务预算中列支用于安全防范系统维护保养的专项经费，以保证系统维护保养工作的顺利开展。

(3) 建设/使用单位委托专业企业开展维护保养工作时，应选择具有相应技防工程设计、施工资质的单位承接维护保养任务。

(4) 建设/使用单位应开展单位内部的维护保养工作，包括对设备的操作程序、日常维护保养要求、日常和定期检查、使用情况登记，设备异常情况的及时报修等内容。

2. 维护保养单位

(1) 维护保养单位应建立完善的维护保养服务体系，包括维护保养管理制度、维护保养服务规程、质量管理要求、安全生产要求等。

(2) 维护保养单位应组建专门的维护保养机构和队伍，设置维护保养服务热线，并保证每周 7×24h 的服务响应。

(3) 维护保养单位的专职维护保养人员要经过有关单位的专门培训，熟悉技防设备的性能、特点、熟练操作和检查，并具有对技防设备的保养和维修能力。

(4) 应配备与安全防范系统维护保养工作相适应的机具、设备、仪表。

(5) 开展专业的维护保养工作。应包括对各设备的定期检查和维修与保养、对建设/使用单位操作使用人员的业务辅导和培训、落实超期技防产品的更换、一旦需要维修，专职人员应能尽快赶到维修点开展维修工作等。

(6) 维护保养单位应与建设/使用单位签订保密协议，落实保密责任与措施。

6.3　预防性维护

1. 基本要求

(1) 安全防范系统维护保养包括但不限于检查、清洁、调整、测试、优化系统、备份数据、排查隐患、处置问题等工作。

(2) 检查设备时，应对设备进行物理检查、运行环境检查、电气参数与性能检查等。

(3) 清洁设备时，应根据设备类型使用吸(吹)尘、刷、擦等方法对设备表面或内部的灰尘、污物等进行清理。

(4) 调整设备时，应按照标准规范、技术手册和使用/管理要求对设备的安装位置、防护范围、电气参数等进行设置与校正。

(5) 测试设备/系统时，应按照标准规范、技术手册和使用/管理要求对设备/系统的功能/性能进行测量试验。

(6) 优化系统时，应按照标准规范和使用/管理要求对系统的参数、设置等进行合理配置。

(7) 备份数据时，应根据使用/管理要求对重要数据进行转存、转录，并确保数据和存储介质的安全。

(8) 排查隐患时，应对可能造成系统不稳定运行、系统设置/功能/性能等不满足标准规范和使用/管理要求的情况进行详细检查与记录。

(9) 处置问题时，应根据检查、测试及隐患排查过程中发现的问题，提出处置建议，征得建设/使用单位同意后，采取相应的措施进行解决。

2. 各系统及相关设施的维护保养内容及要求

入侵报警系统维护保养内容及要求见表 6-1。

表 6-1　入侵报警系统维护保养内容及要求

序号	维护保养对象	维护保养内容	维护保养要求
1	前端设备	物理检查	前端设备安装应牢固，安装部件应齐全
		运行环境检查	检查前端设备运行环境情况，设备的环境适应性应满足可靠报警的要求
		设备清洁	前端设备外观应无污损或遭破坏的痕迹
		设备调整	根据防护需要调整入侵探测器的灵敏度、探测范围、探测角度等
		功能/性能测试	模拟报警条件，或采用相应的测试设备进行模拟报警试验，检查入侵探测器的有效性。 前端设备的功能/性能应满足 GA/T368 和使用/管理的要求
2	传输设备	物理检查	传输设备安装应牢固，安装部件应齐全
		供电检查	检查传输设备的供电情况。供电电源应满足传输设备稳定、可靠工作的需要；使用电池供电的无线发射/接收/中继设备应定期更换电池
		设备清洁	对传输设备进行必要的清洁
		设备调整	根据需要调整传输设备的相关参数
3	处理/控制/管理设备	物理检查	处理/控制/管理设备安装应牢固，设备外壳及部件应无异常变化或破损迹象，设备部件和接线应正常
		电气参数与性能检查	通过观察设备指示灯、测量设备电压/电流等方式，检查设备运行状态。设备运行指示应正常，应无明显故障隐患
		设备清洁	对设备进行必要的清洁和除尘
		功能/性能测试	校准设备时钟，系统的主时钟与北京时间的偏差应保持不大于 60s；结合系统实际情况，测试系统各项功能和指标。系统的功能/性能应满足 GB 50348—2004 中 7.2.1 及使用/管理的要求

续表

序号	维护保养对象	维护保养内容	维护保养要求
4	显示/记录设备	物理检查	显示/记录设备安装应牢固，设备外壳及部件应无异常变化或破损迹象，设备部件和接线应正常
		设备清洁	对设备进行必要的清洁和除尘
		功能/性能测试	校准设备时钟，设备的时钟与系统主时钟的偏差应保持不大于 5s；结合系统实际情况，测试系统各项功能和指标。系统的功能/性能应满足 GB 50348—2004 中 7.2.1 及使用/管理要求
5	系统优化		根据系统运行情况及使用/管理要求，调整系统的相关设置参数，提高、优化系统性能
6	数据备份		对报警记录、设置信息和有关数据进行备份
7	隐患排查		通过询问系统管理员/操作员、查阅运行记录等方式，核实系统运行状态，排查系统隐患。 对有可能引起入侵探测器误报警/漏报警、系统设置/功能/性能等不满足标准规范和使用/管理要求的情况，应及时向建设/使用单位反映，并提出解决办法
8	问题处置		由于入侵探测器老化而造成的探测范围减小、探测灵敏度降低或前端设备破损/污损严重，且已经不能满足防护需要时，应提出处置建议，征得建设/使用单位同意后，采取相应的措施进行解决。 对于日常运行过程中性能稳定性较差或频繁发生故障的设备，经现场调整/调试后仍无法满足要求时，应提出处置建议，征得建设/使用单位同意后，采取相应的措施进行解决

视频安防监控系统维护保养内容及要求见表 6-2。

表 6-2　视频安防监控系统维护保养内容及要求

序号	维护保养对象	维护保养内容	维护保养要求
1	前端设备	物理检查	前端设备安装应牢固，安装部件应齐全
		运行环境检查	检查前端设备运行环境情况，设备的环境适应性应满足可靠工作的要求
		电气参数与性能检查	摄像机电源、风扇、加热、雨刷、辅助照明装置等的工作状态应正常
		机械构件维护	对摄像机/防护罩/云台/辅助照明装置的安装支架/立杆等构件进行加固、除锈、防腐等养护，并作必要调整
		设备清洁	对摄像机镜头、摄像机防护罩及附属配件进行必要的清洁
		设备调整	根据视频监控需要调整前端摄像机的焦距、监控范围等

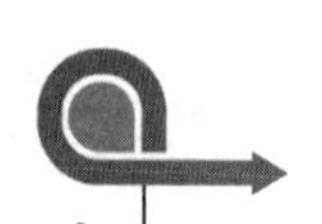

续表

序号	维护保养对象	维护保养内容	维护保养要求
2	传输设备	物理检查	传输设备安装应牢固，安装部件应齐全
		供电检查	检查传输设备的供电情况。供电电源应满足传输设备稳定、可靠工作的需要；使用电池供电的无线发射/接收/中继设备应定期更换电池
		设备清洁	对传输设备进行必要的清洁
		设备调整	根据需要调整传输设备的相关参数
3	处理/控制/管理设备	物理检查	处理/控制/管理设备安装应牢固，设备外壳及部件应无异常变化或破损迹象，设备部件和接线应正常
		电气参数与性能检查	通过观察设备指示灯、测量设备电压/电流等方式，检查设备运行状态。设备运行指示应正常，应无明显故障隐患
		设备清洁	对设备进行必要的清洁和除尘
		功能/性能测试	校准设备时钟，系统的主时钟与北京时间的偏差应保持不大于60s；结合系统实际情况，测试系统各项功能和指标。系统的功能/性能应满足GB 50348—2004中7.2.2、GA/T367中4.4.2及使用/管理要求
4	显示/记录设备	物理检查	显示/记录设备安装应牢固，设备外壳及部件应无异常变化或破损迹象，设备部件和接线应正常
		设备清洁	对设备进行必要的清洁和除尘
		功能/性能测试	校准设备时钟，设备的时钟与系统主时钟的偏差应保持不大于5s；结合系统实际情况，测试设备的各项功能和指标。设备的功能/性能应满足GB 50348—2004中7.2.2及使用/管理要求
5	系统优化		根据系统运行情况及使用/管理要求，调整系统的相关设置参数，提高、优化系统性能
6	数据备份		对视频安防监控系统的相关重要数据进行备份
7	隐患排查		通过询问系统管理员/操作员、查阅运行记录等方式，核实系统运行状态，排查系统隐患。对有可能造成系统不稳定运行、系统设置/功能/性能等不满足标准规范和使用/管理要求的情况，应及时向建设/使用单位反映，并提出解决办法
8	问题处置		监控图像、记录图像达不到标准规范和使用/管理要求或设备破损/污损严重，且已经不能满足视频监控需要时，应提出处置建议，征得建设/使用单位同意后，采取相应的措施进行解决。 对于日常运行过程中性能稳定性较差或频繁发生故障的设备，经现场调整/调试后仍无法满足要求时，应提出处置建议，征得建设/使用单位同意后，采取相应的措施进行解决

出入口控制系统维护保养内容及要求见表6-3。

表6-3 出入口控制系统维护保养内容及要求

序号	维护保养对象	维护保养内容	维护保养要求
1	识读设备	物理检查	设备安装应牢固，安装部件应齐全
		设备清洁	对设备外壳进行必要的清洁
		功能测试	根据前端识读设备的类型采用适当的方式测试识读设备的功能，其有效性应满足GA/T394及使用/管理要求
2	执行机构	物理检查	设备安装应牢固，安装部件应齐全
		设备维护	加固机械部件、调节安装位置、润滑传动机构，保证执行机构能够正常启闭
3	其他设备	出门按钮	检查出门按钮的安装、外观及功能。安装应牢固，外观应无污损，开关应灵活，按下出门按钮后执行机构应能正常开启
		闭门器调整	检查闭门器的安装、外观及功能。安装应牢固，外观应无污损，机械传动机构转动应灵活顺畅，应能保证门的可靠关闭
		紧急疏散开关	检查紧急疏散开关的安装、外观及功能。安装应牢固，外观应无污损，触发紧急疏散开关后应能保证电控锁即刻开启
4	传输设备	物理检查	传输设备安装应牢固，安装部件应齐全
		供电检查	检查传输设备的供电情况。供电电源应满足传输设备稳定、可靠工作的需要
		设备清洁	对设备进行必要的清洁
		设备调整	根据需要调整传输设备的相关参数
5	管理/控制设备	物理检查	管理/控制设备安装应牢固，设备外壳及部件应无异常变化或破损迹象，设备部件和接线应正常
		电气参数与性能检查	通过观察设备指示灯、测量设备电压/电流等方式，检查设备运行状态。设备运行指示应正常，应无明显故障隐患
		设备清洁	对设备进行必要的清洁和除尘
		功能/性能测试	校准设备时钟，系统的主时钟与北京时间的偏差应保持不大于60s，系统中具有计时功能的设备与系统主时钟的偏差应保持不大于5s。结合系统实际情况，测试系统各项功能和指标。系统的功能/性能应满足GB 50348—2004中7.2.3及使用/管理要求
6	访客(可视)对讲电控防盗门系统	物理检查	设备安装应牢固，安装部件应齐全
		设备维护	加固机械部件、调节安装位置、润滑传动机构，对设备进行必要的清洁，保证系统的稳定、可靠运行
		电气参数与性能检查	通过观察设备指示灯、测量设备电压/电流等方式，检查设备运行状态。设备运行指示应正常，应无明显故障隐患
		功能/性能测试	结合系统实际情况，测试系统各项功能和指标。系统的功能/性能应满足GB 50348—2004中7.2.3及使用/管理要求

续表

序号	维护保养对象	维护保养内容	维护保养要求
7	系统优化		根据系统运行情况及使用/管理要求，调整系统的相关设置参数，提高、优化系统性能
8	数据备份		对出入口控制系统的相关重要数据进行备份
9	隐患排查		通过询问系统管理员/操作员、查阅运行记录等方式，核实系统运行状态，排查系统隐患。 对有可能造成系统不稳定运行、系统设置/功能/性能等不满足标准规范和使用/管理要求的情况，应及时向建设/使用单位反映，并提出解决办法
10	问题处置		出入口控制系统功能/性能、紧急疏散措施等达不到标准规范和使用/管理要求或设备老化/破损严重，且已经不能满足出入口控制需要时，应提出处置建议，征得建设/使用单位同意后，采取相应的措施进行解决。 对于日常运行过程中性能稳定性较差或频繁发生故障的设备，经现场调整/调试后仍无法满足要求时，应提出处置建议，征得建设/使用单位同意后，采取相应的措施进行解决

系统供配电设备、防雷接地及传输线缆维护保养内容及要求见6-4。

表6-4　系统供配电设备、防雷接地及传输线缆维护保养内容及要求

序号	维护保养对象	维护保养内容	维护保养要求
1	供配电箱/柜及设备	物理检查	供配电箱/柜及设备安装应牢固，安装部件应齐全。箱/柜操控部件应灵活，设备应无过热、焦、煳等异常现象，各类指示灯显示应正常
		设备清洁	对供配电箱/柜及设备进行必要的清洁
		电源测量	测量供配电设备的输入/输出电压/电流，应满足相应用电设备可靠、稳定运行的要求
2	UPS电源	电池检查	对UPS电池柜进行必要的清洁；电池应无鼓包、漏液、发热等异常现象；电池接线柱应无氧化，连线应牢固
		主机维护	对UPS主机进行必要的清洁；各类连线应牢固
		电源切换测试	人工切断市电，UPS应能自动切换
3	发电设备	启动维护	发电设备宜每季度启动一次。 按照设备说明书要求进行养护；启动发电设备测量其输出电压，应满足相应用电设备可靠、稳定运行的要求

续表

序号	维护保养对象	维护保养内容	维护保养要求
4	防雷接地	物理检查	监控中心接地汇集环或汇集排与等电位接地端子的连接应紧固，连接端应无锈蚀；各类设备与接地汇集环或汇集排的连接应紧固，连接端应无锈蚀；各类浪涌保护器(SPD)安装应牢固，安装部件应齐全。 安全防范系统防雷接地应满足 GA/T 670－2006 中 10.3 的要求
		SPD 检查	SPD 接地端应以最短距离与等电位接地端子连接，连接应紧固，连接端应无锈蚀；根据《SPD 使用维护手册》检查设备的有效性
5	传输线缆	物理检查	传输线缆应无破损，并采用适当的方式进行保护；接线盒/箱应加装保护盖，线槽盖应完整、封闭
		线缆连接	线缆连接应牢固；线缆接头应焊接，并采取可靠的绝缘措施
6	隐患排查		通过询问系统管理员/操作员、查阅运行记录等方式，核实系统运行状态，排查系统隐患。 对设备功能/性能等不满足标准规范和使用/管理要求的情况，应及时向建设/使用单位反映，并提出解决办法
7	问题处置		对于日常运行过程中性能稳定性较差或频繁发生故障的设备，经现场调整/调试后仍无法满足要求时，应提出处置建议，征得建设/使用单位同意后，采取相应的措施进行解决

监控中心设备维护保养内容及要求见表 6-5。

表 6-5　监控中心设备维护保养内容及要求

序号	维护保养对象	维护保养内容	维护保养要求
1	机房环境	现场检查	监控中心内温度、相对湿度应满足电子设备的使用要求，温度宜为 18～28℃，相对湿度宜为 30%～75%；室内照度标准值宜为 500lx，照明均匀度不应小于 0.7，应采取措施减少作业面上的光幕反射和反射眩光
2	自身防护设备/器械	物理检查	监控中心自身防护设备/器械等应完整、有效
3	通信设备	物理检查	设备应安装在便于取用的位置，部件应齐全
		通信测试	通信设备应能与外界实时、有效地建立联系，通话信号应流畅，语音音质应清晰

续表

序号	维护保养对象	维护保养内容	维护保养要求
4	紧急报警装置	物理检查	设备应安装在便于操作的位置，安装应牢固，部件应齐全
		报警测试	触发紧急报警装置后应能即刻发出报警信号，装置应能自锁，使用专用工具应能复位
5	声光警报装置	物理检查	设备应安装在便于值班人员识别的位置，安装应牢固，部件应齐全
		报警测试	系统接收到报警信号后，声光警报器应即刻发出警报。声光警报器报警声压应不小于 80dB(A)
6	安全管理系统	物理检查	安全管理系统服务器、客户端等设备安装应牢固，部件应齐全。设备连线应牢固
		电气参数与性能检查	通过观察设备指示灯、测量设备电压/电流等方式，检查设备运行状态。设备运行指示应正常，应无明显故障隐患
		设备清洁	对设备进行必要的清洁和除尘
		功能/性能测试	校准设备时钟，设备的时钟与北京时间的偏差应保持不大于 5s；结合系统实际情况，测试系统集成/联动的功能和性能。系统的功能/性能应满足标准规范和使用/管理要求
		系统优化	根据系统运行情况及使用/管理要求，调整系统的相关设置参数，提高、优化系统性能
		数据备份	对安全管理系统的有关重要数据进行备份
7	隐患排查		通过询问系统管理员/操作员、查阅运行记录等方式，核实系统运行状态，排查系统隐患。 对设备功能/性能等不满足标准规范和使用/管理要求的情况，应及时向建设/使用单位反映，并提出解决办法
8	问题处置		对于日常运行过程中性能稳定性较差或频繁发生故障的设备，经现场调整/调试后仍无法满足要求时，应提出处置建议，征得建设/使用单位同意后，采取相应的措施进行解决

3. 维护保养事项

(1) 视频安防监控系统的维护保养。

① 定期对摄像机镜头前方的玻璃防护罩进行清洁。摄像机内部的镜头和 CCD 元件的表面清洁工作由技防从业单位的专业维护保养人员负责。

② 在操作云台转动时，通过观察图像是否有抖动可以检查云台的工作状态：观察控制信号的灵敏度可以断定解码器是否存在问题。

③ 通过检查矩阵主机的编组状况,确定矩阵主机的工作状况。

④ 通过检查图像的清晰度，确定视频监控系统的前端、传输、终端设备状态是否正常。

⑤ 检查机柜后侧设备的散热状况，特别是 DVR 的风扇是否正常吹风。

⑥　对录像状况、保存时间和录像质量要每天进行核对。

⑦　做好显示设备的清洁工作。

(2)　入侵报警系统的维护保养。

①　周界上安装各种入侵探测装置，都会因为受环境条件的影响，产生误报，技防设施的维护保养人员应及时对周界围墙的异物进行清除，如有树木，应定期修剪。

②　长期工作在室外的探测器不可避免地会受到大气中粉尘、微生物以及雪、霜、雾的作用，时间久了，在探测器外部往往会堆积一层粉层样的硬壳，比较潮湿的地方还会长出一层苔藓，有时小鸟也会将排泄物留在探测器上，这些东西都会阻碍红外线的发射和接收，造成误报警，通常应间隔一个月左右时间蘸上清洁剂清洗干净每个探测器外壳。

③　电子围栏前端导线由于热胀冷缩的原因，及室外天气刮风下雨的影响，容易导致导线松弛，应定时通过检查调节导线的松紧程度，是脉冲电子围栏的，应切断电源操作，以免电击。

④　应经常检查室内入侵探测器的探测区域是否受到其他物体遮挡，有遮挡的，应及时将该物体移开。

⑤　对报警主机应定期进行步行测试报警试验，当触发每个探测器时，报警主机是否发出蜂鸣声，并检查监控中心的报警测试记录是否与现场一致。

⑥　报警控制器的备用电池使用寿命为 2 年，因此对报警控制器的备用电池要做每年一次定期检查，看有无漏液，如有漏液的，则应更换。另外可在电池充满电的情况下测量，如达不到标准电压的 95%时，则应更换。

(3)　楼寓对讲系统的维护保养。

①　由于管理主机操作频繁，一般将其安置在操作台上，容易造成茶水杯碰倒，茶水溢进机器内部，一旦发现这种情况，应立刻断开管理机电源，让专职维修人员拆开机器清理机内积水。

②　单元门口机和围墙机要做好防水措施，每次下雨后都应进行检查，如发现按键失灵或显示错误应当尽快断开电源，否则有可能引起其他中间设备损坏。

③　室内分机的故障多是因为用户二次装修时引起的，要告知用户在装修期间最好断开楼内弱电井引到分机的接线端子，等用户装修完毕再接上该端子。

④　严格控制对室内分机的移位，因为接线过长会影响分机的使用效果。

(4)　其他设备的维护保养。

①　定期对计算机系统进行启动系统扫描维护，避免因长期运行造成系统性能下降，尤其是 Windows 98 操作系统。

②　定期对 UPS 电源系统进行充、放电维护工作，就像一个人总是不锻炼身体，体质状况就会下降一样，我们要定期给 UPS 电池放电后再充电，保持其良好的性能。 同时，测试其在市电断电的情况下可维持的工作时间，确保市电断电时能正常供电，若发现问题应及时通知有关部门予以解决。

③　检查中心机房的空调设备是否完好。有的空调机房制冷效果极差，有的下水管破裂漏水严重，谨防静地板下的电缆长期浸泡在水中。

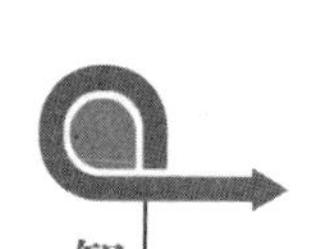

4. 技防设施的使用年限

技防设施与其他设备一样，都有使用寿命，不能永久地使用下去。技防设施到了或邻近其固有的寿命期限时，其技术性能、质量和功效都会发生很大的变化，呈明显的下降趋势，以至于不能很好地承担起应有的安全防范作用。为确保技防设施的运行质量，特别是对于一些重要单位、重要部位，其所安装的技防设施应严格执行有关技防设施使用年限的规定，及时更换到期或超期的产品，避免产生安全隐患。以下列出一些技防产品使用年限，供在开展技防设施维护保养工作时予以参考。

(1) 监控系统。①CCD 摄像机使用年限为 6 年；②监视器使用年限为 5 年；③数字硬盘相机使用年限为 5 年；④室内云台使用年限为 6 年；⑤室外云台使用年限为 5 年；⑥视频矩阵控制主机使用年限为 8 年；⑦视频切换器使用年限为 4 年。

(2) 防盗报警系统。①入侵探测器使用年限为 6 年；②报警控制器使用年限为 6 年；③报警控制器备用电池使用年限为 2 年。

(3) 紧急报警系统。紧急报警按钮使用年限为 6 年。

6.4 故障性维修

6.4.1 常用的维修方法

在机电设备出现故障时，迅速、准确地定位故障点，判断故障的类型，对于排除故障至关重要。这里我们简单介绍几种常见、简单、实用的方法，供大家参考。

1. 观察法

观察法是用人的所有感觉器官去判断设备是否异常，包括眼睛看、耳朵听、鼻子闻、用手摸。我们在设备的维护、维修中，首先注意观察设备的外观、形状上有无异常。首先是眼看，观察设备是否同故障发生前一致，有无出现弯曲、变形、变色、断裂、松动、磨损、冒烟、漏油、腐蚀、产生火花等情况；其次是鼻子闻，一般轻微的气味是正常的，当人不能忍受时则说明电流太大，应调整或保护；再次是耳听声音、振动音律及音色的异常；最后是用手摸绝缘的部分，看有无发热或过热，接头有无松动，以确定设备运行状况及发生故障的性质和程度。对故障现象的准确描述，对于迅速排除故障、少走弯路非常关键。观察法在日常中也最为常用。

2. 复位法

设备经过长时间的不间断运行，难免出现故障。而有些故障仅仅是由设备内控制单元长时间工作紊乱，或外界环境干扰造成的，其本身并未损坏。此时，仅需要对运行设备进行重新开机、上电复位即可恢复正常，这就是复位法。最典型的例子就是计算机突然死机，无法继续工作。这实际上是由于计算机运行时间过长，由于各种原因(包括软件运行、环境温度升高等)造成的系统不稳定。此时，很多有经验的同志就会关机、重新开机以恢复正常。此外，有时云台无法转动，往往是控制器控制模块工作紊乱所致，也只要对其进行复位，就能够很快恢复正常。

3. 替换法

在发生故障后，如果采用上述的各种方法仍旧无法排除故障，那么可以初步确定某个工作元件发生了故障，需要更换。如何准确、快速地找到故障点，就需要用到替换法。替换法，顾名思义就是利用同类型(甚至同型号)的元件对产生怀疑的部件进行更换以确定故障点的方法。在更换了某个部件以后，如果系统恢复正常，那么可以确定故障点就是这个元件，对症下药，很快就能排除故障。因此，在平时的维护工作中，替换法是十分有效和可用的。

4. 对比法

对比法就是将两样相同的东西放在一起进行比较，从而发现问题并排除问题的方法。人们在处理各种事物时经常自觉或不自觉地使用这个方法。当你发现一个未知事件时，如何采用对比法，关键是在寻找相同或相似的东西，要寻找的东西也可以是经过回忆得来的。但是，在排除故障时，使用对比法要特别注意设备在系统使用中的参数设置，排除因参数设置不正确而引起的设备故障。

上面我们介绍了几种常用的维修方法，当然，各种方法不是独立的，许多场合应做到综合应用才能够发现问题，希望大家在实际工作中认真实践领会。

6.4.2 常见问题及原因

由于安防系统的质量问题与故障，一般都要从监视器中图像体现出来，因此根据监视器上显示图像的情况，分析判断监控系统或设备出现原因，并提出一些解决定方法，是监控人员所必须掌握的技能。常见故障发生的原因与对策如下。

1. 入侵报警系统

(1) 入侵报警系统时常发生误报的原因：一是设备质量问题引起的设备故障(环境温度、元件制造工艺、设备制造工艺、使用时间、储存时间及电源负载等因素的变化而导致元器件参数的变化)；二是系统设计时设备选型不当引起的误报警(靠近振源，选用震动探测器就容易引起系统的误报警)；三是探测设备的安装位置、安装角度不合适所引起的误报警，如将被动红外入侵探测器对着空调、换气扇安装时就会引起系统误报警；四是由于环境噪扰引起的误报警，如热气流引起被动红外入侵探测器的误报警，高频声响引起玻璃破碎探测器的误报警，小动物闯入引起的入侵报警等。

(2) 报警信号无法撤防： 线尾电阻没连接好或连接不对；输入线有没有处于短路(开路)状态；探测器工作不正常。

(3) 无报警：有无布防；布防编程不正确；听不到探头或报警主机的继电器动作声响，表明探测器或报警主机损坏。

(4) 报警主机有防区灯常亮：检查探测器损坏；探测器线缆有无短路、断路现象；操作不当。

(5) 报警主机长鸣：操作不当； 紧急按钮按下后未解锁。

(6) 系统不报警：未布防；布防编程不正确；探测器工作不正常。

(7) 周界一直报警(每分钟或 2 分钟报一次)：对射探测器未对准(若未对准，可以在对射的接收端听到继电器的吸合声)；报警模块为安装在对射探测器内时已进水损坏。

(8) 周界不报警：供电电压过低(不得低于 10V)；线路不正常；设备不正常。

(9) 防区模块总是报警：报警按钮未复位；防区回路有短路或断路现象。

(10) 报警主机每隔 1 分钟响一下：系统设备是在测试状态，按“密码”+1 两次消除。

2. 视频监控系统

(1) 图像不清：镜头对焦不对，镜头上有积灰，镜头有结霜，受到抖动。

(2) 图像抖动：信号不好，接头松动，有水汽进入摄像机内部，风力大吹动摄像头。

(3) 光圈、变焦控制不动：解码器不好，接线松脱，通信线通信信号太弱受阻，地址编码乱、接线错误。

(4) 信号减弱：线路受潮，设备受潮，光线太暗。

(5) 切换不动：按钮损坏，信号通信线接触不良，矩阵内部元件松动。通道不对，操作控制器受潮。设置级别不对、密码不对、权限设置不正确，软件设计问题，转到自动控制。

(6) 云台不转：通信线路出故障，传码位置号不对，云台设备上、下、左、右限位开关坏，解码器不工作，云台线老化，日晒太热，操作不当。

(7) 信号忽有忽无：视频线接触不好，场外有干扰源，摄像机内部故障。

(8) 鼠标不起作用：连线接触不好，滑球太脏，计算机病毒，鼠标不良。

(9) 图像逆光：光驱转换不好，对光线太强，光圈太大。

(10) 设备有响声：风扇不好，硬盘不良，变压器故障。

(11) 设备过热：散热风扇坏，电流过载，灰尘堵塞。

(12) 按钮不动作：通信总线不好，按钮失灵，灰尘多、有污垢。

(13) 时间不对：时间没有调整好，电压不准，设备时间走时不好。

(14) 计算机显示器没有图像：显卡不好，插头接触不良，计算机不启动。

(15) 打印机不打印：接线不好，设置不对，没有墨水，待打印文件过多乱码。

(16) 光盘无法刻录：计算机设置不到位，刻录软件不对，光盘放置不对。光盘 CD、DVD、VCD 放置不对。

(17) 无法播放录好的图像：客户端软件没有安装，软件不支持，没有刻录完成的光盘。视频文件太大，磁盘不够，没有播放软件。

(18) 计算机录像内容空白：没有按长时间录像按钮，定时录像被打开，硬盘坏了，视频连接线不好，计算机突然关机过，软件出问题，视频信号太弱，插错插头。技防设施发生故障后，应及时维修，维修后仍达不到原系统设计要求的，应及时予以更换。

(19) 图像保存天数明显少：硬盘内存不够用，图像文件设置太精确，硬盘损坏。

(20) 监控器上无图像产生：线路不好，视频线短路受潮。接头接触不良，断电。

3. 楼寓对讲系统

(1) 分机不工作：分机电源线未接好，分机状态指示灯未闪亮。

(2) 分机不能呼叫及报警至管理中心：某户不能呼叫及报警，是该用户分机至解码器部分及分机本身不正常所致：所有住户都不能呼叫及报警是主机至管理机处线未连好。

(3) 主机呼分机时分机不响铃：分机至解码器连线未接好及分机本身不正常以及音量开关处于最小状态。

(4) 门口主机呼不通分机：整栋楼呼不通是主线有接错、短路或开路问题。连接同一解码器的分机呼不通是主机供给解码器+15V 电压未接通，解码器输出端有短路现象。呼不通某一分机是该分机与解码器之间的连线不正确，分机本身不正常。

(5) 围墙机不工作：电源灯不亮未接通电，电源至主机的接线有问题。

(6) 围墙机接通电源后发出“呜……”的声音：底壳与围墙机背后的防拆开关未紧贴。

(7) 围墙机呼不通分机：输入分机号码有错误；围墙机接线接错；有短路和开路现象；围墙机损坏。

4. 出入口门禁控制系统

(1) 上电后蜂鸣器长鸣：门磁信号未接入或接入错误，防撬开关未压合好。

(2) 读卡后，蜂鸣器鸣叫 2 声，并不开门：卡发行的机号、有效时间、开门时间段不对以及控制器与计算机时间不相符。

(3) 读合法有效卡或按开门按钮，无开锁信号输出：门已在打开状态(包括门磁损坏)；开锁继电器损坏。

(4) 手动开门按键没有反应：按键接触不好；控制器被设置成了关闭手动按键“开门”功能；控制器有问题。

(5) 门禁控制器频繁“嘀”声：供电的电源电压不够或电源不能提供足够的电流，造成控制器启动不了。

复习思考题

1. 常见的故障维修方法有哪些？请逐一做简单介绍。
2. 入侵报警系统最常见的误报原因是哪些？
3. 视频监控系统图像出现抖动应该先检查哪些部位寻找原因？

第 7 章　智能监控系统的相关标准

7.1　标准化的基本概念

标准化是安全技术防范质量监督管理的基础，也是产品生产、销售、检验和工程设计、验收的技术依据。

有了标准，在一定范围内可以获得统一的应用和秩序，对特定活动有共同的过程和结果，因为标准是以科学、技术和经验的综合成果为基础的，通常是在所有关联方的合作和一致同意下制定的，代表发展的方向和新的水平，具有公开、成熟、可行、共享的应用属性，因此，标准和标准化对生产、研发、服务、管理、市场准入与监督等各个领域的支持、支撑与协调作用都是非常显著和不可缺少的。

特别是现在，标准作为技术法规，在推广先进和成熟的技术应用、限制落后技术应用、提高效率、防止资源过度使用和浪费、保护环境、保护人身健康和安全，以及保护我国民族工业、消除贸易壁垒等方面具有无可替代的重大作用。

我国的安全技术防范标准化工作由政府负责和推动，由国家标准化管理委员会统一管理，从 20 世纪 80 年代中期开始，得到较快的发展，1987 年成立了全国安全防范报警系统标准化技术委员会，简称安防标委会(SAC/TC100)，已制订了一批安全技术防范的国家标准和行业标准。

7.2　标准的种类

标准可以按不同的目的和用途从不同的角度进行分类。目前我国对安全技术防范标准分类方法主要有按约束力分类和按标准化对象分类两种。

1. 按约束力分类

按约束力分类，可分为强制性标准、推荐性标准和指导性技术文件三种。

(1)　强制性标准。强制性标准主要是指那些在安全技术防范方面起着重要作用的标准和法律、行政法规规定强制执行的标准。如 GB 10408.5 被动红外入侵探测器、GB 50348 安全防范工程技术、GB 12662 爆炸物销毁器技术条件等。根据《中华人民共和国标准化法》的规定，强制性标准一经发布，凡从事科研、生产、经营的单位和个人，都必须严格执行，不符合强制性标准要求的产品，禁止生产、销售和进口。

(2)　推荐性标准。推荐性标准不强制执行，但这些标准都是按国家或行业部门规定的标准制定程序，由专家组起草，经有关各方协商一致，并经国家或行业主管部门批准的。因此，这些标准具有较高的科学性和权威性，且其水平大多数都与国外先进标准水平相当，故它们也是先进可行的。因而安全技术防范行业通过行政的和法律的手段，鼓励有关方面贯彻实施这些标准，如 GA/T 楼寓对讲电控防盗门通用技术条件、GA/T 机械防盗锁、GA/T

安全防范工程程序与要求。

(3) 指导性技术文件。指导性技术文件是一种推荐性标准化文件。它的制定对象是需要标准化但尚未成熟的内容，或有标准化价值但不急于强求统一，或者需要结合具体情况灵活执行，不宜全面统一的对象等。如全国安全防范行业体系表。

2. 按标准化对象分类

按标准化对象分类，标准可分为技术标准和管理标准两大类。这两类标准根据其性质和内容又可分为许多小类。

(1) 技术标准。技术标准是对标准化领域中需要协调统一的技术事项所制定的标准。技术标准一般包括基础标准(基础规范)、方法标准、产品标准、工艺标准、安全标准、环保标准等。

(2) 管理标准。管理标准是对标准化领域中需要协调统一的管理事项所制定的标准。管理标准主要是对管理目标、管理项目、管理程序、管理方法和管理组织所做的规定。

管理标准可以按照管理的不同层次和标准，适用范围划分为以下几大类：

① 管理基础标准。管理基础标准是对一定范围内的管理标准化对象的共性因素所做的统一规定，在一定范围内作为制定其他管理标准的依据和基础，具有普遍的指导意义。

② 技术管理标准。技术管理标准是为保证各项技术工作更有效地进行，建立正常的技术工作秩序所制定的管理标准。

③ 生产经营管理标准。生产经营管理标准是企业为了正确地进行经营决策，合理地组织生产经营活动所制定的标准。

④ 其他管理标准。其他管理标准有经济管理标准和行政管理标准等。

7.3 标准的分级及其编号

根据标准的适应领域和有效范围，安全技术防范标准分为四级，即国家标准、行业标准、地方标准、企业标准。

1. 国家标准

安全技术防范国家标准是指对全国安全技术防范发展有重大意义，而需要在全国范围内统一的标准。其范围主要有三方面。

(1) 全国范围内通用或跨行业通用的基础标准，主要包括：

① 环境适应性、可靠性、统计方法和质量管理方法标准。

② 术语、符号、代号、代码、制图方法标准。

③ 互换、互连标准。

④ 安全、电磁兼容和环境保护标准。

⑤ 通用检验方法标准等。

(2) 等同或等效采用国际标准的标准。

(3) 其他需要在全国范围内统一的技术标准和管理标准。

国家标准的编号由国家标准代号、标准发布顺序号和发布的年号组成。国家标准的代

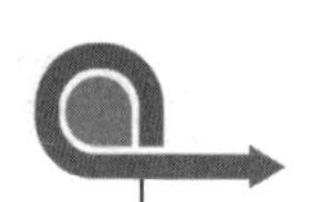

号由大写的汉语拼音字母构成。强制性国家标准代号为“GB”。推荐性国家标准代号为“GB/T”。国家标准编号示例如图 7-1 所示。

图 7-1 国家标准编号示例

例如，标准“GB 17565—1998 防盗安全门通用技术条件”，表示发布顺序号为 17565，于 1998 年发布的防盗安全门通用技术条件强制性国家标准。

标准“GB/T 16676—1996 银行营业场所安全防范工程设计规范”，表示发布顺序号为 16676，于 1996 年发布的银行营业场所安全防范工程设计规范推荐性国家标准。

2. 行业标准

安全技术防范行业标准是指没有国家标准，而又需要在全行业范围内统一的标准。安全技术防范行业标准的范围主要是以下几类标准：

(1) 行业范围内通用的基础标准和专业基础标准；
(2) 行业内需统一的专用设备和通用工艺等标准；
(3) 行业需控制的重要产品标准；
(4) 属国家标准范围，但尚未制定国家标准的有关标准；
(5) 其他需在安全技术防范行业内统一的技术标准和管理标准。

行业标准的编号由行业标准代号、标准发布顺序号和年号组成。安全技术防范是公共安全行业的一部分，故安全技术防范行业标准的代号直接采用公共安全行业标准代号。公共安全行业标准代号为“GA”(强制性行业标准)和“GA/T”(推荐性行业标准)，其标准编号如图 7-2 所示。

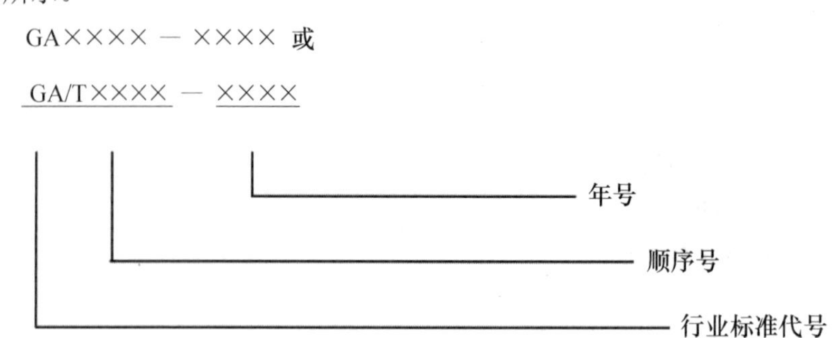

图 7-2 公共安全行业标准编号示例

例如，标准“GA 164—1997 专用运钞车防护技术要求”，表示发布顺序号为 164，于

1997 年发布的专用运钞车防护技术要求公共安全强制性行业标准。

3. 地方标准

地方标准是由省、自治区、直辖市标准化主管部门批准、发布，在该省(市、区)范围内统一的标准。对于安全技术防范产品的某些特殊性规范要求，在没有国家标准和行业标准的情况下而又需要在本省、市范围内统一时，可制定地方强制性标准。

地方强制性标准编号由地方标准代号、标准顺序号和发布年号组成。即由汉语拼音字母“DB”加上省、自治区、直辖市行政区划代码前两位数字再加斜线，组成地方强制性标准代号。地方强制性标准编号示例如图 7-3 所示。

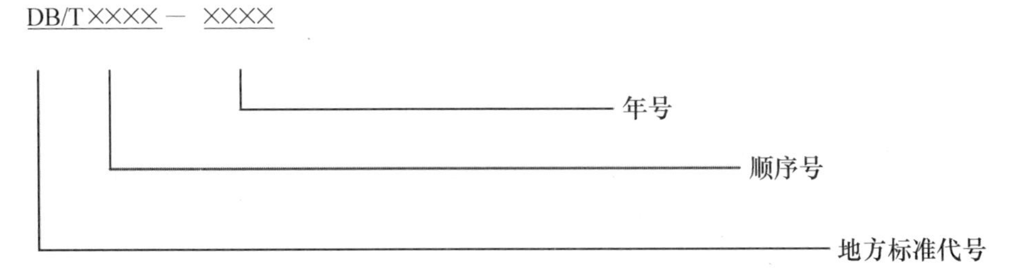

图 7-3　地方强制性标准编号示例

例如，标准“DB 31/294—2010 住宅小区安全技术防范系统要求”，表示发布顺序号为 294，于 2010 年发布的住宅小区安全技术防范系统要求的上海市地方强制性标准。

4. 企业标准

企业标准是由企业批准发布，在企业范围内统一的标准。企业标准是企业新产品开发、组织生产和经营活动的依据。

企业标准的范围主要是：

(1) 没有相应国家标准、行业标准和地方标准，由企业制定的标准；

(2) 为促进技术进步和提高产品质量而制定的严于国家标准、行业标准和地方标准的企业标准；

(3) 为完善标准内容，对国家标准、行业标准和地方标准加以补充规定而制定的企业标准；

(4) 为简化品种规格对国家标准或行业标准或地方标准的品种、系列进行限制选择而制定的企业标准；

(5) 企业在产品开发、生产过程中需要统一的设计方法、计算方法、零部件、元器件、工艺和工装设备标准；

(6) 生产经营活动中需要统一的管理标准和工作标准。

企业标准编号由企业标准代号、标准顺序号和发布年号组成。企业标准代号由汉语拼音字母“Q”加斜线再加上企业代号组成。企业标准代号用汉语拼音字母表示。企业标准代号由企业的有关行政主管部门统一管理。企业标准编号示例如图 7-4 所示。

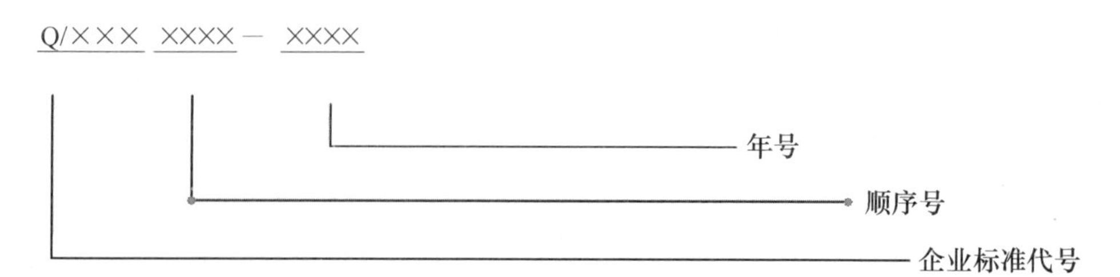

图 7-4 企业标准编号示例

5. 标准代号的识别

我国标准代号见表 7-1 和表 7-2。

国际标准代号见表 7-3。

表 7-1 我国标准代号

代 号	含 义	管理部门
GB	中华人民共和国强制性国家标准	国家标准化管理委员会
GB/T	中华人民共和国推荐性国家标准	国家标准化管理委员会
GB/Z	中华人民共和国国家标准化指导性技术文件	国家标准化管理委员会

注：国家标准的编号由国家标准代号、标准发布顺序号和发布的年号组成。国家标准的代号由大写的汉语拼音字母构成。

表 7-2 行业标准代号(部分行业)

代 号	含 义	管理部门
GA	中华人民共和国公共安全行业标准	公安部科技司
GA/T	中华人民共和国推荐性公共安全行业标准	
GY、GY/T	中华人民共和国广播电影电视行业标准	国家广播电影电视总局科技司
HJ、HJ/T	中华人民共和国环境保护行业标准	国家环境保护总局科技标准司
JG、JG/T	中华人民共和国建筑工业行业标准	建设部
JR、JR/T	中华人民共和国金融行业标准	中国人民银行科技与支付司
JT、JT/T	中华人民共和国交通行业标准	交通部科教司
QC、QC/T	中华人民共和国汽车行业标准	中国汽车工业协会
SB、SB/T	中华人民共和国商业行业标准	中国商业联合会行业发展部
SJ、SJ/T	中华人民共和国电子行业标准	信息产业部科技司
YD、YD/T	中华人民共和国通信行业标准	信息产业部科技司

注：行业标准的编号由行业标准代号、标准发布顺序号和年号组成。行业标准分为强制性行业标准和推荐性行业标准。

表 7-3　国际标准代号

代　号	含　义	管理部门
IEC	委员会标准	国际电工委员会
ISO	国际标准化组织标准	国家标准化组织
ITU	国际电信联盟标准	国际电信联盟
CISPR	国际无线电干扰特别委员会标准	国际无线电干扰特别委员会

6. 标准间的相互关系

从标准的要求上来讲，一般是企业标准高于地方标准，地方标准高于行业标准，行业标准又高于国家标准。对国家标准、行业标准和地方标准不可能做出的具体规定和要求的，应由企业制定适应自己需要的标准。在国家标准、行业标准和地方标准的基础上，企业制定高于国家标准、行业标准和地方标准水平的标准，或是对国家标准、行业标准和地方标准的规定和要求进行补充和完善。没有相应国家标准、行业标准和地方标准，应由企业自主制定标准，特别是创新的标准。

此外，随着企业、产业团体/联盟(技术团体/联盟)的出现，还产生了团体标准或联盟标准。

我国国家标准化管理委员会提出，积极推进以国家标准、企业标准为主体，以行业标准、团体标准、地方标准为补充，重点突出、结构合理、适应社会主义市场经济发展要求的新型国家标准体系。

7.4　主要标准目录及概要

7.4.1　主要标准目录

(1)　基础通用标准。(共 4 项，其中：国家标准 1 项，行业标准 3 项)

序号	标准编号	名　称
1	GB/T 15408—2011	安全技术防范系统供电技术要求(2011 年 12 月 1 日实施并代替 GB/T 15408—1994)
2	GA/T 405—2002	安全技术防范产品分类与代码
3	GA/T 550—2005	安全技术防范管理信息代码
4	GA/T 551—2005	安全技术防范管理信息基本数据结构

(2)　入侵/抢劫报警系统。(共 31 项，其中：国家标准 21 项，行业标准 10 项)

序号	标准编号	名　称
1	GB 15407—1994	遮挡式微波入侵探测器技术要求和试验方法
	GB 15407—2010	遮挡式微波入侵探测器技术要求(2011 年 9 月 1 日实施并代替 GB 15407—1994)

续表

序号	标准编号	名　称
2	GB/T 15211—1994	报警系统环境试验
3	GB/T 16677—1996	报警图像信号有线传输装置
4	GB 10408.1—2000	入侵探测器第 1 部分：通用要求
5	GB 10408. 2—2000	入侵探测器第 2 部分：室内用超声波多普勒探测器
6	GB 10408. 3—2000	入侵探测器第 3 部分：室内用微波多普勒探测器
7	GB 10408. 4—2000	入侵探测器第 4 部分：主动红外入侵探测器
8	GB 10408. 5—2000	入侵探测器第 5 部分：室内用被动红外探测器
9	GB 10408. 9—2001	入侵探测器第 9 部分：室内用被动式玻璃破碎探测器
10	GB 12663—2001	防盗报警控制器通用技术条件
11	GB 15209—2006	磁开关入侵探测器
12	GB 20816—2006	车辆防盗报警系统乘用车
13	GB/T10408. 8—2008	振动入侵探测器
14	GB 10408. 6—2009	微波和被动红外复合入侵探测器
15	GB/T 21564.1—2008	报警传输系统串行数据接口的信息格式和协议第 1 部分：总则
16	GB/T 21564.2—2008	报警传输系统串行数据接口的信息格式和协议第 2 部分：公用应用层协议
17	GB/T 21564.3—2008	报警传输系统串行数据接口的信息格式和协议第 3 部分：公用数据链路层协议
18	GB/T 21564.4—2008	报警传输系统串行数据接口的信息格式和协议第 4 部分：公用传输层协议
19	GB/T 21564.5—2008	报警传输系统串行数据接口的信息格式和协议第 5 部分：数据接口
20	GB 16796—2009	安全防范报警设备安全要求和试验方法
21	GB 25287—2010	周界防范高压电网装置
22	GA 2—1999	车辆防盗报警系统小客车
23	GA 366—2001	车辆防盗报警器材安装规范
24	GA/T 368—2001	入侵报警系统技术要求
25	GA/T 440—2003	车辆反劫防盗联网报警系统中车载防盗报警设备与车载无线通信终接设备之间的接口
26	GA/T 553—2005	车辆反劫防盗联网报警系统通用技术要求
27	GA/T600.1—2006	报警传输系统的要求第 1 部分：系统的一般要求
28	GA/T600. 2—2006	报警传输系统的要求第 2 部分：设备的一般要求
29	GA/T600. 3—2006	报警传输系统的要求第 3 部分：利用专用报警传输通路的报警传输系统
30	GA/T600. 4—2006	报警传输系统的要求第 4 部分：利用公共电话交换网络的数字通信机系统的要求
31	GA/T600. 5—2006	报警传输系统的要求第 5 部分：利用公共电话交换网络的话音通信机系统的要求

(3) 入侵/抢劫报警系统。(共 23 项，其中：国家标准 4 项，行业标准 19 项)

序　号	标准编号	名　称
1	GB 15207—1994	视频入侵报警器
2	GB 20815—2006	视频安防监控数字录像设备
3	GB/T 16676—2010	银行安全防范报警监控联网系统技术要求(2011 年 5 月 1 日实施，代替 GB/T 16676—1996)
4	GB/T 25724—2010	安全防范监控数字视音频编解码技术要求
5	GA/T 45—1993	警用摄像机与镜头连接
6	GA/T 367—2001	视频安防监控系统技术要求
7	GA/T 645—2006	视频安防监控系统变速球形摄像机
8	GA/T 646—2006	视频安防监控系统矩阵切换设备通用技术要求
9	GA/T 647—2006	视频安防监控系统前端设备控制协议 V1.0
10	GA/T 669.1—2008	城市监控报警联网系统技术标准第 1 部分：通用技术要求(代替 GA/T 669—2006)
11	GA/T 669.2—2008	城市监控报警联网系统技术标准第 2 部分：安全技术要求
12	GA/T 669.3—2008	城市监控报警联网系统技术标准第 3 部分：前端信息采集技术要求
13	GA/T 669.4—2008	城市监控报警联网系统技术标准第 4 部分：视音频编、解码技术要求
14	GA/T 669.5—2008	城市监控报警联网系统技术标准第 5 部分：信息传输、交换、控制技术要求
15	GA/T 669.6—2008	城市监控报警联网系统技术标准第 6 部分：视音频显示、存储、播放技术要求
16	GA/T 669.7—2008	城市监控报警联网系统技术标准第 7 部分：管理平台技术要求
17	GA/T 669.9—2008	城市监控报警联网系统技术标准第 9 部分：卡口信息识别、比对、监测系统技术要求
18	GA/T 792.1— 2008	城市监控报警联网系统管理标准第 1 部分：图像信息采集、接入、使用管理要求
19	GA 793.1—2008	城市监控报警联网系统合格评定第 1 部分：系统功能性能检验规范
20	GA 793.2—2008	城市监控报警联网系统合格评定第 2 部分：管理平台软件测试规范
21	GA 793.3—2008	城市监控报警联网系统合格评定第 3 部分：系统验收规范
22	GA/T 669.8—2009	城市监控报警联网系统技术标准第 8 部分：传输网络技术要求
23	GA/T 669.10—2009	城市监控报警联网系统技术标准第 10 部分：无线视音频监控系统技术要求

(4) 出入口控制系统。(共 8 项，其中：国家标准 0 项，行业标准 8 项)

序　号	标准编号	名　称
1	GA 374—2001	电子防盗锁
2	GA/T 269—2001	黑白可视对讲系统
3	GA/T 394—2002	出入口控制系统技术要求

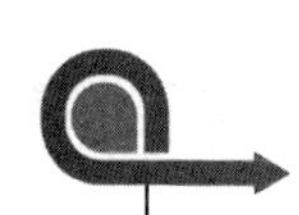

续表

序　号	标准编号	名　称
4	GA/T 72—2005	楼宇对讲系统及电控防盗门通用技术条件
5	GA/T644—2006	电子巡查系统技术要求
6	GA 701—2007	指纹防盗锁通用技术条件
7	GA/T678—2007	联网型可视对讲系统技术要求
8	GA/T 761—2008	停车场(库)安全管理系统技术要求

(5) 防爆与安全检查系统。(共 13 项，其中：国家标准 6 项，行业标准 7 项)

序　号	标准编号	名　称
1	GB 12664—2003	便携式 X 射线安全检查设备通用规范
2	GB 12899—2003	手持式金属探测器通用技术规范
3	GB 15210—2003	通过式金属探测门通用技术规范
4	GB 15208.1—2005	微剂量 X 射线安全检查设备第 1 部分：通用技术要求
5	GB 15208. 2—2006	微剂量 X 射线安全检查设备第 2 部分：测试体
6	GB 12662—2008	爆炸物解体器
7	GA 60—1993	便携式炸药检测箱技术条件
8	GA/T 71—1994	机械钟控定时引爆装置探测器
9	GA/T 142—1996	排爆机器人通用技术条件
10	GA/T 841—2009	基于离子迁移谱技术的痕量毒品/炸药探测仪通用技术要求
11	GA 857—2009	货物运输微剂量 X 射线安全检查设备通用技术要求
12	GA 921—2011	民用爆炸物品警示标识、登记标识通则
13	GA 926—2011	微剂量透射式 X 射线人体安全检查设备通用技术要求

(6) 安防工程与系统应用。(共 23 项，其中：国家标准 7 项，行业标准 16 项)

序　号	标准编号	名　称
1	GB/T 16571—1996	文物系统博物馆安全防范工程设计规范
2	GB/T 16676—2010	银行安全防范报警监控联网系统技术要求
3	GB 50348—2004	安全防范工程技术规范
4	GB 50394—2007	入侵报警系统工程设计规范
5	GB 50395—2007	视频安防监控系统工程设计规范
6	GB 50396—2007	出入口控制系统工程设计规范
7	GB/T 21741—2008	住宅小区安全防范系统通用技术要求
8	GA 26—1992	军工产品储存库风险等级和安全防护级别的规定
9	GA 28—1992	货币印制企业风险等级和安全防护级别的规定
10	GA/T 75—1994	安全防范工程程序与要求
11	GA/T 74—2000	安全防范系统通用图形符号
12	GA 308—2001	安全防范系统验收规则

续表

序　号	标准编号	名　称
13	GA 27—2002	文物系统博物馆风险等级和安全防护级别的规定
14	GA 38—2004	银行营业场所风险等级和安全防护级别的规定
15	GA/T 70—2004	安全防范工程费用预算编制办法
16	GA 586—2005	广播电影电视系统重点单位重要部位的风险等级和安全防护级别
17	GA/T670—2006	安全防范系统雷电浪涌防护技术要求
18	GA 745—2008	银行自助设备自助银行安全防范的规定
19	GA 837—2009	民用爆炸物品储存库治安防范要求
20	GA 838—2009	小型民用爆炸物品储存库安全规范
21	GA/T 848—2009	爆破作业单位民用爆炸物品储存库安全评价导则
22	GA 858—2010	银行业务库安全防范的要求
23	GA 873—2010	冶金钢铁企业治安保卫重要部位风险等级和安全防护要求

(7)　实体防护系统。(共 14 项，其中：国家标准 2 项，行业标准 12 项)

序　号	标准编号	名　称
1	GB 10409—2001	防盗保险柜
2	GB 17565—2007	防盗安全门通用技术条件
3	GA/T 3—1991	便携式防盗安全箱
4	GA/T 73—1994	机械防盗锁
5	GA/T 143—1996	金库门通用技术条件
6	GA164—2005 (公安部三局)	专用运钞车防护技术要求
7	GA 165—1997	防弹复合玻璃
8	GA 166—2006	防盗保险箱
9	GA501—2004	银行用保管箱通用技术条件
10	GA518—2004	银行营业场所透明防护屏障安装规范
11	GA 576—2005	防尾随联动互锁安全门通用技术条件
12	GA 667—2006	防爆炸复合玻璃
13	GA 746—2008	提款箱
14	GA 844—2009	防砸复合玻璃通用技术要求

(8)　安防生物特征识别系统。(共 5 项，其中：国家标准 0 项，行业标准 5 项)

序　号	标准编号	名　称
1	GA/T 893—2010	安防生物特征识别应用术语
2	GA/T 894.2—2010	安防指纹识别应用系统第 2 部分：指纹图像记录格式
3	GA/T 894.3—2010	安防指纹识别应用系统第 3 部分：指纹图像质量
4	GA/T 894.6—2010	安防指纹识别应用系统第 6 部分：指纹识别算法评测方法
5	GA/T 922.2—2011	安防人脸识别应用系统第 2 部分：人脸图像数据

(9) 地方标准。

序　号	标准编号	名　称
1	DB 31/321—2004	防盗防火安全门通用技术条件
2	DB31/329.1—2005	重点单位重要部位安全技术防范系统要求　第 1 部分：展览会场馆
3	DB31/329.2—2005	重点单位重要部位安全技术防范系统要求　第 2 部分：剧毒化学品、放射性同位素集中存放场所
4	DB31/329.3—2005	重点单位重要部位安全技术防范系统要求　第 3 部分：金融营业场所
5	DB31/329.4—2005	重点单位重要部位安全技术防范系统要求　第 4 部分：公共供水
6	DB31/329.5—2005	重点单位重要部位安全技术防范系统要求　第 5 部分：电力系统
7	DB31/329.6—2006	重点单位重要部位安全技术防范系统要求　第 6 部分：学校、幼儿园
8	DB31/329.7—2007	重点单位重要部位安全技术防范系统要求　第 7 部分：城市轨道交通
9	DB31/329.8—2007	重点单位重要部位安全技术防范系统要求　第 8 部分：旅馆、商务办公楼
10	DB31/329.9—2007	重点单位重要部位安全技术防范系统要求　第 9 部分：零售商业
11	DB31/329.10—2007	重点单位重要部位安全技术防范系统要求　第 10 部分：党政机关
12	DB31/329.11—2007	重点单位重要部位安全技术防范系统要求　第 11 部分：医院
13	DB31/329.12—2007	重点单位重要部位安全技术防范系统要求　第 12 部分：通信单位
14	DB31/329.13—2007	重点单位重要部位安全技术防范系统要求　第 13 部分：枪支弹药生产、经销、存放、射击场所
15	DB31/329.14—2007	重点单位重要部位安全技术防范系统要求　第 14 部分：燃气系统
16	DB31/329.15—2007	重点单位重要部位安全技术防范系统要求　第 15 部分：公交车站及专用停车场库
17	DB31/294.—2010	住宅小区安全技术防范系统要求

7.4.2　主要标准概要

1. 工程标准

(1) 《安全防范工程技术规范》(GB 50348—2004)概要。该标准是我国安全防范行业第一部内容完整、格式规范并纳入国家工程建设标准体系的工程建设标准。该标准属于安全防范工程的基础性通用标准，是安全防范工程建设的总规范。

该标准的属性和级别为强制性国家标准，全文总计八章，在第三、第四、第五、第六、第七、第八章中共 91 条(款)为强制性条文。

该标准主要包括总则(安全防范工程总的、原则的要求)、安全防范工程设计通用要求、高风险对象的安全防范工程设计、普通风险对象的安全防范工程设计、安全防范工程施工、安全防范工程检验、安全防范工程验收等内容。该标准总结了我国安全防范工程建设 20 多年来的实践经验，吸收了国内外相关领域的最新技术成果，填补了国内空白，是一部具有前瞻性和创新性的工程建设技术规范。在该标准中提出的安全防范工程设计应遵循的七项基本原则、安全防范三种基本手段(人防、物防、技防)有机结合和三个基本要素(探测、反应、延迟)相互协调，以及安全性设计、可靠性设计、电磁兼容性设计、环境适应性设计、系统集成设计等观点较好地适应了科学技术发展的趋势，体现了标准化与时俱进的精神。

(2) 《入侵报警系统工程设计规范》(GB 50394—2007)概要。该标准是《安全防范工程技术规范》(GB 50348—2004)的配套标准，主要内容包括总则、术语、基本规定、系统构成、系统设计、设备选型与设置、传输方式、线缆选型与布线、供电、防雷与接地、系统的安全性、可靠性、电磁兼容性、环境适应性、监控中心。

该标准强调入侵报警系统中使用的设备必须符合国家法律法规和现行强制性标准的要求，并经法定机构检验或论证合格。该标准阐述了入侵报警系统的 4 种组建模式，即分线制模式、总线制模式、无线制模式和公共网络模式，提出了入侵报警系统不得有漏报警的要求。对报警的设计及防破坏及故障报警、记录显示、系统自检、响应时间、手动/自动设防/撤防和无线报警功能做出了具体规定，并对相关设备的选型和设置提出了要求。

(3) 《视频安防监控系统工程设计规范》(GB 50395—2007)概要。该标准是《安全防范工程技术规范》(GB 50348—2004)的配套标准，主要内容包括总则、术语、基本规定、系统构成、系统设计、设备选型与设置、传输方式、线缆选型与布线、供电、防雷与接地、系统的安全性、可靠性、电磁兼容性、环境适应性、监控中心。

该标准强调视频安防监控系统中使用的设备必须符合国家法律法规和现行强制性标准的要求，并经法定机构检验或论证合格。该标准阐述了视频安防监控系统的 4 种结构模式，即简单对应模式、时序切换模式、矩阵切换模式和数字视频网络虚拟交换/切换模式。对前端设备探测范围、图像信号的传输和控制、图像的记录和显示及图像信息质量做出了具体规定，并对相关设备的选型和设置提出了要求。

(4) 《出入口控制系统工程设计规范》(GB 50396—2007)概要。该标准是《安全防范工程技术规范》(GB 50348—2004)的配套标准，主要内容包括总则、术语、基本规定、系统构成、系统设计、设备选型与设置、传输方式、线缆选型与布线、供电、防雷与接地、系统的安全性、可靠性、电磁兼容性、环境适应性、监控中心。

该标准强调出入口控制系统中使用的设备必须符合国家法律法规和现行强制性标准的要求，并经法定机构检验或论证合格。该标准阐述了出入口控制系统按硬件构成、管理控制方式、联网结构分类的多种结构模式，对系统的响应时间、校时和计时、报警、应急报警、软件及信息保存、各部分的功能和性能做出了具体规定，并对相关设备的选型和设置提出了要求。

(5) 《视频安防监控系统技术要求》(GA/T 367—2001)概要。该标准规定了建筑物内部及周边地区安全防范用视频监控系统(以下简称“视频系统”)的技术要求，是设计、验收视频安防监控系统的基本依据。该标准适用于以安防监控为目的的新建、扩建和改建工程中的视频安防监控系统的设计，其他领域的视频安防监控系统可参照使用。该标准对系统基本构成、系统设备、系统设计、系统功能、技术要求、安全性、电磁兼容性、防雷接地、可靠性、环境适应性提出了要求。

(6) 《入侵报警系统技术要求》(GA/T 368—2001)概要。该标准规定了用于保护人、财产和环境的入侵报警系统(手动式和被动式)的通用技术要求，是设计、安装、验收入侵报警系统的基本依据。该标准适用于建筑物内、外部入侵报警系统。该标准不涉及远程中心，也不包括入侵报警系统与远程中心之间的通信数据的加载和卸载。该项标准对系统基本功能、技术要求、电源、安全性、电磁兼容性、防雷接地、可靠性、环境适应性提出了

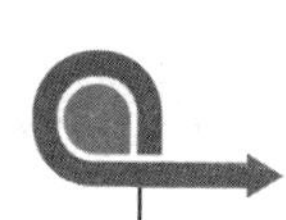

要求。

(7) 《出入口控制系统技术要求》(GA/T 394—2002)概要。该标准规定了出入口控制系统的技术要求，是设计、验收出入口控制系统的基本依据. 该标准适用于以安全防范为目的，对规定目标信息进行登录、识别和控制的出入口控制或设备，不包括其他出入口控制系统或设备[如楼宇对讲(可视)系统、防盗安全门等]。该标准对系统的功能包括构成模式、系统的防护级别、系统功能、系统各部功能、传输、电源以及系统设计与设备安装、安全性、电磁兼容性、防雷接地、可靠性、环境适应性提出了要求。

(8) 《民用闭路监视电视系统工程技术规范》(GB 50198—1994)概要。该标准主要内容包括总则、系统的工程设计、系统的工程施工和系统的工程验收。该标准颁布时间尽管是 1994 年，但其中许多条款至今仍在袭用，特别是在设备的安装、线缆的敷设，对图像质量的主客观评价上到目前为止仍有现实指导意义。

(9) GA/T 669.(1-10)—2008 《城市监控报警联网系统 技术标准(第 1—10 部分)》系列标准。该标准作为指导城市监控报警联网系统规划、设计、工程实施等各项工作的配套标准，对已经在全国广泛开展的城市监控报警联网系统建设活动和“3111”试点工程具有重要指导意义。与同领域其他标准相比，该技术系统标准的内容更加全面，技术指标更适合中国国情，既符合当前实际，又具有一定前瞻性。该技术系统标准包括：第 1 部分：通用技术要求；第 2 部分：安全技术要求；第 3 部分：前端信息采集技术要求；第 4 部分：视音频编、解码技术要求；第 5 部分：信息传输、交换、控制技术要求；第 6 部分：视音频显示、存储、播放技术要求；第 7 部分：管理平台技术要求；第 8 部分：传输网络技术要求；第 9 部分：卡口信息识别、比对、监测系统技术要求；第 10 部分：无线视音频技术要求。

2. 产品标准

(1) 《防盗报警控制器通用技术条件》(GB 12663—2001)概要。该标准规定了用于建筑物内及其周界的防盗报警控制器的功能、性能和试验要求。适用于有线系统的防盗报警控制器的生产和检验，但不包括防盗报警控制器与远程监控站之间系统数据的加载和卸载内容。该标准依据防盗报警控制器的功能复杂程度分为 A、B、C 三级，并对各级防盗报警控制器提出了十分具体的技术要求和检验方法。

(2) 《视频安防监控数字录像设备》(GB 20815—2006)概要。该标准适用于以安全防范监控为目的的视(音)频数字录像设备。该标准的主要内容包括产品的分类分级、基本要求、机电性能要求、功能基本要求。标准根据数字录像图像的帧数、格式的不同分为 A、B 两级，根据数字录像设备的功能和用途不同分为基本型、专业型、综合型，并对数字录像硬件、软件、接口、图像质量、报警功能、联动功能、对前端设备的控制、组网功能数据的安全性等都做出了明确的规定。

(3) 《脉冲电子围栏及其安装和安全运行》(GB/T 7946—2008)概要。该标准适用于各种需要区域边界安全技术防范使用的脉冲电子围栏系统。该标准的主要内容包括使用条件、一般要求、前端的要求、围栏的安装、运行和维护。标准规定了脉冲电子围栏电性能的参数，前端导线用的材质及安装与防雷接地的要求。

3. 管理性标准

(1)　《安全防范系统验收规则》(GA 308—2001)概要。该标准从设计、施工、效果及技术服务等方面对安全防范系统的质量验收提出了必须遵循的基本要求，是对安全防范系统(工程)进行验收的依据。该标准适用于一、二级安全防范系统(工程)的验收，三级安全防范系统(工程)的验收可适当简化。

该标准分章节规定了系统(工程)的验收条件、验收组织与职责、验收内容、验收结论与整改。

该标准也是与《安全防范工程技术规范》(GB 50348—2004)关联密切的标准。

(2)　《安全防范工程程序与要求》(GA/T 75—1994)概要。该标准规定了安全防范工程立项、招标、委托、设计、审批、安装、调试、验收的通用程序和管理要求。该标准适用于所有的安全防范工程的建设。

该标准按照工程规模(风险等级或工程投资额)将安全防范工程分为一、二、三级；分章节规定了工程立项、资格审查与工程招标和委托、工程设计、工程实施、竣工和初验、工程验收条件。

该标准也是与《安全防范工程技术规范》(GB 50348—2004)关联密切的标准。

(3)　《军工产品储存库风险等级和安全防护级别的规定》(GA 26—1992)概要。该标准规定了军工产品储存库的风险等级和安全防护级别，是建设、监督检查军工产品储存库安全防范系统工程的依据。

该标准适用于军工产品的科研、试制、生产及使用单位。

该标准规定了军工产品储存库划分为一、二、三级风险，并规定了对应的防护级别以及报警系统要求、安全防范组织措施要求与认定、审批与验收要求。

该标准涉及防火方面的要求，应按照《中华人民共和国消防条例》执行。

(4)　《文物系统博物馆风险等级和安全防护级别的规定》(GA 27—2002)概要。该标准规定了文物系统博物馆及其藏品、藏品部位风险等级的划分、防护级别的确定、安全防范系统技术要求和管理要求。该标准适用于文物系统博物馆，也适用于考古所(队)、文物管理所、文物商店、各级文物保护单位。非文物系统博物馆可参照使用。

该标准根据《中华人民共和国文物保护法》《文物藏品定级标准》《博物馆藏品管理办法》的有关规定进行风险分类，对风险单位、风险部位划分为一、二、三级风险并规定了对应的防护级别以及安全防范系统技术要求、管理要求。

(5)　《银行营业场所风险等级和防护级别的规定》(GA 38—2004)概要。该标准对银行营业场所风险等级划分和防护级别要求做出了规定，是设计银行营业场所安全防范工程，采取相应防护措施，检查监督的依据。

该标准适用于银行营业场所，也适用于其他金融机构的营业场所。

(6)　《银行营业场所安全防范工程设计规范》(GB/T 16676—1996)概要。该标准规定了银行营业场所安全防范工程设计规范，是设计、审查银行营业场所安全防范工程的技术依据。该标准适用于银行营业场所和其他金融机构营业场所的安全防范工程。

该标准与《银行营业场所风险等级和防护级别的规定》(GA 38—2004)配套使用。

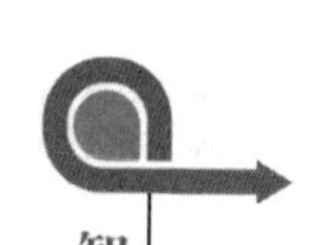

4. 地方标准

(1) 《住宅小区安全技术防范系统要求》(DB31/294—2010)概要。该标准是上海地方住宅小区技防标准，是在2003年版本的基础上，经过了多年实践后，做了进一步完善和提高，该标准规定小区要配置视频监控、周界报警、室内防盗、楼宇对讲和电子巡查五大系统，并对前端设备的布点、安装和效果都有了具体明确的要求，标准具有可操作性和有效性。

(2) 《重点单位重要部位安全技术防范系统要求第1—5部分》(DB 31/329.1—15)系列标准。该系列标准为上海地区加强重点单位重要部位安全技术防范工作而制定的管理性技术标准。到目前为止已颁布了包括展览会场馆、剧毒化学品、金融营业场所、公共供水、电力系统、城市轨道交通、学校及幼儿园、旅馆及商务办公楼、零售商业、党政机关、医院、通信单位、枪支弹药生产经销及存放及射击场所、燃气系统、公交车站及专用停车场库15个标准。标准规定了这些单位和场所应配置的技防项目、前端设备的安装区域、设计施工要求，并对实体防护及检验、验收维护也提出了要求。特别是对技防设施前端设备的布点，以表格的形式，明确哪些部位应安装哪些技防设施，具有较强的可操作性。

7.5　技术和管理性文件

当前，安全技术防范的行业发展出现了许多新情况、新特点，一方面随着技防产品和设备高新技术的不断推广应用，在维护社会公共秩序、预防和制止各类犯罪活动中起到传统防范手段所无法取代的作用，取得了有目共睹的成绩和作用。但另一方面，也应该看到，从国家层面上看，现有的法律、行政法规对安全防范行业还没有做出明确具体的规范，再加上标准的制定总滞后于形势的发展，致使目前无论是技防产品的开发应用、工程的建设与使用，还是系统的运行和服务都存在着行为不规范，以次充好、各行其是等现象和问题屡见不鲜。为此，各有关政府职能部门包括地方政府管理机构，针对当地存在的问题，从技术和管理层面上制定了许多行之有效的规范性文件，所以认真贯彻和执行政府职能部门所颁布的这些技术和行政性管理文件精神，与贯彻和执行技术标准一样，显得十分重要和必要。

技术性文件也是属于标准化工作的一个部分，它是为尚处于技术发展中的、变化较快的技术领域的标准化工作提供指南或信息，供设计、生产、使用和管理等单位和人员参考使用而制定的标准文件。

安全技术防范产生的作用，直接为社会治安服务,从而决定了公安机关在安全技术防范中的管理和指导作用。近年来，公安机关为加强安全防范工作，完善安全防范体系建设，在安全防范产品生产与销售；安全防范系统集成、工程建设与维护；安全防范系统运行管理与报警服务；安全防范标准制定、质量检测、认证等方面都制定和颁发了许多管理规定和要求。这类管理规定和要求就是管理性文件。

复习思考题

1. 什么是标准化？标准有哪些种类？
2. 标准可分为几个级别？请分别说明。
3. 各级标准之间相互关系是什么？

附　　录

附录 A　入侵报警系统工程设计规范

中华人民共和国国家标准(GB 50394—2007)

入侵报警系统工程设计规范(摘要)

前言：

根据建设部建标〔2001〕87 号文件《关于印发“2000 至 2001 年度工程建设国家标准制订、修订计划”的通知》的要求，本规范编制组在认真总结我国入侵报警系统工程实践经验的基础上，参考国内外相关行业的工程技术标准，广泛征求国内相关技术专家和管理机构的意见，制定了本规范。

本规范是《安全防范工程技术规范》GB 50348 的配套标准，是安全防范系统工程建设的基础性标准之一，是保证安全防范工程建设质量、保护公民人身安全和国家、集体、个人财产安全的重要技术保障。

1. 总则

1.0.1 为了规范入侵报警系统工程的设计，提高入侵报警系统工程的质量，保护公民人身安全和国家、集体、个人财产安全，制定本规范。

1.0.2 本规范适用于以安全防范为目的的新建、改建、扩建的各类建筑物(构筑物)及其群体的入侵报警系统工程的设计。

1.0.3 入侵报警系统工程的建设，应与建筑及其强、弱电系统的设计统一规划，根据实际情况，可一次建成，也可分步实施。

1.0.4 入侵报警系统工程应具有安全性、可靠性、开放性、可扩充性和使用灵活性，做到技术先进，经济合理，实用可靠。

1.0.5 入侵报警系统工程的设计，除应执行本规范外，尚应符合国家现行有关技术标准、规范的规定。

2. 术语

2.0.1 入侵报警系统 intruder alarm system(IAS)

利用传感器技术和电子信息技术探测并指示非法进入或试图非法进入设防区域(包括主观判断面临被劫持或遭抢劫或其他危急情况时，故意触发紧急报警装置)的行为、处理报警信息、发出报警信息的电子系统或网络。

2.0.2 报警状态 alarm condition

系统因探测到风险而作出响应并发出报警的状态。

2.0.3 故障状态 fault condition

系统不能按照设计要求进行正常工作的状态。

2.0.4 防拆报警 tamper alarm

因触发防拆探测装置而导致的报警。

2.0.5 防拆装置 tamper device

用来探测拆卸或打开报警系统的部件、组件或其部分的装置。

2.0.6 设防 set condition

使系统的部分或全部防区处于警戒状态的操作。

2.0.7 撤防 unset condition

使系统的部分或全部防区处于解除警戒状态的操作。

2.0.8 防区 defence area

利用探测器(包括紧急报警装置)对防护对象实施防护，并在控制设备上能明确显示报警部位的区域。

2.0.9 周界 perimeter

需要进行实体防护或/和电子防护的某区域的边界。

2.0.10 监视区 surveillance area

实体周界防护系统或/和电子周界防护系统所组成的周界警戒线与防护区边界之间的区域。

2.0.11 防护区 protection area

允许公众出入的、防护目标所在的区域或部位。

2.0.12 禁区 restricted area

不允许未授权人员出入(或窥视)的防护区域或部位。

2.0.13 盲区 blind zone

在警戒范围内，安全防范手段未能覆盖的区域。

2.0.14 漏报警 leakage alarm

入侵行为已经发生，而系统未能做出报警响应或指示。

2.0.15 误报警 false alarm

由于意外触动手动装置、自动装置对未设计的报警状态做出响应、部件的错误动作或损坏、操作人员失误等而发出的报警信号。

2.0.16 报警复核 check to alarm

利用声音和/或图像信息对现场报警的真实性进行核实的手段。

2.0.17 紧急报警 emergency alarm

用户主观判断面临被劫持或遭抢劫或其他危急情况时，故意触发的报警。

2.0.18 紧急报警装置 emergency alarm switch

用于紧急情况下，由人工故意触发报警信号的开关装置。

2.0.19 探测器 detector

对入侵或企图入侵行为进行探测做出响应并产生报警状态的装置。

2.0.20 报警控制设备 controller

在入侵报警系统中，实施设防、撤防、测试、判断、传送报警信息，并对探测器的信号进行处理以断定是否应该产生报警状态以及完成某些显示、控制、记录和通信功能的装置。

2.0.21 报警响应时间 response time

从探测器(包括紧急报警装置)探测到目标后产生报警状态信息到控制设备接收到该信息并发出报警信号所需的时间。

3. 基本规定

3.0.1 入侵报警系统工程的设计应符合国家现行标准《安全防范工程技术规范》GB 50348 和《入侵报警系统技术要求》GA/T 368 的相关规定。

3.0.2 入侵报警系统工程的设计应综合应用电子传感(探测)、有线/无线通信、显示记录、计算机网络、系统集成等先进而成熟的技术，配置可靠而适用的设备，构成先进、可靠、经济、适用、配套的入侵探测报警应用系统。

3.0.3 入侵报警系统中使用的设备必须符合国家法律法规和现行强制性标准的要求，并经法定机构检验或认证合格。

3.0.4 入侵报警系统工程的设计应遵循以下原则：

(1) 根据防护对象的风险等级和防护级别、环境条件、功能要求、安全管理要求和建设投资等因素，确定系统的规模、系统模式及应采取的综合防护措施。

(2) 根据建设单位提供的设计任务书、建筑平面图和现场勘察报告，进行防区的划分，确定探测器、传输设备的设置位置和选型。

(3) 根据防区的数量和分布、信号传输方式、集成管理要求、系统扩充要求等，确定控制设备的配置和管理软件的功能。

(4) 系统应以规范化、结构化、模块化、集成化的方式实现，以保证设备的互换性。

3.0.5 入侵报警系统工程的设计流程与设计深度应符合附录 A 的规定。设计文件应准确、完整、规范。

4. 系统构成

4.0.1 入侵报警系统通常由前端设备(包括探测器和紧急报警装置)、传输设备、处理/控制/管理设备和显示/记录设备四个部分构成。

4.0.2 根据信号传输方式的不同，入侵报警系统组建模式宜分为以下模式：

(1) 分线制：探测器、紧急报警装置通过多芯电缆与报警控制主机之间采用一对一专线相连。

(2) 总线制：探测器、紧急报警装置通过其相应的编址模块与报警控制主机之间采用报警总线(专线)相连。

(3) 无线制：探测器、紧急报警装置通过其相应的无线设备与报警控制主机通信，其中一个防区内的紧急报警装置不得大于 4 个。

(4) 公共网络：探测器、紧急报警装置通过现场报警控制设备和/或网络传输接入设备与报警控制主机之间采用公共网络相连。公共网络可以是有线网络，也可以是有线—无线—有线网络。

注：以上四种模式可以单独使用，也可以组合使用；可单级使用，也可多级使用。

5. 系统设计

5.1 纵深防护体系设计

5.1.1 入侵报警系统的设计应符合整体纵深防护和局部纵深防护的要求，纵深防护体系包括周界、监视区、防护区和禁区。

5.1.2 周界可根据整体纵深防护和局部纵深防护的要求分为外周界和内周界。周界应构成连续无间断的警戒线(面)。周界防护应采用实体防护或/和电子防护措施；采用电子防护时，需设置探测器；当周界有出入口时，应采取相应的防护措施。

5.1.3 监视区可设置警戒线(面)，宜设置视频安防监控系统。

5.1.4 防护区应设置紧急报警装置、探测器，并宜设置声光显示装置，利用探测器和其他防护装置实现多重防护。

5.1.5 禁区应设置不同探测原理的探测器，应设置紧急报警装置和声音复核装置，通向禁区的出入口、通道、通风口、天窗等应设置探测器和其他防护装置，以实现立体交叉防护。

5.1.6 被防护对象的设防部位应符合现行国家标准《安全防范工程技术规范》GB 50348的相关要求。

5.2 系统功能性能设计

5.2.1 入侵报警系统的误报警率应符合设计任务书和/或工程合同书的要求。

5.2.2 入侵报警系统不得有漏报警。

5.2.3 入侵报警功能设计应符合下列规定：

(1) 紧急报警装置应设置为不可撤防状态，应有防误触发措施，被触发后应自锁。

(2) 当下列任何情况发生时，报警控制设备应发出声、光报警信息，报警信息应能保持到手动复位，报警信号应无丢失：

① 在设防状态下，当探测器探测到有入侵发生或触动紧急报警装置时，报警控制设备应显示出报警发生的区域或地址。

② 在设防状态下，当多路探测器同时报警(含紧急报警装置报警)时，报警控制设备应依次显示出报警发生的区域或地址。

② 报警发生后，系统应能手动复位，不应自动复位。

④ 在撤防状态下，系统不应对探测器的报警状态做出响应。

5.2.4 防破坏及故障报警功能设计应符合下列规定：

当下列任何情况发生时，报警控制设备上应发出声、光报警信息，报警信息应能保持到手动复位，报警信号应无丢失：

(1) 在设防或撤防状态下，当入侵探测器机壳被打开时。

(2) 在设防或撤防状态下，当报警控制器机盖被打开时。

(3) 在有线传输系统中，当报警信号传输线被断路、短路时。

(4) 在有线传输系统中，当探测器电源线被切断时。

(5) 当报警控制器主电源/备用电源发生故障时。

(6) 在利用公共网络传输报警信号的系统中，当网络传输发生故障或信息连续阻塞超过30s时。

5.2.5 记录显示功能设计应符合下列规定：

(1) 系统应具有报警、故障、被破坏、操作(包括开机、关机、设防、撤防、更改等)等信息的显示记录功能。

(2) 系统记录信息应包括事件发生时间、地点、性质等，记录的信息应不能更改。

5.2.6 系统应具有自检功能。

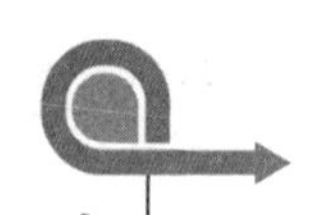

5.2.7 系统应能手动/自动设防/撤防，应能按时间在全部及部分区域任意设防和撤防；设防、撤防状态应有明显不同的显示。

5.2.8 系统报警响应时间应符合下列规定：

(1) 分线制、总线制和无线制入侵报警系统：不大于 2s。

(2) 基于局域网、电力网和广电网的入侵报警系统：不大于 2s。

(3) 基于市话网电话线入侵报警系统：不大于 20s。

5.2.9 系统报警复核功能应符合下列规定：

(1) 当报警发生时，系统宜能对报警现场进行声音复核。

(2) 重要区域和重要部位应有报警声音复核。

5.2.10 无线入侵报警系统的功能设计，除应符合本规范第 5.2.1～5.2.9 条的要求外，尚应符合下列规定：

(1) 当探测器进入报警状态时，发射机应立即发出报警信号，并应具有重复发射报警信号的功能。

(2) 控制器的无线收发设备宜具有同时接收处理多路报警信号的功能。

(3) 当出现信道连续阻塞或干扰信号超过 30s 时，监控中心应有故障信号显示。

(4) 探测器的无线报警发射机，应有电源欠压本地指示，监控。

6. 设备选型与设置

6.1 探测设备

6.1.1 探测器的选型除应符合本规范第 3.0.3 条的规定外，尚应符合下列规定：

(1) 根据防护要求和设防特点选择不同探测原理、不同技术性能的探测器。多技术复合探测器应视为一种技术的探测器。

(2) 所选用的探测器应能避免各种可能的干扰，减少误报，杜绝漏报。

(3) 探测器的灵敏度、作用距离、覆盖面积应能满足使用要求。

6.1.2 周界用入侵探测器的选型应符合下列规定：

(1) 规则的外周界可选用主动式红外入侵探测器、遮挡式微波入侵探测器、振动入侵探测器、激光式探测器、光纤式周界探测器、振动电缆探测器、泄漏电缆探测器、电场感应式探测器、高压电子脉冲式探测器等。

(2) 不规则的外周界可选用振动入侵探测器、室外用被动红外探测器、室外用双技术探测器、光纤式周界探测器、振动电缆探测器、泄漏电缆探测器、电场感应式探测器、高压电子脉冲式探测器等。

(3) 无围墙/栏的外周界可选用主动式红外入侵探测器、遮挡式微波入侵探测器、激光式探测器、泄漏电缆探测器、电场感应式探测器、高压电子脉冲式探测器等。

(4) 内周界可选用室内用超声波多普勒探测器、被动红外探测器、振动入侵探测器、室内用被动式玻璃破碎探测器、声控振动双技术玻璃破碎探测器等。

6.1.3 出入口部位用入侵探测器的选型应符合下列规定：

(1) 外周界出入口可选用主动式红外入侵探测器、遮挡式微波入侵探测器、激光式探测器、泄漏电缆探测器等。

(2) 建筑物内对人员、车辆等有通行时间界定的正常出入口(如大厅、车库出入口等)可选用室内用多普勒微波探测器、室内用被动红外探测器、微波和被动红外复合入侵探测

器、磁开关入侵探测器等。

(3) 建筑物内非正常出入口(如窗户、天窗等)可选用室内用多普勒微波探测器、室内用被动红外探测器、室内用超声波多普勒探测器、微波和被动红外复合入侵探测器、磁开关入侵探测器、室内用被动式玻璃破碎探测器、振动入侵探测器等。

6.1.4 室内用入侵探测器的选型应符合下列规定：

(1) 室内通道可选用室内用多普勒微波探测器、室内用被动红外探测器、室内用超声波多普勒探测器、微波和被动红外复合入侵探测器等。

(2) 室内公共区域可选用室内用多普勒微波探测器、室内用被动红外探测器、室内用超声波多普勒探测器、微波和被动红外复合入侵探测器、室内用被动式玻璃破碎探测器、振动入侵探测器、紧急报警装置等。宜设置两种以上不同探测原理的探测器。

(3) 室内重要部位可选用室内用多普勒微波探测器、室内用被动红外探测器、室内用超声波多普勒探测器、微波和被动红外复合入侵探测器、磁开关入侵探测器、室内用被动式玻璃破碎探测器、振动入侵探测器、紧急报警装置等。宜设置两种以上不同探测原理的探测器。

6.1.5 探测器的设置应符合下列规定：

(1) 每个/对探测器应设为一个独立防区。

(2) 周界的每一个独立防区长度不宜大于 200m。

(3) 需设置紧急报警装置的部位宜不少于 2 个独立防区，每一个独立防区的紧急报警装置数量不应大于 4 个，且不同单元空间不得作为一个独立防区。

(4) 防护对象应在入侵探测器的有效探测范围内，入侵探测器覆盖范围内应无盲区，覆盖范围边缘与防护对象间的距离宜大于 5m。

(5) 当多个探测器的探测范围有交叉覆盖时，应避免相互干扰。

6.1.6 常用入侵探测器的选型要求宜符合附录 B 的规定。

6.2 控制设备

6.2.1 控制设备的选型除应符合本规范第 3.0.3 条的规定外，尚应符合下列规定：

(1) 应根据系统规模、系统功能、信号传输方式及安全管理要求等选择报警控制设备的类型。

(2) 宜具有可编程和联网功能。

(3) 接入公共网络的报警控制设备应满足相应网络的入网接口要求。

(4) 应具有与其他系统联动或集成的输入、输出接口。

6.2.2 控制设备的设置应符合下列规定：

(1) 现场报警控制设备和传输设备应采取防拆、防破坏措施，并应设置在安全可靠的场所。

(2) 不需要人员操作的现场报警控制设备和传输设备宜采取电子/实体防护措施。

(3) 壁挂式报警控制设备在墙上的安装位置，其底边距地面的高度不应小于 1.5m，如靠门安装时，宜安装在门轴的另一侧；如靠近门轴安装时，靠近其门轴的侧面距离不应小于 0.5m。

(4) 台式报警控制设备的操作、显示面板和管理计算机的显示器屏幕应避开阳光直射。

6.3 无线设备

6.3.1 无线报警的设备选型除应符合本规范第 3.0.3 条的规定外，尚应符合下列规定：

(1) 载波频率和发射功率应符合国家相关管理规定。

(2) 探测器的无线发射机使用的电池应保证有效使用时间不少于 6 个月，在发出欠压报警信号后，电源应能支持发射机正常工作 7d。

(3) 无线紧急报警装置应能在整个防范区域内触发报警。

(4) 无线报警发射机应有防拆报警和防破坏报警功能。

6.3.2 接收机的位置应由现场试验确定，保证能接收到防范区域内任意发射机发出的报警信号。

6.4 管理软件

6.4.1 系统管理软件的选型应符合《安全防范工程技术规范》GB 50348 等国家现行相关标准的规定，尚应具有以下功能：

(1) 电子地图显示，能局部放大报警部位，并发出声、光报警提示。

(2) 实时记录系统开机、关机、操作、报警、故障等信息，并具有查询、打印、防篡改功能。

(3) 设定操作权限，对操作(管理)员的登录、交接进行管理。

6.4.2 系统管理软件应汉化。

6.4.3 系统管理软件应有较强的容错能力，应有备份和维护保障能力。

6.4.4 系统管理软件发生异常后，应能在 3s 内发出故障报警。

7. 传输方式、线缆选型与布线

7.1 传输方式

7.1.1 传输方式应符合现行国家标准《安全防范工程技术规范》GB 50348 的相关规定。

7.1.2 传输方式的确定应取决于前端设备分布、传输距离、环境条件、系统性能要求及信息容量等，宜采用有线传输为主、无线传输为辅的传输方式。

7.1.3 防区较少，且报警控制设备与各探测器之间的距离不大于 100m 的场所，宜选用分线制模式。

7.1.4 防区数量较多，且报警控制设备与所有探测器之间的连线总长度不大于 1500m 的场所，宜选用总线制模式。

7.1.5 布线困难的场所，宜选用无线制模式。

7.1.6 防区数量很多，且现场与监控中心距离大于 1500m，或现场要求具有设防、撤防等分控功能的场所，宜选用公共网络模式。

7.1.7 当出现无法独立构成系统时，传输方式可采用分线制模式、总线制模式、无线制模式、公共网络模式等方式的组合。

7.2 线缆选型

7.2.1 线缆选型应符合现行国家标准《安全防范工程技术规范》GB 50348 的相关规定。

7.2.2 系统应根据信号传输方式、传输距离、系统安全性、电磁兼容性等要求，选择传输介质。

7.2.3 当系统采用分线制时，宜采用不少于 5 芯的通信电缆，每芯截面不宜小于 $0.5mm^2$。

7.2.4 当系统采用总线制时，总线电缆宜采用不少于 6 芯的通信电缆，每芯截面积不宜小于 $1.0mm^2$。

7.2.5 当现场与监控中心距离较远或电磁环境较恶劣时，可选用光缆。

7.2.6 采用集中供电时，前端设备的供电传输线路宜采用耐压不低于交流 500V 的铜芯绝缘多股电线或电缆，线径的选择应满足供电距离和前端设备总功率的要求。

7.3 布线设计

7.3.1 布线设计除应符合现行国家标准《安全防范工程技术规范》GB 50348 的相关规定外，尚应符合以下规定：

(1) 应与区域内其他弱电系统线缆的布设综合考虑，合理设计。

(2) 报警信号线应与 220V 交流电源线分开敷设。

(3) 隐蔽敷设的线缆和/或芯线应做永久性标记。

7.3.2 室内管线敷设设计应符合下列规定：

(1) 室内线路应优先采用金属管，也可采用阻燃硬质或半硬质塑料管、塑料线槽及附件等。

(2) 竖井内布线时，应设置在弱电竖井内。如受条件限制强弱竖井必须合用时，报警系统线路和强电线路应分别布置在竖井。

7.3.3 室外管线敷设设计应满足下列规定：

(1) 线缆防潮性及施工工艺应满足国家现行标准的要求。

(2) 线缆敷设路径上有可利用的线杆时可采用架空方式。在架空敷设时，与共杆架设的电力线的间距不应小于 1.5m，与广播线的间距不应小于 1m，与通信线的间距不应小于 0.6m，线缆最低点的高度应符合有关规定。

(3) 线缆敷设路径上有可利用的管道时可优先采用管道敷设。

(4) 线缆敷设路径上有可利用建筑物时可优先采用墙壁固定敷设方式。

(5) 线缆敷设路径上没有管道和建筑物可利用，也不便立杆时，可采用直埋敷设方式。引出地面的出线端，宜选在相对隐蔽地点，并宜在出口处设置从地面计算高度不低于 3m 的出线防护钢管，且周围 5m 内不应有易攀登的物体。

(6) 线缆由建筑物引出时，宜避开避雷针引下线，不能避开时两者平行距离应不小于 1.5m，若须交叉时，间距应不小于 1m，并宜防止长距离平行走线。在间距不能满足上述要求时，可对电缆加缠铜皮屏蔽，屏蔽层要有良好的就近接地装置。

8. 供电、防雷与接地

8.0.1 供电设计除应符合现行国家标准《安全防范工程技术规范》GB 50348 的相关规定外，尚应符合下列规定：

(1) 系统供电宜由监控中心集中供电，供电宜采用 TN-S 制式。

(2) 入侵报警系统的供电回路不宜与启动电流较大设备的供电同回路。

(3) 应有备用电源，并应能自动切换，切换时不应改变系统工作状态，其容量应能保证系统连续正常工作不小于 8h。备用电源可以是免维护电池和/或 UPS 电源。

8.0.2 防雷与接地除应符合现行国家标准《安全防范工程技术规范》GB 50348 的相关规定外，尚应符合下列规定：

(1) 置于室外的入侵报警系统设备宜具有防雷保护措施。

(2) 置于室外的报警信号线输入、输出端口宜设置信号线路浪涌保护器。

(3) 室外的交流供电线路、信号线路宜采用有金属屏蔽层并穿钢管埋地敷设，屏蔽层

及钢管两端应接地。

9. 系统安全性、可靠性、电磁兼容性、环境适应性

9.0.1 系统安全性设计除应符合现行国家标准《安全防范工程技术规范》GB 50348 的相关规定外，尚应符合下列规定：

(1) 系统选用的设备，不应引入安全隐患，不应对被防护目标造成损害。

(2) 系统的主电源宜直接与供电线路物理连接，并对电源连接端子进行防护设计，保证系统通电使用后无法人为断电关机。

(3) 系统供电暂时中断，恢复供电后，系统应不需设置即能恢复原有工作状态。

(4) 系统中所用设备若与其他系统的设备组合或集成在一起时，其入侵报警单元的功能要求、性能指标必须符合本规范和《防盗报警控制器通用技术条件》GB 12663 等国家现行标准的相关规定。

9.0.2 系统可靠性设计应符合现行国家标准《安全防范工程技术规范》GB 50348 的相关规定。

9.0.3 系统电磁兼容性设计应符合现行国家标准《安全防范工程技术规范》GB50348 的相关规定。系统所选用的主要设备应符合电磁兼容试验系列标准的规定，其严酷等级应满足现场电磁环境的要求。

9.0.4 系统环境适应性除应符合现行国家标准《安全防范工程技术规范》GB 50348 的相关规定外，尚应符合下列规定：

(1) 系统所选用的主要设备应符合现行国家标准《报警系统环境试验》GB/T 15211 的相关规定，其严酷等级应符合系统所在地域环境的要求。

(2) 设置在室外的设备、部件、材料，应根据现场环境要求做防晒、防淋、防冻、防尘、防浸泡等设计。

10. 监控中心

10.0.1 监控中心的设计应符合现行国家标准《安全防范工程技术规范》GB 50348 的相关规定。

10.0.2 当入侵报警系统与安全防范系统的其他子系统联合设置时，中心控制设备应设置在安全防范系统的监控中心。

10.0.3 独立设置的入侵报警系统，其监控中心的门、窗应采取防护措施。

附录 A：设计流程与深度

A.1 设计流程

A.1.1 入侵报警系统工程的设计应按照“设计任务书的编制—现场勘察—初步设计—方案论证—施工图设计文件的编制(正式设计)”的流程进行。

A.1.2 对于新建建筑的入侵报警系统工程，建设单位应向入侵报警系统设计单位提供有关建筑概况、电气和管槽路由等设计资料。

A.2 设计任务书的编制

A.2.1 入侵报警系统工程设计前，建设单位应根据安全防范需求，提出设计任务书。

A.2.2 设计任务书应包括以下内容：

1. 任务来源。

2. 政府部门的有关规定和管理要求(含防护对象的风险等级和防护级别)。

3. 建设单位的安全管理现状与要求。

4. 工程项目的内容和要求(包括功能需求、性能指标、监控中心要求、培训和维修服务等)。

5. 建设工期。

6. 工程投资控制数额及资金来源。

A.3 现场勘察

A.3.1 入侵报警系统工程设计前，设计单位和建设单位应进行现场勘察，并编制现场勘察报告。

A.3.2 现场勘察除应符合现行国家标准《安全防范工程技术规范》GB 50348 的相关规定外，尚应符合以下规定：

1. 了解防护对象所在地以往发生的有关案件、周边噪声及振动等环境情况。

2. 了解监控中心和/或报警接收中心有关的信息传输要求。

A.4 初步设计

A.4.1 初步设计的依据应包括以下内容：

1. 相关法律法规和国家现行标准。

2. 工程建设单位或其主管部门的有关管理规定。

3. 设计任务书。

4. 现场勘察报告、相关建筑图纸及资料。

A.4.2 初步设计应包括以下内容：

1. 建设单位的需求分析与工程设计的总体构思(含防护体系的构架和系统配置)。

2. 防护区域的划分、前端设备的布设与选型。

3. 中心设备(包括控制主机、显示设备、记录设备等)的选型。

4. 信号的传输方式、路由及管线敷设说明。

5. 监控中心的选址、面积、温湿度、照明等要求和设备布局。

6. 系统安全性、可靠性、电磁兼容性、环境适应性、供电、防雷与接地等的说明。

7. 与其他系统的接口关系(如联动、集成方式等)。

8. 系统建成后的预期效果说明和系统扩展性的考虑。

9. 对人防、物防的要求和建议。

10. 设计施工一体化企业应提供售后服务与技术培训承诺。

A.4.3 初步设计文件应包括设计说明、设计图纸、主要设备器材清单和工程概算书。

A.4.4 初步设计文件的编制应包括以下内容：

1. 设计说明应包括工程项目概述、设防策略、系统配置及其他必要的说明。

2. 设计图纸应包括系统图、平面图、监控中心布局示意图及必要说明。

3. 设计图纸应符合以下规定：

(1) 图纸应符合国家制图相关标准的规定，标题栏应完整，文字应准确、规范，应有相关人员签字，设计单位盖章；

(2) 图例应符合《安全防范系统通用图形符号》GA/T 74 等国家现行相关标准的规定；

(3) 在平面图中应标明尺寸、比例和指北针；

(4) 在平面图中应包括设备名称、规格、数量和其他必要的说明。

4. 系统图应包括以下内容：

(1) 主要设备类型及配置数量；

(2) 信号传输方式、系统主干的管槽线缆走向和设备连接关系；

(3) 供电方式；

(4) 接口方式(含与其他系统的接口关系)；

(5) 其他必要的说明。

5. 平面图应包括以下内容：

(1) 应标明监控中心的位置及面积；

(2) 应标明前端设备的布设位置、设备类型和数量等；

(3) 管线走向设计应对主干管路的路由等进行标注；

(4) 其他必要的说明。

6. 对安装部位有特殊要求的，宜提供安装示意图等工艺性图纸。

7. 监控中心布局示意图应包括以下内容：

(1) 平面布局和设备布置；

(2) 线缆敷设方式；

(3) 供电要求；

(4) 其他必要的说明。

8. 主要设备材料清单应包括设备材料名称、规格、数量等。

9. 按照工程内容，根据《安全防范工程费用预算编制办法》GA/T 70 等国家现行相关标准的规定，编制工程概算书。

A.5 方案论证

A.5.1 工程项目签订合同、完成初步设计后，宜由建设单位组织相关人员对包括入侵报警系统在内的安防工程初步设计进行方案论证。风险等级较高或建设规模较大的安防工程项目应进行方案论证。

A.5.2 方案论证应提交以下资料：

1. 设计任务书。

2. 现场勘察报告。

3. 初步设计文件。

4. 主要设备材料的型号、生产厂家、检验报告或认证证书。

A.5.3 方案论证应包括以下内容：

1. 系统设计是否符合设计任务书的要求。

2. 系统设计的总体构思是否合理。

3. 设备的选型是否满足现场适应性、可靠性的要求。

4. 系统设备配置和监控中心的设置是否符合防护级别的要求。

5. 信号的传输方式、路由及管线敷设是否合理。

6. 系统安全性、可靠性、电磁兼容性、环境适应性、供电、防雷与接地是否符合相关标准的规定。

7. 系统的可扩展性、接口方式是否满足使用要求。

8. 初步设计文件是否符合 A.4.3 和 A.4.4 的规定。

9. 建设工期是否符合工程现场的实际情况和满足建设单位的要求。

10. 工程概算是否合理。

11. 对于设计施工一体化企业，其售后服务承诺和培训内容是否可行。

A.5.4 方案论证应对第 A.5.3 条的内容做出评价，形成结论(通过、基本通过、不通过)，提出整改意见，并经建设单位确认。

A.6 施工图设计文件的编制(正式设计)

A.6.1 施工图设计文件编制的依据应包括以下内容：

1. 初步设计文件。

2. 方案论证中提出的整改意见和设计单位所做出的并经建设单位确认的整改措施。

A.6.2 施工图设计文件应包括设计说明、设计图纸、主要设备材料清单和工程预算书。

A.6.3 施工图设计文件的编制应符合以下规定：

1. 施工图设计说明应对初步设计说明进行修改、补充、完善，包括设备材料的施工工艺说明、管线敷设说明等，并落实整改措施。

2. 施工图纸应包括系统图、平面图、监控中心布局图及必要说明，并应符合第 A.4.4 条第 3 款的规定。

3. 系统图应在第 A.4.4 条第 4 款的基础上，充实系统配置的详细内容(如立管图)，标注设备数量，补充设备接线图，完善系统内的供电设计等。

4. 平面图应包括下列内容：

(1) 前端设备设防图应正确标明设备安装位置、安装方式和设备编号等，并列出设备统计表；

(2) 前端设备设防图可根据需要提供安装说明和安装大样图；

(3) 管线敷设图应标明管线的敷设安装方式、型号、路由、数量，末端出线盒的位置高度等；分线箱应根据需要，标明线缆的走向、端子号，并根据要求在主干线路上预留适当数量的备用线缆，并列出材料统计表；

(4) 管线敷设图可根据需要提供管路敷设的局部大样图；

(5) 其他必要的说明。

5. 监控中心布局图应包括以下内容：

(1) 监控中心的平面图应标明控制台和显示设备的位置、外形尺寸、边界距离等；

(2) 根据人机工程学原理，确定控制台、显示设备、机柜以及相应控制设备的位置、尺寸；

(3) 根据控制台、显示设备、设备机柜及操作位置的布置，标明监控中心内管线走向、开孔位置；

(4) 标明设备连线和线缆的编号；

(5) 说明对地板敷设、温湿度、风口、灯光等装修要求；

(6) 其他必要的说明。

6. 按照施工内容，根据《安全防范工程费用预算编制办法》GA/T 70 等国家现行相关标准的规定编制工程预算书。

附录 B：常用入侵探测器的选型要求

超声波多普勒探测器：属室内空间型探测器，吸顶式安装，特点是没有死角且成本低，

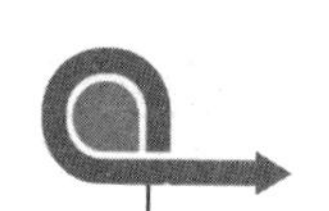

其安装设计要点是水平安装，距地宜小于 3.6m，壁挂式安装时距地 2.2m 左右，透镜的法线方向宜与可能入侵方向成 180º 角，适宜警戒有较好密封性的空间；但却不适合安装在简易或密封性不好的室内、有活动物和可能有活动物的地方，也不适合安装在环境嘈杂、附近有金属打击声、汽笛声、电铃等高频声响的场合。

微波多普勒探测器：属室内空间型探测器，壁挂式安装，特点是不受声、光、热的影响，其安装要点是距地面 1.5～2.2m，透镜的法线方向宜与可能入侵的方向成 180º 角，探测区严禁对着房间的外墙、外窗等。这种探测器可在环境噪声较强、光变化、热变化较大的条件下正常工作，但却不适合安装在有活动物和可能有活动物的地方、存在微波段高频电磁场的环境以及防护区域内有过大、过厚的物体等场合。

被动红外入侵探测器：属室内空间型探测器，可吸顶式安装、壁挂式安装。因是被动式，不发射任何信号，同一区域多台交叉使用互不干扰，功耗低，可靠性较好。其安装要点是：吸顶安装，距地宜小于 3.6m；壁挂安装，距地宜 2.2m 左右，透镜的法线方向应与可能入侵的方向成 90º 角左右。适宜在日常环境噪声较大的地方使用，当环境温度在 15～25℃时探测效果最佳，但却不适合安装在背景有热冷变化，如冷热气流、强光间歇照射等；背景温度接近人体温度；强电磁场干扰；小动物频繁出没场合等。目前的被动红外探测器已有自动温度补偿技术、抗小动物干扰技术、防遮挡技术、抗强光干扰技术、智能鉴别技术等辅助功能，使这种探测器性能更加完善。

幕帘探测器：属平面警戒型探测器，可安装在顶棚与立墙拐角处，用于监视窗口附近平面区域的非法入侵行为。其安装要点是透镜的法线方向宜与窗户平行，适宜在窗户内窗台较大或与窗户平行的墙面无遮挡等场合；但却不适合安装在窗户内窗台较小或与窗户平行的墙面有遮挡的地方，也不适宜紧贴窗帘安装。

微波和被动红外复合入侵探测器：属室内空间型探测器，吸顶或壁挂式安装，与被动红外探测器相比，误报警率大大降低，可靠性较好。其安装要点是吸顶安装时，距地宜小于 4.5m，壁挂安装时，距地宜在 2.2m 左右，透镜的法线方向应与可能入侵的方向成 135º 角。适宜在日常环境噪声较大的地方使用，当环境温度在 15～25℃时的探测效果最佳。但仍不适宜背景温度接近人体温度、小动物频繁出没等场合使用。目前的这类探测器还具有双—单转换型、自动温度补偿技术、抗小动物干扰技术、防遮挡技术、智能鉴别技术等附加功能。

被动式玻璃破碎探测器：属室内空间型探测器，安装方式有吸顶、壁挂等，因是被动式工作，仅对玻璃破碎等高频声响敏感。其安装要点是所要保护的玻璃应在探测器保护范围之内，并应安装在尽量靠近被保护玻璃附近的墙壁或天花板上，但却不适合安装在日常环境噪声较大、环境嘈杂，附近有金属打击声、汽笛声、电铃等高频声响的场合。

振动式入侵探测器：可有室内、室外型探测器，被动式工作，可安装在墙壁、天花板、玻璃室外地面表层物下面、保护栏网或桩柱等地方，最好与被防护对象实现刚性连接。但须远离振源，且不适宜在地质板结的冻土或土质松软的泥土地上、或时常引起振动、或环境过于嘈杂的场合安装。

主动红外入侵探测器：可有室内、室外型的周界控制探测器(一般室内机不能用于室外)，因工作中使用红外脉冲、便于隐蔽。安装要点是：红外光路不能有阻挡物，并严禁阳光直射到接收机透镜内，还应防止入侵者从光路下方或上方侵入室内。这种探测器不适宜在室外恶劣气候，特别是经常有浓雾、毛毛雨的地域或动物经常出没的场所，以及灌木丛、杂草、树叶树枝多的地方使用。

振动电缆入侵探测器：这种探测器室内、室外均可使用，使用中可与室内外各种实体周界防护配合使用，如在围栏、房屋墙体、围墙内侧或外侧等，安装高度宜在防护实体的2/3处。但在网状围栏上安装应满足产品安装要求，报警控制设备最好应有智能鉴别技术。在嘈杂振动的环境中不宜使用这种探测器。

泄漏电缆入侵探测器：这种探测器室内、室外均可使用，它可随地形埋设，甚至可埋入墙体，使用环境灵活。但仍应注意：埋入地域应尽量避开金属堆积物、并要求两探测电缆间无活动物体、无高频电磁场存在。报警控制设备最好应有智能鉴别技术。

磁开关入侵探测器：这种探测器可安装在各种门、窗、抽屉等的开启处。它体积小、可靠性好；通常干簧管宜置于固定框上，磁铁置于门窗等的活动部位上，两者宜安装在产生位移最大的位置，其间距应满足产品安装要求。这种探测器宜在无强磁场存在场合使用。在确有强磁场存在情况下，或在特制门窗使用时宜选用特制门窗专用的门磁开关。

紧急报警装置：这种探测器用于可能发生直接威胁生命的场所(如金融营业场所、值班室、收银台等)利用人工启动(手动报警开关、脚踢报警开关等)发出报警信号。使用中要隐蔽安装，一般安装在紧急情况下人员较易可靠触发的部位，但应有日常工作环境防误触发的措施。这种探测器触发报警后能自锁，复位需采用人工操作方式或专用钥匙。

注：本规范附录中常用入侵探测器的选型要求原为表格方式。

附录B　出入口控制系统技术要求

中华人民共和国公共安全行业标准(GA/T 934—2002)

出入口控制系统技术要求(摘要)

1. 范围

本标准规定了出入口控制系统的技术要求，是设计、验收出入口控制系统的基本依据。

本标准适用于以安全防范为目的，对规定目标信息进行登录、识别和控制的出入口控制系统或设备。其他出入口控制系统或设备[如楼宇对讲(可视)系统、防盗安全门等]由相应的技术标准做出规定。

2. 规范性引用文件

下列文件中的条款通过本标准的引用而成为本标准的条款。凡是注日期的引用文件，其随后所有的修改单(不包括勘误的内容)或修订版均不适用于本标准，然而，鼓励根据本标准达成协议的各方研究是否可使用这些文件的最新版本。凡是不注日期的引用文件，其最新版本适用于本标准。

GB 4208—1993　外壳防护等级(IP 代码)(eqv IEC529:1989)

GB 8702　电磁辐射防护规定

GB 12663　防盗系统环境试验

GB/T 15211　报警系统环境试验

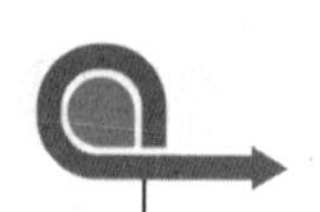

GB/16796—1997 安全防范报警设备 安全要求和试验方法

GB/T 17626.2—1998 电磁兼容 试验和测量技术 静电放电抗扰度试验(idt IEC61000-4-2:1995)

GB/T 17626.3—1998 电磁兼容 试验和测量技术 射频电磁场辐射抗扰度试验(idt IEC61000-4-3:1995)

GB/T 17626.4—1998 电磁兼容 试验和测量技术 电快速瞬变脉冲群抗扰度试验(idt IEC61000-4-4:1995)

GB/T 17626.5—1999 电磁兼容 试验和测量技术 浪涌(冲击)抗扰度试验(idt IEC61000-4-5:1995)

GB/T 17626.11—1999 电磁兼容 试验和测量技术 电压暂降、短时中断及电压变化的抗扰度试验(idt IEC61000-4-11:1994)

GA/T 73—1994 机械防盗锁

GA/T 74—2000 安全防范系统通用图形符号

3. 术语和定义

下列术语和定义适用于本标准。

3.1 出入口 access

控制人员和/或物品通过的通道口。

3.2 出入口控制系统 control system

采用电子与信息技术，识别、处理相关信息并驱动执行机构动作和/或指示，从而对目标在出入口的出入行为实施放行、拒绝、记录和报警等操作的设备(装置)或网络。

3.3 目标 object

通过出入口且需要加以控制的人员和/或物品。

3.4 目标信息 objectct information

赋予目标或目标特有的、能够识别的特征信息。数字、字符、图形图像、人体生物特征、物品特征、时间等均可成为目标信息。

3.5 钥匙 key

用于操作出入口控制系统，取得出入权的信息和/或其载体,系统被设计和制造成只能由其特定的钥匙所操作。

钥匙所表征的信息可以具有表示人和/或物的身份、通行的权限、对系统的操作权限等单项或多项功能。

3.6 人员编码识别 human coding identification

通过编码识别(输入)装置获取目标人员的个人编码信息的一种识别。

3.7 物品编码识别 article coding identification

通过编码识别(输入)装置读取目标物品附属的编码载体而对该物品信息的一种识别。

3.8 人体生物特征信息 human body biologic characteristic

目标人员个体与生俱来的，不可模仿或极难模仿的那些体态特征信息或行为，且可以被转变为目标独有特征的信息。

3.9 人体生物特征信息识别 human body biologic characteristic identification

采用生物测定(统计)学方法，获取目标人员的生物特征信息并对该信息进行的识别。

3.10 物品特征信息 article characteristic

目标物品特有的物理、化学等特性且可被转变为目标独有物征的信息。

3.11 物品特征信息识别 article characteristic identification

通过辨识装置对预定物品特征信息进行的识别。

3.12 密钥、密钥量与密钥差异 key-code, amount of key-code, difference of key-code

可以构成单个钥匙的目标信息即为密钥。

系统理论上可具有的所有钥匙所表征的全体密钥数量即为系统密钥量。如果某系统具有不同种类的、权限并重的钥匙，则分别计算各类钥匙的密钥量，取其中密钥量最低的作为系统的密钥量。

构成单个钥匙的目标信息之间的差别即为密钥差异。

3.13 钥匙的授权 key authorization

准许某系统中某种或某个、某些钥匙的操作。

3.14 误识 false identification

系统将某个钥匙识别为该系统其他钥匙。

3.15 拒认 refuse identification

系统未对某个经正常操作的本系统钥匙做出识别响应。

3.16 识读现场 identification local

对钥匙进行识读的场所和/或环境。

3.17 识读现场设备 local identify equipment

在识读现场的、出入目标可以接触到的、有防护面的设备(装置)。

3.18 防护面 protection surface

设备完成安装后，在识读现场可能受到人为破坏或被实施技术开启，因而需加以防护的设备的结构面。

3.19 防破坏能力 anti destroyed ability

在系统完成安装后，具有防护面的设备(装置)抵御专业技术人员使用规定工具实施破坏性攻击，即出入口不被开启的能力(以抵御出入口被开启所需要的净工作时间表示)。

3.20 防技术开启能力 anti technical opened ability

在系统完成安装后，具有防护面的设备(装置)抵御专业技术人员使用规定工具实施技术开启(如各种试探、扫描、模仿、干扰等方法使系统误识或误动作而开启)，即出入口不被开启的能力(以抵御出入口被开启所需要的净工作时间表示)。

3.21 复合识别 combination identification

系统对某目标的出入行为采用两种或两种以上的信息识别方式并进行逻辑相与判断的一种识别方式。

3.22 防目标重入 anti pass-back

能够限制经正常操作已通过某出入口的目标，未经正常通行轨迹而再次操作又通过该出入口的一种控制方式。

3.23 多重识别控制 multi-identification control

系统采用某一种识别方式，须同时或在约定时间内对两个或两个以上目标信息进行识别后才能完成对某一出入口实施控制的一种控制方式。

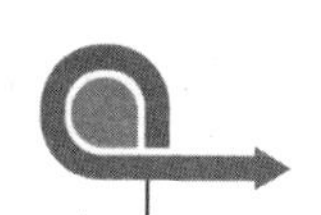

3.24 异地核准控制 remote approve control

系统操作人员(管理人员)在非识读现场(通常是控制中心)对虽能通过系统识别、允许出入的目标进行再次确认，并针对此目标遥控关闭或开启某出入口的一种控制方式。

3.25 受控区、同级别受控区、高级别受控区 controlled area，the same level controlled area, high level controlled area

如果某一区域只有一个(或同等作用的多个)出入口，则该区域视为这一个(或这些)出入口的受控区，即某一个(或同等作用的多个)出入口所限制出入的对应区域，就是它(它们)的受控区。具有相同出入限制的多个受控区，互为同级别受控区。

具有比某受控区的出入限制更为严格的其他受控区，是相对于该受控区的高级别受控区。

4. 系统功能要求

4.1 系统概述

出入口控制系统主要由识读部分、传输部分、管理/控制部分和执行部分以及相应的系统软件组成。

4.2 系统构成模式

出入口控制系统有多种构建模式。按其硬件构成模式划分，可分为一体型和分体型；按其管理/控制方式划分，可分为独立控制型、联网控制型和数据载体传输控制型。

4.2.1 一体型与分体型

4.2.1.1 一体型

一体型出入口控制系统的各个组成部分通过内部连接、组合或集成在一起，实现出入口控制的所有功能。

4.2.1.2 分体型

分体型出入口控制系统的各个组成部分，在结构上有分开的部分，也有通过不同方式组合的部分。分开部分与组合部分之间通过电子、机电等手段连成一个系统，实现出入口控制的所有功能。

4.2.2 独立控制型、联网控制型与数据载体传输控制型

4.2.2.1 独立控制型

独立控制型出入口控制系统，其管理/控制部分的全部显示/编程/管理/控制等功能均在一个设备(出入口控制器)内完成。

4.2.2.2 联网控制型

联网控制型出入口控制系统，其管理/控制部分的全部显示/编程/管理/控制功能不在一个设备(出入口控制器)内完成。其中，显示/编程功能由另外的设备完成。设备之间的数据传输通过有线和/或无线数据通道及网络设备实现。

4.2.2.3 数据载体传输控制型

数据载体传输控制型出入口控制系统与联网控制型出入口控制系统区别仅在于数据传输的方式不同。其管理/控制部分的全部显示/编程/管理/控制等功能不在一个设备(出入口控制器)内完成。其中，显示/编程工作由另外的设备完成。设备之间的数据传输通过对可移动的、可读写的数据载体的输入/导出操作完成系统的防护级别由所用设备的防护面外壳的防护能力、防破坏能力、防技术开启能力以及系统的控制能力、保密性等因素决定。系统的

防护级别分为 A、B、C 三个等级。推荐采用的系统各组成部分的防护级别的分级方法见附录 A。

4.3.1 系统识读部分的防护级别

系统识读部分的防护能力分级与相应要求见附录 A 中的表 A.1(略)。

4.3.2 系统管理/控制部分的防护级别

系统管理/控制部分的防护能力分级与相应要求见附录 A 中的表 A.2(略)。

4.3.3 系统执行部分的防护级别

系统执行部分的防护能力分级与相应要求见附录 A 中的表 A.3(略)。

4.4 系统功能

4.4.1 出入授权

系统将出入目标的识别信息及载体授权为钥匙，并记录于系统中。应能设定目标的出入授权，即何时、何出入目标、可出入何出入口、可出入的次数和通行的方向等权限。

在网络型系统中，除授权、查询、集中报警、异地核准控制等管理功能外，对本标准所要求的功能而言，均不应依赖于中央管理主机是否工作。

4.4.2 系统响应时间

系统的下列主要操作响应时间应小于 2s。

a) 除工作在异地核准控制模式外，从识读部分获取一个钥匙的完整信息开始至执行部分开始启闭出入口动作的时间。

b) 从操作(管理)员发出启闭指令始至执行部分开始启闭出入口动作的时间。

c) 从执行异地核准控制后到执行部分开始启闭出入口动作的时间。

4.4.3 计时

a) 系统校时

系统的与事件记录、显示及识别信息有关的计时部件应有校时功能；在网络型系统中，运行于中央管理主机的系统管理软件每天宜设置向其他的与事件记录、显示及识别信息有关的各计时部件校时功能。

b) 计时精度

非网络型系统的计时精度不低于 5s/d；网络型系统的中央管理主机的计时精度不低于 5 s/d，其他的与事件记录、显示及识别信息有关各计时部件的计时精度不低于 10 s/d。

4.4.4 自检和故障指示

系统及各主要组成部分应有表明其工作正常的自检功能，B、C 防护级别的还应有故障指示功能。

4.4.5 报警

系统报警功能分为现场报警、向操作(值班)员报警、异地传输报警等。报警信号的传输方式可以是有线的和/或无线的，报警信号的显示可以是可见的光显示和/或声音指示。

在发生以下情况时，系统应报警：

a) 当连续若干次(最多不超过 5 次，具体次数应在产品说明书中规定)在目标信息识读设备或管理/控制部分上实施操作时；

b) 当未使用授权的钥匙而强行通过出入口时；

c) 当未经正常操作而使出入口开启时；

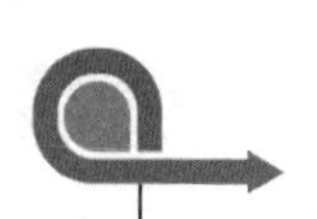

d) 当强行拆除和/或打开 B、C 防护级别的识读现场装置时；

e) 当 C 防护级别的网络型系统的网络连线发生故障时。

在发生以下情况时，系统可报警：

a) 当防护面上的部件受到强烈撞击时；

b) 当出现窃取系统内信息的行为时；

c) 当遭受工具破坏时。

4.4.6 应急开启

系统应具有应急开启的方法。如：

a) 可以使用制造厂特制工具采取特别方法局部破坏系统部件后，使出入口应急开启，且可迅即修复或更换被破坏部分。

b) 可以采取冗余设计，增加开启出入口通路(但不得降低系统的各项技术要求)以实现应急开启。

4.4.7 指示/显示

系统及各部分应对其工作状态、操作与结果、出入准许、发生事件等给出指示。指示可采用可见的、出声的、物体位移和/或其组合等易于被人体感官所觉察的多种方式。

a) 发光指示/显示

发光指示信息宜采用下列颜色区分：

绿色：用以显示“操作正确”“有效”“准许”“放行”等信息，也可以显示“正常”“安全”等信息。

红色：以频率 1Hz 以下的慢闪烁(或恒亮)显示“操作不正确”“无效”“不准许”“不放行”等信息，也可以显示“不正常”等信息；以频率 1Hz 以上的快闪烁显示“报警”“发生故障”“不安全”“电源欠压”等信息。

黄(橙)色：如果使用，则用以显示提醒、显示、预告、警告等类信息。

蓝色：如果使用，则用以显示“准备”“已进入/已离去”“某部分投入工作”等信息。

b) 发声指示/显示

报警时的发声指示应明显区别于其他发声。

非报警的发声指示应是断续的；如采用发声与颜色、图形符号复合指示，则应同步发出和停止。

c) 图形符号指示/显示

图形符号指示/显示所采用的图形符号应符合 GA/T 74 和相关标准的规定。

4.4.8 软件及信息保存要求

a) 除网络型系统的中央管理主机外，对本标准所要求的功能而言，需要的所有软件均应保存到固态存储器中。

b) 具有文字界面的系统管理软件，其用于操作、提示、事件显示等的文字必须是简体中文。

c) 除网络型系统的中央管理主机外，系统中具有编程单元的每个微处理模块，均应设置独立于该模块的硬件监控电路(Watch Dog)，实时监测该模块的程序是否工作正常，当发现该模块的程序工作异常后 3s 内应发出报警信号和/或向该模块发出复位等控制指令，使

其投入正常工作。此操作不应影响系统时钟的正常运行，不应影响授权信息及事件信息的存储。

d) 当电源不正常、掉电或更换电池时，系统的密钥(钥匙)信息及各记录信息不得丢失。

4.5 系统各部分功能

4.5.1 识读部分功能

a) 识读部分应能通过识读现场装置获取操作及钥匙信息并对目标进行识别，应能将信息传递给管理/控制部分处理，也可接受管理/控制部分的指令。

b) 系统应有“识别率”“误识率”“拒认率”“识读响应时间”等指标，并且在产品说明书中举出。

c) 对识读现场装置的各种操作以及接收管理/控制部分的指令等应有对应的指示信号。

d) 采用的识别方法(如编码识别、特征识别)和方式(如“一人/一物与一个识别信息对应”和/或“一类人员/物品与一个识别信息对应”)应操作简单，识读信息可靠。

4.5.2 管理/控制部分功能

a) 管理/控制部分是出入口控制系统的管理/控制中心，也是出入口控制系统的人机管理界面。

b) 系统的管理/控制部分传输信息至系统其他部分的响应时间，应在产品说明书中列举出。

c) 接收识读部分传来的操作和钥匙信息，与预先存储、设定的信息进行比较、判断、对目标的出入行为进行鉴别及核准；对符合出入授权的目标，向执行部分发出予以放行的指令。

d) 设定识别方式、出入口控制方式，输出控制信号。

e) 处理报警情况，发出报警信号。

f) 实现扩展的管理功能(如考勤、巡更等)，与其他控制及管理系统的连接(如与防盗报警、视频监控、消防报警等的联动)。

g) 对系统操作(管理)员的授权管理和登录核准进行管理，应设定操作权限，使不同级别的操作(管理)员对系统有不同的操作能力；应对操作员的交接和登录系统有预定程序；B、C 防护级别的系统应将操作员及操作信息记录于系统中。

h) 事件记录功能：将出入事件、操作事件、报警事件等记录存储于系统的相关载体中，并能形成报表以备查看。A 防护级别的管理/控制部分的现场控制设备中的每个出入口记录总数不小于 32 个，B、C 防护级别的管理/控制部分的现场控制设备中的每个出入口记录总数不小于 1000 个。中央管理主机的事件存储载体，应根据管理与应用要求至少能存储不少于 180d 的事件记录。存储的记录应保持最新的记录值。事件记录采用 4W 的格式，即 When(什么时间)、Who(谁)、Where(什么地方)、What(干什么)。其中时间信息应包含：年、月、日、时、分、秒，年应采用千年记法。

i) 事件阅读、打印与报表生成功能：经授权的操作(管理)员可将授权范围内的事件记录、存储于系统相关载体中的事件信息、进行检索、显示和/或打印，并可生成报表。

4.5.3 执行部分功能

a) 执行部分接收管理/控制部分发来的出入控制命令，在出入口做出相应的动作和/或指示，实现出入口控制系统的拒绝与放行操作和/或指示。

b) 执行部分由闭锁部件或阻挡部件以及出入准许指示装置组成。通常采用的闭锁部件、阻挡部件有：各种电控锁、各种电动门、电磁吸铁、电动栅栏、电动挡杆等；出入准许指示装置主要是发出声响和/或可见光信号的装置。

c) 出入口闭锁部件或阻挡部件在出入口关闭状态和拒绝放行时，其闭锁部件或阻挡部件的闭锁力、伸出长度或阻挡范围等应在其产品标准或产品说明书中明示。

d) 出入准许指示装置可采用声、光、文字、图形、物体位移等多种指示。出入准许指示装置的准许和拒绝两种状态应易于区分而不致混淆。

e) 从收到指令至完成出入口启闭的过程(即完成一次启/闭)的时间应符合 4.4.2 的要求，并在其产品标准或产品说明书中明示。

f) 出入口开启时对通过人员和/或物品的通过的时限和/或数量应在其产品标准或产品说明书中明示。

4.6 传输要求

4.6.1 联网控制型系统中编程/控制/数据采集信号的传输可采用有线和/或无线传输方式，且应具有自检、巡检功能，应对传输路径的故障进行监控。

4.6.2 具有 C 级防护能力的联网控制型系统应有与远程中心进行有线和/或无线通信的接口。

4.7 电源

系统的主电源可以仅使用电池或交流市电供电，也可以使用交流电源转换为低电压直流供电。可以使用二次电池及充电器、UPS 电源、发电机作为备用电源。如果系统的执行部分为闭锁装置，且该装置的工作模式为加电闭锁断电开启时，B、C 防护级别的系统必须使用备用电源。

4.7.1 电池容量

4.7.1.1 仅使用电池供电时，电池容量应保证系统正常开启 10000 次以上。

4.7.1.2 使用备用电池时，电池容量应保证系统连续工作不少于 48h，并在其间正常开启 50 次以上。

4.7.2 主电源和备用电源转换

4.7.3 欠压工作

4.7.3.1 当以交流市电转换为低电压直流供电时，直流电压降低至标称电压值的 85%时，系统应仍正常工作并发出欠压指示。

4.7.3.2 仅以交流市电供电时，当交流市电电压降低至标称电压值的 85%时，系统应仍正常工作并发出欠压指示。

4.7.3.3 仅以电池供电时，当电池电压降低至仅能保证系统正常启闭不少于若干次时应给出欠压指示，该次数由制造厂标示在产品说明中。

4.7.4 过流保护

当出入控制设备的执行启闭动作的电动或电磁等部件短路时，进行任何开启、关闭操作都不得导致电源损坏，但允许更换保险装置。

4.7.5 电源电压范围

4.7.5.1 当交流市电供电时，电源电压在额定值的 85%～115%范围内，系统不需要做任何调整应能正常工作。

4.7.5.2 仅以电池供电时，电源电压在电池的最高电压值和欠压值范围内，系统不需要做任何调整应能正常工作。

4.7.6 外接电源

4.7.6.1 系统可以使用外接电源。在标示的外接电源的电源电压范围内，系统不需要做任何调整应能正常工作。

4.7.6.2 短路外接电源输入口，对系统不应有任何影响。

5. 系统设计与设备安装要求

5.1 系统设计原则

5.1.1 规范性与实用性

系统的设计应基于对现场的实际勘察，根据环境条件、出入管理要求、各受控区的安全要求、投资规模、维护保养以及识别方式、控制方式等因素进行设计。系统设计应符合有关风险等级和防护级别标准的要求，符合有关设计规范、设计任务书及建设方的管理和使用要求。

5.1.2 先进性和互换性

系统的设计在技术上应有适度超前性，可选用的设备应有互换性，为系统的增容和/或改造留有余地。

5.1.3 准确性与实时性

系统应能准确实时地对出入目标的出入行为实施放行、拒绝、记录和报警等操作。

系统的拒认率应控制在可以接受的限度内。采用自定义特征信息的系统不允许有误识，采用模式特征信息的系统的误识率应根据不同的防护级别要求控制在相应范围内。

5.1.4 功能扩展性

根据管理功能要求，系统的设计可利用目标及其出入事件等数据信息，提供如考勤、巡更、客房人员管理、物流统计等功能。

5.1.5 联动性与兼容性

出入口控制系统应能与报警系统、视频安防监控系统等联动。当与其他系统联合设计时，应进行系统集成设计，各系统之间应相互兼容又能独立工作。

用于消防通道口的出入口控制系统应与消防报警系统联动。当火灾发生时，应及时开启紧急逃生通道。

5.2 设备结构、强度及安装要求

5.2.1 设备结构

5.2.1.1 各活动部件依据说明书内容应活动自如，配合到位，手动部件(如键盘、按钮、执手、手柄、转盘等)手感良好。控制机构动作灵活、无卡滞现象。其余应符合 GB12663 的要求。

5.2.1.2 有防护面的设备(装置)的结构应能使该设备(装置)在安装后从防护面不易被拆卸。

5.2.2 操作部件机械强度

5.2.2.1 处于防护面的操作键或按钮应能够承受 60N 按压力、连续 100 次的按动，该键或钮不应产生故障和输入失效现象。

5.2.2.2 处于防护面的接触式编码载体识读装置，能够承受利用编码载体的故意恶意操

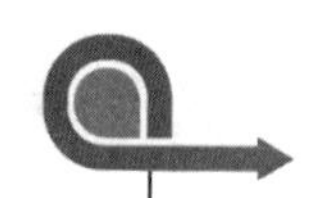

作而不产生故障和损坏。

5.2.2.3 对闭锁后位于防护面的手动开启相关部件施加 980N 的静压力和 11.8N·m 的扭矩时，该部件不应产生变形、损坏、离位现象，闭锁部件也不得被开启。

5.2.3 连接

5.2.3.1 接线柱和引出线的牢固性符合 GB 12663 的要求。

5.2.3.2 系统各设备(装置)之间的连接应有明晰的标示(如接线柱/座有位置、规格、定向等特征，引出线有颜色区分或以数字、字符标示)。

5.2.3.3 执行部分的输入电缆在该出入口的对应受控区、同级别受控区或高级别受控区外的部分，应具有相应的抗拉伸、抗弯折性能，须用强度不低于镀锌钢管的保护材料加以保护。

5.2.3.4 系统各设备(装置)外壳之间的连接应能以隐蔽工程连接。

5.2.4 安装位置

5.2.4.1 识读现场装置的安装位置应便于目标的识读操作。

5.2.4.2 如果管理/控制设备是采用电位和/或电脉冲信号控制和/或驱动执行部分的，则某出入口的与信号相关的接线与连接装置必须置于该出入口的对应受控区、同级别受控区或高级别受控区内。

5.2.4.3 用于完成编程与实时监控任务的出入口管理控制中心，应位于最高级别防区内。

6. 安全性要求

6.1 设备机械、电气安全性

系统所使用的设备均应符合 GB 16796—1997 和相关产品标准的安全性要求。

6.2 通过目标的安全性

系统的任何部分、任何动作以及对系统的任何操作都不应对出入目标及现场管理、操作人员的安全造成危害。

6.3 紧急险情下的安全性

如果系统应用于人员出入控制，且通向出口或安全通道方向为防护面，则系统须与消防监控系统及其他紧急疏散系统联动，当发出火警或需紧急疏散时，不使用钥匙人员应能迅速安全地通过。

7. 电磁兼容性要求

7.1 抗干扰要求

系统所使用设备应能承受如下电磁干扰而能正常工作：

a) 在 GB/T 17626.2—1998 中，严酷等级 3 的静电放电干扰；

b) 在 GB/T 17626.3—1998 中，严酷等级 3 的射频电磁场干扰；

c) 由交流 220V 供电的系统在 GB/T 17626.4—1998 中，严酷等级 3 的快速瞬变脉冲群干扰；

d) 在 GB/T 17626.5—1999 中，严酷等级：交流电源不超过 3，直流电源及其他信号线不超过 2 的浪涌干扰；

e) 由交流 220V 供电的系统在 GB/T 17626.11—1999 中，严酷等级试验中系统工作正常。

7.2 电磁辐射要求

7.2.1 系统中若使用无线发射设备，其电磁辐射功率应符合国家和行业有关法规和标准的要求。

7.2.2 系统中人员操作设备(含视读装置)的电磁辐射应符合 GB 8702 的要求。

8. 防雷接地要求

8.1 设计出入口控制系统时，选用的设备应符合电子设备的雷电防护要求。

8.2 系统应有防雷击措施。应设置电源避雷装置，宜设置信号避雷装置。

8.3 系统应等电位接地。系统单独接地时，接地电阻不大于 4Ω，接地导线截面积应大于 $25mm^2$。

8.4 室外装置和线路的防雷与接地设计应符合有关国家标准和行业标准的要求。

9. 环境适应性要求

9.1 除网络型系统的中央管理主机外，系统所用设备的环境适应性，应满足 GB/T 15211 的要求。不同防护级别的系统设备，按表 1(略)规定的试验项目和严酷等级进行试验，设备应能工作正常。

9.2 在有腐蚀性气体或易燃易爆环境中工作的系统设备，应有相应的保护措施。

10. 可靠性要求

10.1 系统所使用的设备，其平均无故障工作时间(MTBF)不应小于 10000h。

10.2 系统验收后的首次故障时间应大于 3 个月。

11. 标志

11.1 标志应清晰不致误解，不易被擦除。

11.2 标志内容至少包括：

a) 产品代号标记；

b) 制造厂名或注册商标、厂址、售后服务联系方式与号码；

c) 电源性质(交流、直流)、标称电压值或电压范围、标称功率值；

d) 安全符号。

11.3 系统各设备(装置)之间的连接应有明晰的标示(如接线柱/座有位置、规格、定向等特征，引出线有颜色区分或以数字、字符标示)。

12. 文件提供

12.1 制造厂或经销商应为其每套系统提供：

——使用说明；

——安装说明；

——维护说明。

12.2 说明书主要内容：

——外观图、结构图；

——各部位名称、功能、工作说明和设备连接说明；

——出入口开启、闭锁状态的明确说明；

——钥匙和密钥量；

——操作方法；

——出入口完成一次启闭的时间指标；

——系统设计预定的最大目标数目 n_{max}；
——安装、布线方法与程序；
——供电电压(标称电压、欠压值等)、功耗；
——输出与接口规格、型号；
——安装注意事项；
——检验方法；
——维护及保养方法。

设有出入口控制管理中心的网络型出入口控制系统，应有网络与接口类型、线缆规格、传输方式、最大传输距离、数据传输的波等要求，并在其产品说明书中标明性能参数。

12.3 在提供的说明中，不能泄露任何与防破坏和防技术开启能力相关的技术细节，不能暴露系统的薄弱环节和薄弱点。

12.4 在提供的说明中，安装方法和要求应保证系统的防护能力不降低，特别是防破坏和防技术开启能力不能降低。对安装中可能出现的影响系统防护能力的情况应提出警告，对不适宜与系统连接的其他装置或方法也提出警告，对系统及其部件的安装、改动、替换或增加另外部分可能造成的危害应予指出。

附录 C　视频安防监控系统技术要求

中华人民共和国公共安全行业标准(GA/T 367—2001)

视频安防监控系统技术要求(摘要)

1. 范围

本标准规定了建筑物内部及周边地区安全技术防范用视频监控系统(以下简称“系统”)的技术要求，是设计、验收安全技术防范用电视监控系统的基本依据。

本标准适用于以安防监控为目的的新建、扩建和改建工程中的电视监控系统的设计，其他领域的视频监控系统可参照使用。

本标准的技术内容仅适用于模拟系统或部分采用数字技术的模拟系统。

2. 规范性引用文件

下列文件中的条款通过本标准的引用而成为本标准的条款。凡是注日期的引用文件，其随后所有的修改单(不包括勘误的内容)或修订版均不适用于本标准，然而，鼓励根据本标准达成协议的各方研究是否可使用这些文件的最新版本。凡是不注日期的引用文件，其最新版本适用于本标准。

GB 702—1988 电磁辐射防护规定

GB/T 15211—1994 报警系统环境试验

GB/T 15408—1994 报警系统电源装置、测试方法和性能规范(idt IEC 60839-1-2)

GB 16796—1997 安全防范报警设备 安全要求和试验方法

GB/T 17626.2—1998 电磁兼容 试验和测量技术 静电放电抗扰度试验

GB/T 17626.3—1998 电磁兼容 试验和测量技术 射频电磁场辐射抗扰度试验

GB/T 17626.4—1998 电磁兼容 试验和测量技术 电快速瞬变脉冲群抗扰度试验

GB/T 17626.5—1998 电磁兼容 试验和测量技术 浪涌(冲击)抗扰度试验

GB/T 17626.11—1998 电磁兼容 试验和测量技术 电压暂降、短时中断和电压变化抗扰度试验

GB 50198—1994 民用闭路监视电视系统工程技术规范

GA/T 74—2000 安全防范系统通用图形符号

GA/T 75—1994 安全防范工程程序与要求

JGJ/T 16—1992 民用建筑电气设计规范

3. 术语与定义

下列术语和定义适用于本标准。

3.1 视频 video

基于目前的电视模式(PAL 彩色制式，CCIR 黑白制式 625 行，2∶1 隔行扫描)，所需的大约为 6 MHz 或更高带宽的基带信号。

3.2 视频探测 video detecting

采用光电成像技术(从近红外到可见光谱范围内)对目标进行感知并生成视频图像信号的一种探测手段。

3.3 视频监控 video monitoring

利用视频探测手段对目标进行监视、控制和信息记录。

3.4 视频传输 video transmitting

利用有线或无线传输介质，直接或通过调制解调等手段，将视频图像信号从一处传到另一处，从一台设备传到另一台设备。本系统中通常包括视频图像信号从前端摄像机到视频主机设备，从视频主机到显示终端，从视频主机到分控，从视频光发射机到视频光接收机等。

3.5 视频主机 video controller/switcher

通常指视频控制主机，它是视频系统操作控制的核心设备，通常可以完成对图像的切换、云台和镜头的控制等。

3.6 报警图像复核 video check to alarm

当报警事件发生时，视频监控系统能够自动实时调用与报警区域相关的图像，以便对现场状态进行观察复核。

3.7 报警联动 action with alarm

报警事件发生时，引发报警设备以外的其他设备进行动作(如报警图像复核、照明控制等)。

3.8 视频音频同步 synchronization of video and audio

指对同一现场传来的视频、音频信号的同步切换。

3.9 环境照度 environmental illumination

反映目标所处环境明暗的物理量，数值上等于垂直通过单位面积的光通量。

3.10 图像质量 picture quality

指能够为观察者分辨的光学图像质量，它通常包括像素数量、分辨率和信噪比，但主要表现为信噪比。

3.11 图像分辨率 picture resolution

指在显示平面水平或垂直扫描方向上，在一定长度上能够分辨的最多的目标图像的电视线数。

3.12 前端设备 terminal device

指分布于探测现场的各类设备，在本系统中，通常指摄像机以及与之配套的相关设备(如镜头、云台、解码驱动器、防护罩等)。

3.13 分控 branch console

通常指在中心监控室以外设立的控制和观察终端设备。

3.14 视频移动报警 video moving detecting

指利用视频技术探测现场图像变化，一旦达到所设定阈值即发出报警信息的一种报警手段。

3.15 视频信号丢失报警 video loss alarm

指视频主机对前端来的视频信号进行监控时，一旦视频信号的峰值小于设定值，系统即视为视频信号丢失，并给出报警信息的一种系统功能。

4. 技术要求

4.1 系统基本构成

视频安防监控系统一般由前端、传输、控制及显示记录四个主要部分组成。前端部分包括一台或多台摄像机以及与之配套的镜头、云台、防护罩、解码驱动器等；传输部分包括电缆和/或光缆，以及可能的有线/无线信号调制解调设备等；控制部分主要包括视频切换器、云台镜头控制器、操作键盘、种类控制通信接口、电源和与之配套的控制台、监视器柜等；显示记录设备主要包括监视器、录像机、多画面分隔器等。

根据使用目的、保护范围、信息传输方式，控制方式等的不同，视频安防监控系统可有多种构成模式。本标准仅对各种不同类型视频监控系统的共同部分提出了通用技术要求。

4.2 系统设备要求

4.2.1 系统各部分设备选型

4.2.1.1 应满足现场环境要求和功能使用要求，同时应符合现行国家标准和行业标准有关技术要求。

4.2.1.2 前端设备可为分离组合型摄像机，也可为一体化摄像机。

4.2.1.3 传输设备可以为普通的电缆，也可以为光调制解调设备与光纤配合，也可以为微波开路传输设备。

4.2.1.4 显示设备可以是普通的电视机、专业监视器，也可以是显示器和/或其他设备如投影机、组合大屏幕等；记录设备可以为普通录像机、长时延录像机，也可以是数字记录设备如数字硬盘录像设备，以及可能配置的多画面分隔器、大屏幕控制器等。

4.2.1.5 显示设备的配置数量应满足现场监视用摄像机数量和管理使用的要求，即应合理确定视频输入输出的配比关系。

4.2.1.6 显示设备的屏幕尺寸应满足观察者监视要求。

4.2.1.7 数字图像记录设备应根据管理要求，合理选择。设备自身应有不可修改的系统特征信息(如系统“时间戳”、跟踪文件或其他硬件措施)，以保证系统记录资料的完整性。

4.2.1.8 控制设备中的切换器与云台镜头控制器可以是分离的，通常在稍大的系统内，切换器、云台镜头控制器等采用集成式设备。

4.2.2 协调性

各种配套设备的性能及技术要求应协调一致，保证系统的图像质量损失在可接受的范围内。

4.3 系统设计要求

4.3.1 规范性和实用性

视频安防监控系统的设计应基于对现场的实际勘察，根据环境条件、监视对象、投资规模、维护保养以及监控方式等因素统筹考虑。系统的设计应符合有关风险等级和防护级别的要求，符合有关设计规范、设计任务书及建设方的管理和使用要求。

4.3.2 先进性和互换性

视频安防监控系统的设计在技术上应具有适应超前性和设备的互换性，为系统的增容和/或改造留有余地。

4.3.3 准确性

视频安防监控系统安防应能在现场环境条件和所选设备条件下，对防护目标进行准确、实时的监控，应能根据设计要求，清晰显示和/或记录防护目标的可用图像。

4.3.4 完整性

4.3.4.1 系统应保持图像信息和声音信息的原始完整性和实时性，即无论中间过程如何处理，应使最后显示/记录/回放的图像和声音与原始场景保持一致，即在色彩还原性、图像轮廓的还原性(灰度等级)、事件后继性、声音特征等方面均与现场场景保持最大相似性(主观评价)，并且后端图像和声音的实时显示与现场事件发生之间的延迟时间应在合理范围之内。

4.3.4.2 除 4.3.4.1 外，还应对现场视频探测范围有一个合理的分配，以便获得现场的完整的图像信息，减少目标区域的盲区。

4.3.4.3 当需要复核监视现场声音时，系统应配置声音复核装置(音频探测)。

4.3.5 联动兼容性

视频安防监控系统应能与报警系统、出入口控制系统等联动。当与其他系统联合设计时，应进行系统集成设计，各系统之间应相互兼容又能独立工作。

对于中型和大型的视频安防监控系统应能够提供相应的通信接口，以便与上位管理计算机或网络连接，形成综合性的多媒体监控网络。

4.4 系统功能要求

4.4.1 概述

系统应具有对图像信号采集、传输、切换控制、显示、分配、记录和重放的基本功能。

4.4.2 视频探测与图像信号采集

4.4.2.1 视频探测设备应能清晰有效地(在良好配套的传输和显示设备情况下)探测到现场的图像，达到四级(含四级)以上图像质量等级。对于电磁环境特别恶劣的现场，其图像质量应不低于三级。

4.4.2.2 视频探测设备应能适应现场的照明条件。环境照度不满足视频监测要求时，应配置辅助照明。

4.4.2.3 视频探测设备的防护措施应与现场环境相协调，具有相应的设备防护等级。

4.4.2.4 视频探测设备应与观察范围相适应，必要时，固定目标监视与移动目标跟踪配合使用。

4.4.2.5 音频探测范围应与其监测范围相适应。

4.4.3 控制

4.4.3.1 根据系统规模，可设置独立的视频监控室，也可与其他系统共同设置联合监控室，监控室内放置中心控制设备，并为值班人员提供值守场所。

4.4.3.2 监控室应有保证设备和值班人员安全的防范设施。

4.4.3.3 视频监控系统的运行控制和功能操作应在控制台上进行。

4.4.3.4 大型系统应能对前端视频信号进行监测，并能给出视频信号丢失的报警信息。

4.4.3.5 系统应能手动或自动操作，对摄像机、云台、镜头、防护罩的各种动作进行遥控。

4.4.3.6 系统应能手动切换或编程自动切换，对所有的视频输入信号在指定的监视器上进行固定或时序显示。

4.4.3.7 大型和中型系统应具有存储功能，在市电中断或关机时，对所有编程设置、摄像机号、时间、地址等信息均可保持。

4.4.3.8 大型和中型系统应具有与报警控制器联动的接口，报警发生时能切换出相应部位摄像机的图像，予以显示和记录。

4.4.3.9 系统其他功能配置应满足使用要求和冗余度要求。

4.4.3.10 大型和中型系统应具有与音频同步切换的能力。

4.4.3.11 根据用户使用要求，系统可设立分控设施；分控设施通常应包括控制设备和显示设备。

4.4.3.12 系统联动响应时间应不大于 4s。

4.4.4 信号传输

4.4.4.1 信号传输可以采用有线和/或无线介质，利用调制解调等方法；可利用专线或公共通信网络传输。

4.4.4.2 各种传输方式，均应力求视频信号输出与输入的一致性和完整性，详见 4.3.4.1。

4.4.4.3 信号传输应保证图像质量和控制信号的准确性(响应及时和防止误动作)。

4.4.4.4 信号传输应有防泄密措施，有线专线传输应有防信号泄漏和/或加密措施，有线公网传输和无线传输应有加密措施。

4.4.5 图像显示

4.4.5.1 系统应能清晰显示摄像机所采集的图像。即显示设备的分辨率应不低于系统图像质量等级的总体要求。

4.4.5.2 系统应有图像来源的文字提示，日期、时间和运行状态的提示。

4.4.6 视频信号的处理和记录/回放

4.4.6.1 视频移动报警与视频信号丢失报警功能可根据用户的使用要求增加必要的设施。

4.4.6.2 当需要多画面组合显示或编码记录时，应提供视频信号处理装置——多画面分隔器。

4.4.6.3 根据需要，对下列视频信号和现场声音应使用图像和声音记录系统存储：

a) 发生事件的现场及其全过程的图像信号和声音信号；

b) 预定地点发生报警时的图像信号和声音信号；

c) 用户需要掌握的动态现场信息。

4.4.6.4 应能对图像的来源、记录的时间、日期和其他的系统信息进行全部或有选择的记录。对于特别重要的固定区域的报警录像宜提供报警前的图像记录。

4.4.6.5 记录图像数据的保存时间应根据应用场合和管理需要合理确定。

4.4.6.6 图像信号的记录方式可采用模拟式和/或数字式，应根据记录成本和法律取证的有效性(记录内容的唯一性和不可改性)等因素综合考虑。

4.4.6.7 系统应能够正确回放记录的图像和声音，回放效果应满足 4.3.4.1 的要求。系统应能正确检索记录信息的时间地点。

4.4.7 系统分级

系统可根据其规模、功能、设备性能指标的不同进行分级。

4.5 电源

4.5.1 供电范围

视频安防监控系统的供电范围包括系统所有设备及辅助照明设备。

4.5.2 电源总要求

视频安防监控系统专有设备所需电源装置，应有稳压电源和备用电源。

4.5.3 稳压电源

稳压电源应具有净化功能，其标称功率应大于系统使用总功率的 1.5 倍。性能符合 GB/T 15408 的规定。

4.5.4 备用电源

备用电源(可根据需要不对辅助照明供电)，其容量应至少能保证系统正常工作时间不小于 1h。备用电源可以是下列之一或其组合：

① 二次电池及充电器；

② UPS 电源；

③ 备用发电机。

4.5.5 前端设备供电方式

前端设备(不含辅助照明装置)供电应合理配置，宜采用集中供电方式。

4.5.6 辅助照明电源要求

辅助照明的电源可根据现场情况合理配置。

4.5.7 电源安全要求

电源应具有防雷和防漏电措施，具有安全接地。

4.6 安装要求

4.6.1 安装方式

前端设备安装方式应满足 GB 50198 的要求。

4.6.2 线缆敷设

线缆敷设应符合 JGJ/T 16 的规定。

4.6.3 其他要求

控制及显示记录设备安装应满足安全性要求和管理使用的要求。

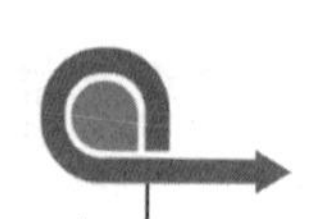

5. 安全性要求

5.1 视频安防监控系统所用设备应符合 GB 16796 和相关产品标准规定的安全要求。

5.2 视频安防监控系统的任何部分的机械结构应有足够的强度，能满足使用环境的要求，并能防止由于机械不稳定、移动、突出物和锐边造成对人员的危害。

5.3 传输过程的信息安全应满足 4.4.4.4 的要求。

5.4 健康防护和环保应满足 9.2 的要求。

5.5 设备在特殊环境使用的安全性应满足 7.2 和 7.3 的要求。

5.6 系统接地应满足第 6 条的要求。

6. 防雷接地要求

6.1 设计系统时，选用的设备应符合电子设备的雷电防护要求。

6.2 系统应有防雷击措施。应设置电源避雷装置，宜设置信号避雷或隔离装置。

6.3 系统应等电位接地。接地装置应满足系统抗干扰和电气安全的双重要求，并不得与强电的电网零线短接或混接。系统单独接地时，接地电阻不大于 4Ω，接地导线截面积应大于 $25mm^2$。

6.4 室外装置和线路的防雷和接地设计应结合建筑物防雷要求统一考虑，并符合有关国家标准、行业标准的要求。

7. 环境适应性要求

7.1 系统使用的设备其环境适应性应符合 GB/T 15211 的要求。

7.2 在具有易燃易爆等危险环境下运行的系统设备应有防爆措施，并符合相应国家标准、行业标准的要求。

7.3 在过高、过低温度和/或过高、过低气压环境下和/或在腐蚀性强、湿度大的环境下运行的系统设备，应有相应的防护措施。

8. 系统可靠性要求

8.1 系统所使用设备的平均无故障间隔时间(MTBF)应不小于 5000h。

8.2 系统验收后的首次故障时间应大于 3 个月。

9. 电磁兼容性要求

9.1 抗电磁干扰

系统所使用的设备应能承受如下电磁干扰而正常工作：

a) 在 GB/T 17626.2—1998 中，严酷等级 3 的静电放电干扰；

b) 在 GB/T 17626.3—1998 中，严酷等级 3 的射频电磁场干扰；

c) 在 GB/T 17626.4—1998 中，严酷等级 3 的电快速瞬变脉冲群干扰；

d) 在 GB/T 17626.5—1998 中，严酷等级：交流电源线不超过 3 级；直流、信号、控制及其他输入线不超过 2 级的浪涌(冲击)干扰；

e) 在 GB/T 17626.11—1998 中，严酷等级：40%UT10 个周期的电压暂降；0%UT10 个周期的短暂中断干扰；试验中，系统工作正常，允许图像有微弱干扰，但不影响观察。

9.2 电磁辐射防护

9.2.1 系统中无线发射设备的电磁辐射功率应符合国家和行业有关法规与技术标准的要求。

9.2.2 系统中不与操作人员直接靠近或接触的非无线发射的设备(如视频切换控制器、

摄像机等)，其对外电磁辐射功率应符合国家和行业有关法规和技术标准的要求。

9.2.3 系统中与操作人员直接靠近或接触的设备(如显示设备、操作键盘等)的对外电磁辐射功率除满足 9.2.2 的要求外，还应满足 GB 8702 等有关健康环保标准的要求。

10. 标志

10.1 系统设备的标牌

系统设备应有标牌，标牌的内容至少应包括：设备名称、生产厂家、生产日期或批次、供电额定值等。

10.2 端子和引线

系统各联机端子和引线应以颜色、规格、标示、编号等方法加以标记，以便安装时查找和长期维护。

10.3 标志要求

标记、标牌必须耐久和易读。标牌不应该容易取下且不卷曲。

11. 文件提供

11.1 设备所附说明书

系统所用主要设备应提供安装使用说明书。

说明书的内容包括：外观图、各部位名称、功能、规格、各项重要技术指标、操作方法、安装方法、接线方法、注意事项及环保要求等。

11.2 文件资料

系统设计施工单位应按照 GA/T 75 的要求提供全部的技术文件；文件应规范，图形符号应符合 GA/T 74 的要求。

附录 D　火灾自动报警系统设计规范

中华人民共和国国家标准(GB 50116—1998)

火灾自动报警系统设计规范(摘要)

一、总则

1. 为了合理设计火灾自动报警系统，防止和减少火灾危害，保护人身和财产安全，制定本规范。

2. 本规范适用于工业与民用建筑内设置的火灾自动报警系统，不适用于生产和储存火药、炸药、弹药、火工品等场所设置的火灾自动报警系统。

3. 火灾自动报警系统的设计，必须遵循国家有关方针、政策，针对保护对象的特点，做到安全适用、技术先进、经济合理。

4. 火灾自动报警系统的设计，除执行本规范外，尚应符合现行的有关强制性国家标准、规范的规定。

二、术语

1. 报警区域 alarm zone

将火灾自动报警系统的警戒范围按防火分区或楼层划分的单元。

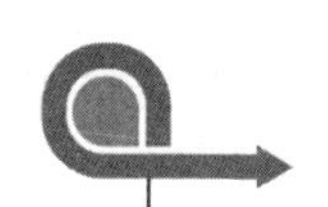

2. 探测区域 detection zone

将报警区域按探测火灾的部位划分的单元。

3. 保护面积 monitoring area

一只火灾探测器能有效探测的面积。

4. 安装间距 spacing

两个相邻火灾探测器中心之间的水平距离。

5. 保护半径 monitoring radius

一只火灾探测器能有效探测的单向最大水平距离。

6. 区域报警系统 local alarm system

由区域火灾报警控制器和火灾探测器等组成，或由火灾报警控制器和火灾探测器等组成，功能简单的火灾自动报警系统。

7. 集中报警系统 remote alarm system

由集中火灾报警控制器、区域火灾报警控制器和火灾探测器组成，或由火灾报警控制器、区域显示器和火灾探测器等组成，功能较复杂的火灾自动报警系统。

8. 控制中心报警系统 control center alarm system

由消防控制室的消防控制设备、集中火灾报警控制器、区域火灾报警控制器和火灾探测器等组成，或由消防控制室的消防控制设备、火灾报警控制器、区域显示器和火灾探测器等组成，功能复杂的火灾自动报警系统。

三、系统保护对象分级及火灾探测器设置部位

3.1 系统保护对象分级

火灾自动报警系统的保护对象应根据其使用性质、火灾危险性、疏散和扑救难度等分为特级、一级和二级，并宜符合表的规定。(表略)

3.2 火灾探测器设置部位

3.2.1 火灾探测器的设置部位应与保护对象的等级相适应。

3.2.2 火灾探测器的设置应符合国家现行有关标准、规范的规定，具体部位可按本规范建议性附录 D 采用。

四、报警区域和探测区域的划分

4.1 报警区域的划分

报警区域应根据防火分区或楼层划分。一个报警区域宜由一个或同层相邻几个防火分区组成。

4.2 探测区域的划分

4.2.1 探测区域的划分应符合下列规定：

4.2.1.1 探测区域应按独立房(套)间划分。一个探测区域的面积不宜超过 500m^2；从主要入口能看清其内部，且面积不超过 1000m^2 的房间，也可划为一个探测区域。

4.2.1.2 红外光束线型感烟火灾探测器的探测区域长度不宜超过 100m；缆式感温火灾探测器的探测区域长度不宜超过 200m；空气管差温火灾探测器的探测区域长度宜在 20～100m 之间。

4.2.2 符合下列条件之一的二级保护对象，可将几个房间划为一个探测区域。

4.2.2.1 相邻房间不超过 5 间，总面积不超过 400m^2，并在门口设有灯光显示装置。

4.2.2.2 相邻房间不超过 10 间，总面积不超过 100 平方米，在每个房间门口均能看清其内部，并在门口设有灯光显示装置。

4.2.3 下列场所应分别单独划分探测区域：

4.2.3.1 敞开或封闭楼梯间；

4.2.3.2 防烟楼梯间前室、消防电梯前室、消防电梯与防烟楼梯间合用的前室；

4.2.3.3 走道、坡道、管道井、电缆隧道；

4.2.3.4 建筑物闷顶、夹层。

五、系统统计

5.1 一般规定

5.1.1 火灾自动报警系统应设有自动和手动两种触发装置。

5.1.2 火灾报警控制器容量和每一总线回路所连接的火灾探测器和控制模块或信号模块的地址编码总数，宜留有一定余量。

5.1.3 火灾自动报警系统的设备，应采用经国家有关产品质量监督检测单位检验合格的产品。

5.2 系统形式的选择和设计要求

5.2.1 火灾自动报警系统形式的选择应符合下列规定：

5.2.1.1 区域报警系统，宜用于二级保护对象；

5.2.1.2 集中报警系统，宜用于一级和二级保护对象；

5.2.1.3 控制中心报警系统，宜用于特级和一级保护对象。

5.2.2 区域报警系统的设计，应符合下列要求：

5.2.2.1 一个报警区域宜设置一台区域火灾报警控制器或一台火灾报警控制器，系统中区域火灾报警控制器或火灾报警控制器不应超过两台。

5.2.2.2 区域火灾报警控制器或火灾报警控制器应设置在有人值班的房间或场所。

5.2.2.3 系统中可设置消防联动控制设备。

5.2.2.4 当用一台区域火灾报警控制器或一台火灾报警控制器警戒多个楼层时，应在每个楼层的楼梯口或消防电梯前室等明显部位，设置识别着火楼层的灯光显示装置。

5.2.2.5 区域火灾报警控制器或火灾报警控制器安装在墙上时，其底边距地面高度宜为1.3～1.5m，其靠近门轴的侧面距墙不应小于 0.5m，正面操作距离不应小于 1.2m。

5.2.3 集中报警系统的设计，应符合下列要求：

5.2.3.1 系统中应设置一台集中火灾报警控制器和两台及以上区域火灾报警控制器，或设置一台火灾报警控制器和两台及以上区域显示器。

5.2.3.2 系统中应设置消防联动控制设备。

5.2.3.3 集中火灾报警控制器或火灾报警控制器，应能显示火灾报警部位信号和控制信号，亦可进行联动控制。

5.2.3.4 集中火灾报警控制器或火灾报警控制器，应设置在有专人值班的消防控制室或值班室内。

5.2.3.5 集中火灾报警控制器或火灾报警控制器、消防联动控制设备等在消防控制室或值班室内的布置，应符合本规范第 6.2.5 条的规定。

5.2.4 控制中心报警系统的设计，应符合下列要求：

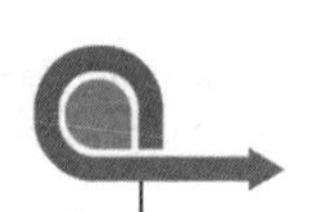

5.2.4.1 系统中至少应设置一台集中火灾报警控制器、一台专用消防联动控制设备和两台及以上区域火灾报警控制器；或至少设置一台火灾报警控制器、一台消防联动控制设备和两台及以上区域显示器。

5.2.4.2 系统应能集中显示火灾报警部位信号和联动控制状态信号。

5.2.4.3 系统中设置的集中火灾报警控制器或火灾报警控制器和消防联动控制设备在消防控制室内的布置，应符合本规范第 6.2.5 条的规定。

5.3 消防联动控制设计要求

5.3.1 当消防联动控制设备的控制信号和火灾探测器的报警信号在同一总线回路上传输时，其传输总线的敷设应符合本规范第 10.2.2 条规定。

5.3.2 消防水泵、防烟和排烟风机的控制设备当采用总线编码模块控制时，还应在消防控制室设置手动直接控制装置。

5.3.3 设置在消防控制室以外的消防联动控制设备的动作状态信号，均应在消防控制室显示。

5.4 火灾应急广播

5.4.1 控制中心报警系统应设置火灾应急广播，集中报警系统宜设置火灾应急广播。

5.4.2 火灾应急广播扬声器的设置，应符合下列要求：

5.4.2.1 民用建筑内扬声器应设置在走道和大厅等公共场所。每个扬声器的额定功率不应小于 3W，其数量应能保证从一个防火分区内的任何部位到最近一个扬声器的距离不大于 25m。走道内最后一个扬声器至走道末端的距离不应大于 12.5m。

5.4.2.2 在环境噪声大于 60dB 的场所设置的扬声器，在其播放范围内最远点的播放声压级应高于背景噪声 15dB。

5.4.2.3 客房设置专用扬声器时，其功率不宜小于 10W。

5.4.3 火灾应急广播与公共广播合用时，应符合下列要求：

5.4.3.1 火灾时应能在消防控制室将火灾疏散层的扬声器和公共广播扩音机强制转入火灾应急广播状态。

5.4.3.2 消防控制室应能监控用于火灾应急广播时的扩音机的工作状态，并应具有监控遥控开启扩音机和采用传声器播音的功能。

5.4.3.3 床头控制柜内设有服务性音乐广播扬声器时，应有火灾应急广播功能。

5.4.3.4 应设置火灾应急广播备用扩音机，其容量不应小于火灾时需同时广播的范围内火灾应急广播扬声器最大容量总和的 1.5 倍。

5.5 火灾报警装置

5.5.1 未设置火灾应急广播的火灾自动报警系统，应设置火灾警报装置。

5.5.2 每个防火分区至少应设一个火灾警报装置，其位置宜设在各楼层走道靠近楼梯出口处。警报装置宜采用手动或自动控制方式。

5.5.3 在环境噪声大于 60dB 的场所设置火灾警报装置时，其警报器的声压级应高于背景噪声 15dB。

5.6 消防专用电话

5.6.1 消防专用电话网络应为独立的消防通信系统。

5.6.2 消防控制室应设置消防专用电话总机，且宜选择共电式电话总机或对讲通信电话设备。

5.6.3 电话分机或电话塞孔的设置，应符合下列要求：

5.6.3.1 下列部位应设置消防专用电话分机：

(1)消防水泵房、备用发电机房、配变电室、主要通风和空调机房、排烟机房、消防电梯机房及其他与消防联动控制有关的且经常有人值班的机房。

(2)灭火控制系统操作装置处或控制室。

(3)企业消防站、消防值班室、总调度室。

5.6.3.2 设有手动火灾报警按钮、消火栓按钮等处宜设置电话塞孔。电话塞孔在墙上安装时，其底边距地面高度宜为 1.3～1.5m。

5.6.3.3 特级保护对象的各避难层应每隔 20m 设置一个消防专用电话分机或电话塞孔。

5.6.4 消防控制室、消防值班室或企业消防站等处，应设置可直接报警的外线电话。

5.7 系统接地

5.7.1 火灾自动报警系统接地装置的接地电阻值应符合下列要求：

5.7.1.1 采用专用接地装置时，接地电阻值不应大于 4Ω；

5.7.1.2 采用共用接地装置时，接地电阻值不应大于 1Ω。

5.7.2 火灾自动报警系统应设专用接地干线，并应在消防控制室设置专用接地板。专用接地干线应从消防控制室专用接地板引至接地体。

5.7.3 专用接地干线应采用铜芯绝缘导线，其线芯截面面积不应小于 $25mm^2$。专用接地干线宜穿硬质塑料管埋设至接地体。

5.7.4 由消防控制室接地板引至各消防电子设备的专用接地线应选用铜芯绝缘导线，其线芯截面面积不应小于 $4mm^2$。

5.7.5 消防电子设备凡采用交流供电时，设备金属外壳和金属支架等应作保护接地，接地线应与电气保护接地干线(PE 线)相连接。

六、消防控制室和消防联动控制

6.1 一般规定

6.1.1 消防控制设备应由下列部分或全部控制装置组成：

6.1.1.1 火灾报警控制器；

6.1.1.2 自动灭火系统的控制装置；

6.1.1.3 室内消火栓系统的控制装置；

6.1.1.4 防烟、排烟系统及空调通风系统的控制装置；

6.1.1.5 常开防火门、防火卷帘的控制装置；

6.1.1.6 电梯回降的控制装置；

6.1.1.7 火灾应急广播的控制装置；

6.1.1.8 火灾警报装置的控制装置；

6.1.1.9 火灾应急照明与疏散指示标志的控制装置。

6.1.2 消防控制设备的控制方式应根据建筑的形式、工程规模、管理体制及功能要求综合确定，并应符合下列规定：

6.1.2.1 单体建筑宜集中控制；

6.1.2.2 大型建筑群宜采用分散与集中相结合控制。

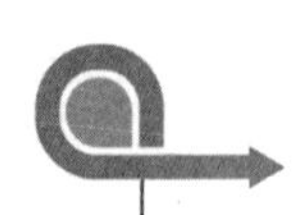

6.1.3 消防控制设备的控制电源及信号回路电压宜采用直流24V 。

6.2 消防控制室

6.2.1 消防控制室的门应向疏散方向开启，且入口处应设置明显的标志。

6.2.2 消防控制室的送、回风管在其穿墙处应设防火阀。

6.2.3 消防控制室内严禁与其无关的电气线路及管路穿过。

6.2.4 消防控制室周围不应布置电磁场干扰较强及其他影响消防控制设备工作的设备用房。

6.2.5 消防控制室内设备的布置应符合下列要求：

6.2.5.1 设备面盘前的操作距离：单列布置时不应小于1.5m；双列布置时不应小于2m。

6.2.5.2 在值班人员经常工作的一面，设备面盘至墙的距离不应小于3m。

6.2.5.3 设备面盘后的维修距离不宜小于1m。

6.2.5.4 设备面盘的排列长度大于4m时，其两端应设置宽度不小于1m的通道。

6.2.5.5 集中火灾报警控制器或火灾报警控制器安装在墙上时，其底边距地面高度宜为1.3～1.5m，其靠近门轴的侧面距墙不应小于0.5m，正面操作距离不应小于1.2m 。

6.3 消防控制设备的功能

6.3.1 消防控制室的控制设备应有下列控制及显示功能；

6.3.1.1 控制消防设备的启、停，并应显示其工作状态；

6.3.1.2 消防水泵、防烟和排烟风机的启、停，除自动控制外，还应能手动直接控制；

6.3.1.3 显示火灾报警、故障报警部位；

6.3.1.4 显示保护对象的重点部位、疏散通道及消防设备所在位置的平面图或模拟图等；

6.3.1.5 显示系统供电电源的工作状态；

6.3.1.6 消防控制室应设置火灾警报装置与应急广播的控制装置，其控制程序应符合下列要求：

(1)二层及以上的楼房发生火灾 ，应先接通着火层及其相邻的上、下层；

(2)首层发生火灾，应先接通本层、二层及地下各层；

(3)地下室发生火灾，应先接通地下各层及首层；

(4)含多个防火分区的单层建筑，应先接通着火的防火分区及其相邻的防火分区。

6.3.1.7 消防控制室的消防通信设备，应符合本规范5.6.2～5.6.4条的规定。

6.3.1.8 消防控制室在确认火灾后，应能切断有关部位的非消防电源，并接通警报装置及火灾应急照明灯和疏散标志灯。

6.3.1.9 消防控制室在确认火灾后，应能控制电梯全部停于首层，并接收其反馈信号。

6.3.2 消防控制设备对室内消火栓系统应有下列控制、显示功能：

6.3.2.1 控制消防水泵的启、停；

6.3.2.2 显示消防水泵的工作、故障状态；

6.3.2.3 显示启泵按钮的位置。

6.3.3 消防控制设备对自动喷水和水喷雾灭火系统应有下列控制、显示功能：

6.3.3.1 控制系统的启、停；

6.3.3.2 显示消防水泵的工作、故障状态；

6.3.3.3 显示水流指示器、报警阀、安全信号阀的工作状态。

6.3.4 消防控制设备对管网气体灭火系统应有下列控制、显示功能：

6.3.4.1 显示系统的手动、自动工作状态；

6.3.4.2 在报警、喷射各阶段，控制室应有相应的声、光警报信号，并能手动切除声响信号；

6.3.4.3 在延时阶段，应自动关闭防火门、窗，停止通风空调系统，关闭有关部位防火阀；

6.3.4.4 显示气体灭火系统防护区的报警、喷放及防火门(帘)、通风空调等设备的状态。

6.3.5 消防控制设备对泡沫灭火系统应有下列控制、显示功能：

6.3.5.1 控制泡沫泵及消防水泵的启、停；

6.3.5.2 显示系统的工作状态。

6.3.6 消防控制设备对干粉灭火系统应有下列控制、显示功能：

6.3.6.1 控制系统的启、停；

6.3.6.2 显示系统的工作状态。

6.3.7 消防控制设备对常开防火门的控制，应符合下列要求：

6.3.7.1 门任一侧的火灾探测器报警后，防火门应自动关闭；

6.3.7.2 防火门关闭信号应送到消防控制室。

6.3.8 消防控制设备对防火卷帘的控制，应符合下列要求：

6.3.8.1 疏散通道上的防火卷帘两侧，应设置火灾探测器组及其警报装置，且两侧应设置手动控制按钮；

6.3.8.2 疏散通道上的防火卷帘，应按下列程序自动控制下降：

(1)感烟探测器动作后，卷帘下降至距地(楼)面 1.8m；

(2)感温探测器动作后，卷帘下降到底。

6.3.8.3 用作防火分隔的防火卷帘，火灾探测器动作后，卷帘应下降到底；

6.3.8.4 感烟、感温火灾探测器的报警信号及防火卷帘的关闭信号应送至消防控制室。

6.3.9 火灾报警后，消防控制设备对防烟、排烟设施应有下列控制、显示功能：

6.3.9.1 停止有关部位的空调送风，关闭电动防火阀，并接收其反馈信号；

6.3.9.2 启动有关部位的防烟和排烟风机、排烟阀等，并接收其反馈信号；

6.3.9.3 控制挡烟垂壁等防烟设施。

七、火灾探测器的选择

7.1 一般规定

7.1.1 火灾探测器的选择，应符合下列要求：

7.1.1.1 对火灾初期有阴燃阶段，产生大量的烟和少量的热，很少或没有火焰辐射的场所，应选择感烟探测器。

7.1.1.2 对火灾发展迅速，可产生大量热、烟和火焰辐射的场所，可选择感温探测器、感烟探测器、火焰探测器或其组合。

7.1.1.3 对火灾发展迅速，有强烈的火焰辐射和少量的烟、热的场所，应选择火焰探测器。

7.1.1.4 对火灾形成特征不可预料的场所，可根据模拟实验的结果选择探测器。

7.1.1.5 对使用、生产或聚集可燃气体或可燃液体蒸气的场所，应选择可燃气体探测器。

7.2 点型火灾探测器的选择

7.2.1 对不同高度的房间，可按表 7.2.1(略)选择点型火灾探测器。

7.2.2 下列场所宜选择点型感烟探测器：

7.2.2.1 饭店、旅馆、教学楼、办公楼的厅堂、卧室、办公室等；

7.2.2.2 电子计算机房、通讯机房、电影或电视放映室等；

7.2.2.3 楼梯、走道、电梯机房等；

7.2.2.4 书库、档案库等；

7.2.2.5 有电气火灾危险的场所。

7.2.3 符合下列条件之一的场所，不宜选择离子感烟探测器：

7.2.3.1 相对湿度经常大于 95%；

7.2.3.2 气流速度大于 5m/s；

7.2.3.3 有大量粉尘、水雾滞留；

7.2.3.4 可能产生腐蚀性气体；

7.2.3.5 在正常情况下有烟滞留；

7.2.3.6 产生醇类、醚类、酮类等有机物质。

7.2.4 符合下列条件之一的场所，不宜选择光电感烟探测器：

7.2.4.1 可能产生黑烟；

7.2.4.2 有大量粉尘、水雾滞留；

7.2.4.3 可能产生蒸气和油雾；

7.2.4.4 在正常情况下有烟滞留。

7.2.5.符合下列条件之一的场所，宜选择感温探测器。

7.2.5.1 相对湿度经常大于 95%；

7.2.5.2 无烟火灾；

7.2.5.3 有大量粉尘；

7.2.5.4 在正常情况下有烟和蒸气滞留；

7.2.5.5 厨房、锅炉房、发电机房、烘干车间等；

7.2.5.6 吸烟室等；

7.2.5.7 其他不宜安装感烟探测器的厅堂和公共场所。

7.2.6 可能产生阴燃火或发生火灾不及时报警将造成重大损失的场所，不宜选择感温探测器；温度在 0℃以下的场所，不宜选择定温探测器；温度变化较大的场所，不宜选择差温探测器。

7.2.7.符合下列条件之一的场所，宜选择火焰探测器：

7.2.7.1 火灾时有强烈的火焰辐射；

7.2.7.2 液体燃烧火灾等无阴燃阶段的火灾；

7.2.7.3 需要对火焰做出快速反应。

7.2.8 符合下列条件之一的场所，不宜选择火焰探测器：

7.2.8.1 可能发生无焰火灾；

7.2.8.2 在火焰出现前有浓烟扩散；

7.2.8.3 探测器的镜头易被污染；

7.2.8.4 探测器的“视线”易被遮挡；

7.2.8.5 探测器易受阳光或其他光源直接或间接照射；

7.2.8.6 在正常情况下有明火作业以及 X 射线、弧光等影响。

7.2.9 下列场所宜选择可燃气体探测器：

7.2.9.1 使用管道煤气或天然气的场所；

7.2.9.2 煤气站和煤气表房以及存储液化石油气罐的场所；

7.2.9.3 其他散发可燃气体和可燃蒸气的场所；

7.2.9.4 有可能产生一氧化碳气体的场所，宜选择一氧化碳气体探测器。

7.2.10 装有联动装置、自动灭火系统以及用单一探测器不能有效确认火灾的场合，宜采用感烟探测器、感温探测器、火焰探测器(同类型或不同类型)的组合。

7.3 线型火灾探测器的选择

7.3.1 无遮挡大空间或有特殊要求的场所，宜选择红外光束感烟探测器。

7.3.2 下列场所或部位，宜选择缆式线型定温探测器：

7.3.2.1 电缆隧道、电缆竖井、电缆夹层、电缆桥架等；

7.3.2.2 配电装置、开关设备、变压器等；

7.3.2.3 各种皮带输送装置；

7.3.2.4 控制室、计算机室的闷顶内、地板下及重要设施隐蔽处等；

7.3.2.5 其他环境恶劣不适合点型探测器安装的危险场所。

7.3.3 下列场所宜选择空气管式线型差温探测器：

7.3.3.1 可能产生油类火灾且环境恶劣的场所；

7.3.3.2 不易安装点型探测器的夹层、闷顶。

八、火灾探测器和手动火灾报警按钮的设置

8.1 点型火灾探测器的设置数量和布置

8.1.1 探测区域的每个房间至少应设置一只火灾探测器。

8.1.2 感烟探测器、感温探测器的保护面积和保护半径，应按表 8.12(略)确定。

8.1.3 感烟探测器、感温探测器的安装间距，应根据探测器的保护面积 A 和保护半径 R 确定，并不应超过本规范附录 A(略)探测器安装间距的极限曲线 D1～D11(含 D9)所规定的范围。

8.1.4 一个探测区域内所需设置的探测器数量，不应小于下式的计算值：

$$N \geqslant S/K \cdot A$$

式中 N——探测器数量，只，N 应取整数，若计算结果为小数，则进位；

A——探测器的保护面积，m^2；

K——修正系数，特级保护对象宜取 0.7～0.8，一级保护对象宜取 0.8～0.9，二级保护对象宜取 0.9～1.0。

S——该探测区域面积，m^2；

8.1.5 在有梁的顶棚上设置感烟探测器、感温探测器时，应符合下列规定：

8.1.5.1 当梁突出顶棚的高度小于 200mm 时，可不计对探测器保护面积的影响。

8.1.5.2 当梁突出顶棚的高度为 200～600mm 时，应按本规范附录 B、附录 C 确定梁对探测器保护面积的影响和一只探测器能够保护的梁间区域的个数。

8.1.5.3 当梁突出顶棚的高度超过 600mm 时，被梁隔断的每个梁间区域至少应设置一只探测器。

8.1.5.4 当被梁隔断的区域面积超过一只探测器的保护面积时，被隔断的区域应按本规范 8.1.4 条规定计算探测器的设置数量。

8.1.5.5 当梁间净距小于 1m 时，可不计梁对探测器保护面积的影响。

8.1.6 在宽度小于 3m 的内走道顶棚上设置探测器时，宜居中布置。感温探测器的安装间距不应超过 10m；感烟探测器的安装间距不应超过 15m；探测器至端墙的距离，不应大于探测器安装间距的一半。

8.1.7 探测器至墙壁、梁边的水平距离，不应小于 0.5m。

8.1.8 探测器周围 0.5m 内，不应有遮挡物。

8.1.9 房间被书架、设备或隔断等分隔，其顶部至顶棚或梁的距离小于房间净高的 5%时，每个被隔开的部分至少应安装一只探测器。

8.1.10 探测器至空调送风口边的水平距离不应小于 1.5m，并宜接近回风口安装。探测器至多孔送风顶棚孔口的水平距离不应小于 0.5m。

8.1.11 当屋顶有热屏障时，感烟探测器下表面至顶棚或屋顶的距离，应符合表 8.111(略)的规定。

8.1.12 锯齿型屋顶和坡度大于 15°的人字形屋顶，应在每个屋脊处设置一排探测器，探测器下表面至屋顶最高处的距离，应符合本规范 8.1.11 的规定。

8.1.13 探测器宜水平安装。当倾斜安装时，倾斜角不应大于 45°。

8.1.14 在电梯井、升降机井设置探测器时，其位置宜在井道上方的机房顶棚上。

8.2 线型火灾探测器的设置

8.2.1 红外光束感烟探测器的光束轴线至顶棚的垂直距离宜为 0.3～1.0m，距地高度不宜超过 20m。

8.2.2 相邻两组红外光束感烟探测器的水平距离不应大于 14m。探测器至侧墙水平距离不应大于 7m，且不应小于 0.5m。探测器的发射器和接收器之间的距离不宜超过 100m。

8.2.3 缆式线型定温探测器在电缆桥架或支架上设置时，宜采用接触式布置；在各种皮带输送装置上设置时，宜设置在装置的过热点附近。

8.2.4 设置在顶棚下方的空气管式线型差温探测器，至顶棚的距离宜为 0.1m。相邻管路之间的水平距离不宜大于 5m；管路至墙壁的距离宜为 1～1.5m。

8.3 手动火灾报警按钮的设置

8.3.1 每个防火分区应至少设置一个手动火灾报警按钮。从一个防火分区内的任何位置到最邻近的一个手动火灾报警按钮的距离不应大于 30m。手动火灾报警按钮宜设置在公共活动场所的出入口处。

8.3.2 手动火灾报警按钮应设置在明显的和便于操作部位。当安装在墙上时，其底边距地高度宜为 1.3～1.5m，且应有明显的标志。

九、系统供电

9.01 火灾自动报警系统应设有主电源和直流备用电源。

9.02 火灾自动报警系统的主电源应采用消防电源，直流备用电源宜采用火灾报警控制器的专用蓄电池或集中设置的蓄电池。当直流备用电源采用消防系统集中设置的蓄电池时，

火灾报警控制器应采用单独的供电回路，并应保证在消防系统处于最大负载状态下不影响报警控制器的正常工作。

9.03 火灾自动报警系统中的 CRT 显示器、消防通讯设备等的电源，供电系统中宜配备 UPS 装置。

9.04 火灾自动报警系统主电源的保护开关不应采用漏电保护开关。

十、布线

10.1 一般规定

10.1.1 火灾自动报警系统的传输线路和 50V 以下供电的控制线路，应采用电压等级不低于交流 250V 的铜芯绝缘导线或铜芯电缆。采用交流 220V/380V 的供电和控制线路应采用电压等级不低于交流 500V 的铜芯绝缘导线或铜芯电缆。

10.1.2 火灾自动报警系统的传输线路的线芯截面选择，除应满足自动报警装置技术条件的要求外，还应满足机械强度的要求。铜芯绝缘导线、铜芯电缆线芯的最小截面面积不应小于表 10.1.2(略)的规定。

10.2 屋内布线

10.2.1 火灾自动报警系统的传输线路应采用穿金属管、经阻燃处理的硬质塑料管或封闭式线槽保护方式布线。

10.2.2 消防控制、通信和警报线路采用暗敷设时，宜采用金属管或经阻燃处理的硬质塑料管保护，并应敷设在不燃烧体的结构层内，且保护层厚度不宜小于 30mm。当采用明敷设时，应采用金属管或金属线槽保护，并应在金属管或金属线槽上采取防火保护措施。采用经阻燃处理的电缆时，可不穿金属管保护，但应敷设在电缆竖井或吊顶内有防火保护措施的封闭式线槽内。

10.2.3 火灾自动报警系统用的电缆竖井，宜与电力、照明用的低压配电线路电缆竖井分别设置。如受条件限制必须合用时，两种电缆应分别布置在竖井的两侧。

10.2.4 从接线盒、线槽等处引到探测器底座盒、控制设备盒、扬声器箱的线路均应加金属软管保护。

10.2.5 火灾探测器的传输线路，宜选择不同颜色的绝缘导线或电缆。正极“+”线应为红色，负极“-”线应为蓝色。同一工程中相同用途导线的颜色应一致，接线端子应有标号。

10.2.6 接线端子箱内的端子宜选择压接或带锡焊接点的端子板，其接线端子上应有相应的标号。

10.2.7 火灾自动报警系统的传输网络不应与其他系统的传输网络合用。

附录 D　火灾探测器的具体设置部位(建议性)

D.1 特级保护对象

D.1.1 特级保护对象火灾探测器的设置部位应符合现行国家标准《高层民用建筑设计防火规范》GB 50045 的有关规定。

D.2 一级保护对象

D.2.1 财贸金融楼的办公室、营业厅、票证库。

D.2.2 电信楼、邮政楼的重要机房和重要房间。

D.2.3 商业楼、商住楼的营业厅，展览楼的展览厅。

D.2.4 高级旅馆的客房和公共活动用房。

D.2.5 电力调度楼、防灾指挥调度楼等的微波机房、计算机房、控制机房、动力机房。

D.2.6 广播、电视楼的演播室、播音室、录音室、节目播出技术用房、道具布景房。

D.2.7 图书馆的书库、阅览室、办公室。

D.2.8 档案楼的档案库、阅览室、办公室。

D.2.9 办公楼的办公室、会议室、档案室。

D.2.10 医院病房楼的病房、贵重医疗设备室、病历档案室、药品库。

D.2.11 科研楼的资料室、贵重设备室、可燃物较多的和火灾危险性较大的实验室。

D.2.12 教学楼的电化教室、理化演示和实验室、贵重设备和仪器室。

D.2.13 高级住宅(公寓)的卧房、书房、起居室(前厅)、厨房。

D.2.14 甲、乙类生产厂房及其控制室。

D.2.15 甲、乙、丙类物品库房。

D.2.16 设在地下室的丙、丁类生产车间。

D.2.17 设在地下室的丙、丁类物品库房。

D.2.18 地下铁道的地铁站厅、行人通道。

D.2.19 体育馆、影剧院、会堂、礼堂的舞台、化妆室、道具室、放映室、观众厅、休息厅及其附设的一切娱乐场所。

D.2.20 高级办公室、会议室、陈列室、展览室、商场营业厅。

D.2.21 消防电梯、防烟楼梯的前室及合用前室，除普通住宅外的走道、门厅。

D.2.22 可燃物品库房、空调机房、配电室(间)、变压器室、自备发电机房、电梯机房。

D.2.23 净高超过 2.6m 且可燃物较多的技术夹层。

D.2.24 敷设具有可延燃绝缘层和外护层电缆的电缆竖井、电缆夹层、电缆隧道、电缆配线桥架。

D.2.25 贵重设备间和火灾危险性较大的房间。

D.2.26 电子计算机的主机房、控制室、纸库、光或磁记录材料库。

D.2.27 经常有人停留或可燃物较多的地下室。

D.2.28 餐厅、娱乐场所、卡拉 OK 厅(房)、歌舞厅、多功能表演厅、电子游戏机房等。

D.2.29 高层汽车库、Ⅰ类汽车库，Ⅰ、Ⅱ类地下汽车库，机械立体汽车库、复式汽车库、采用升降梯作汽车疏散出口的汽车库(敞开车库可不设)。

D.2.30 污衣道前室、垃圾道前室、净高超过 0.8m 的具有可燃物的闷顶、商业用或公共厨房。

D.2.31 以可燃气为燃料的商业和企、事业单位的公共厨房及燃气表房。

D.2.32 需要设置火灾探测器的其他场所。

D.3 二级保护对象

D.3.1 财贸金融楼的办公室、营业厅、票证库。

D.3.2 广播、电视、电信楼的演播室、播音室、录音室、节目播出技术用房、微波机房、通讯机房。

D.3.3 指挥、调度楼的微波机房、通讯机房。

D.3.4 图书馆、档案楼的书库、档案室。

D.3.5 影剧院的舞台、布景道具房。

D.3.6 高级住宅(公寓)的卧房、书房、起居室(前厅)、厨房。

D.3.7 丙类生产厂房、丙类物品库房。

D.3.8 设在地下室的丙、丁类生产车间，丙、丁类物品库房。

D.3.9 高层汽车库、Ⅰ类汽车库，Ⅰ、Ⅱ类地下汽车库，机械立体汽车库、复式汽车库、采用升降梯作汽车疏散出口的汽车库(敞开车库可不设)。

D.3.10 长度超过 500m 的城市地下车道、隧道。

D.3.11 商业餐厅，面积大于 500m^2 的营业厅、观众厅、展览厅等公共活动用房，高级办公室，旅馆的客房。

D.3.12 消防电梯、防烟楼梯的前室及合用前室，除普通住宅外的走道、门厅，商业用厨房。

D.3.13 净高超过 0.8m 的具有可燃物的闷顶，可燃物较多的技术夹层。

D.3.14 敷设具有可延燃绝缘层和外护层电缆的电缆竖井、电缆夹层、电缆隧道、电缆配线桥架。

D.3.15 以可燃气体为燃料的商业和企、事业单位的公共厨房及其燃气表房。

D.3.16 歌舞厅、卡拉 OK 厅(房)、夜总会。

D.3.17 经常有人停留或可燃物较多的地下室。

D.3.18 电子计算机的主机房、控制室、纸库、光或磁记录材料库，重要机房、贵重仪器房和设备房、空调机房、配电房、变压器房、自备发电机房、电梯机房、面积大于 50m^2 的可燃物品库房。

D.3.19 性质重要或有贵重物品的房间和需要设置火灾探测器的其他场所。

注：本标准的其他附录略。

附录 E　公共安全行业标准安全防范系统常用通用图形符号

编号	图形符号	名 称	英 文	说 明
1		周界防护报警装置符号		
1.1	Tx —— IR —— Rx	主动式红外入侵探测器	active infrared intrusion detector	发射、接收分别为 Tx、Rx
1.2	□ —— W —— □	张力导线探测器	tensioned wire detector	
1.3	□ —— E —— □	静电场或电磁场探测器	electrostatic or electromagnetic fence detector	

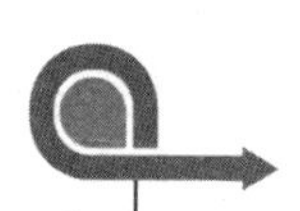

续表

编号	图形符号	名 称	英 文	说 明
1.4	Tx - - M - - Rx	遮挡式微波探测器		
1.5	□- - L - -□	埋入线电场扰动探测器	buried line field disturbance detector	
1.6	□- - c - -□	弯曲或震动电缆探测器	flex or shock sensitive cable detector	
1.6.1	□- - ◖ - -□	微音器电缆探测器	microphonic cable detector	
1.7	□- - F - -□	光缆探测器	fibre optic cable detector	
1.8	□- - ✓ - -□	压力差探测器	pressure differential detector	
1.9	□- - H - -□	高压脉冲探测器	high-voltage pulse detector	
1.10	□- - LD - -□	激光探测器		
1.11	(VVV)	警戒电缆传感器	guardwire cable-sensor	

续表

编号	图形符号	名　称	英　文	说　明
1.12		警戒感应处理器	guardwire sensor processor	
1.13		栅栏	fence	单位地域界标
1.14		保安巡逻打卡器		
2		出入口控制器材		
2.1		楼寓对讲电控防盗门主机	mains control module for flat intercom electrical control door	
2.2		对讲电话分机	interphone handset	
2.3		锁匙电开关	key controlled switches	
2.4		密码开关	code switches	
2.5	EL	电控锁	electro-mechanical lock	

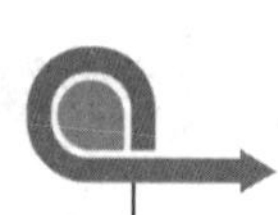

续表

编号	图形符号	名 称	英 文	说 明
2.6		电锁按键	button for electro-mechanic lock	
2.7		声控锁	acoustic control lock	
2.8		可视对讲机	video entry security intercom	
2.9		读卡器	card reader	
2.10		键盘读卡器		
2.11		指纹识别器	fingerprint verfier	
2.12		掌纹识别器	palmorint verifier	
2.13		人像识别器		

续表

编号	图形符号	名　称	英　文	说　明
2.14		眼纹识别器		
3		报警开关		
3.1		紧急脚挑开关	deliberately–operated device(foot)	
3.2		紧急按钮开关	deliberately-operated device(manual)	
3.3		压力垫开关	pressure pad	
3.4		门磁开关	magnetically-gperated protective switch	
4		振动、接近式探测器		
4.1		声波探测器	acoustic detector(airborne vibration)	
4.2		分布电容探测器	capacitive proximity detector	
4.3	P	压敏探测器	pressure-sensitive detector	

续表

编号	图形符号	名 称	英 文	说 明
4.4	B	玻璃破碎探测器	glass-break detector(surface contact)	
4.5	A	振动探测器	vibration detector(structural)	
4.6	A/q	振动声波复合探测器	structural and airborne vibration detector	
5		空间移动探测器		
5.1	IR	被动式红外入侵探测器	passive infrared intrusion detector	
5.2	M	微波入侵探测器	microwave intrusion detector	
5.3	U	超声波入侵探测器	ultrasonic intrusion detector	
5.4	IR/U	被动红外/超声波双技术探测器	IR/U dual –tech motion detector	
5.5	IR/M	被动红外/微波双技术探测器	IR/U dual –technology detector	

续表

编号	图形符号	名　称	英　文	说　明
5.6	x/y/z	三复合探测器		x、y、z 也可是相同的，如 x=y=z=IR
6		声、光报警器		具有内部电源
6.1		声、光报警箱	alarm box	
6.2		报警灯箱	beacon	
6.3		警铃箱	bell	
6.4		警号箱	siren	
7		控制和联网器材		
7.1		电话报警联网适配器		
7.2	s	保安电话	alarm subsidiary interphone	

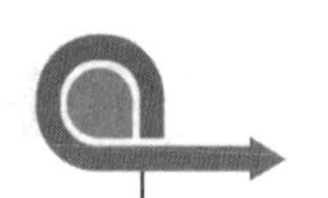

续表

编号	图形符号	名　称	英　文	说　明
7.3		密码操作电话自动报警传输控制箱	key pad control equipment with phone line transeiver	
7.4		电话联网，计算机处理报警接收机	phone line alarm receiver with computer	
7.5		无线报警发射装置器	radio alarm transmitter	
7.6		无线联网计算机处理报警接收机	radio alarm receiver with computer	
7.7		有线和无线报警发送装置	phone and radio alarm transmitter	
7.8		有线和无线网计算机处理接收机	phone and radio alarm receriver with computer	
7.9		模拟显示板	emulation display panel	
7.10		安防系统控制台	control table for security system	
8		报警传输设备		

续表

编号	图形符号	名 称	英 文	说 明
8.1	P	报警中继数据处理机	processor	
8.2	Tx	传输发送器	transmitter	
8.3	Rx	传输接收器	receiver	
8.4	Tx/Rx	传输发送、接收器	transceiver	
9		电视监控器材		
9.1		标准镜头器	standard lens	
9.2		广角镜头	pantoscope lens	
9.3		自动光圈镜头	auto iris lens	
9.4		自动光圈电动聚焦镜头	auto iris lens,motorized focus	

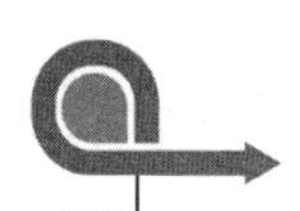

续表

编号	图形符号	名　称	英　文	说　明
9.5		三可变镜头	motorized zoom lens motorized iris	
9.6		黑白摄像机	b/w camera	
9.7		彩色摄像机	color camera	
9.8		微光摄像机器	star light leval camera	
9.9		室外防护罩器	outdoor housing	
9.10		室内防护罩	indoor housing	
9.11		监视器(黑白)	b/w display monitor	
9.12		彩色监视器	color monitor	
9.13	MVT	视频报警器	video motion detector	

续表

编号	图形符号	名 称	英 文	说 明
9.14	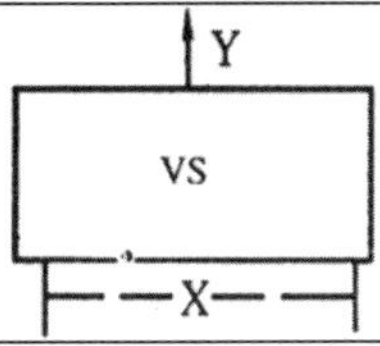 Y VS X	视频顺序切换器	sequential video switcher	X 代表几位输入 Y 代表几位输出
9.15	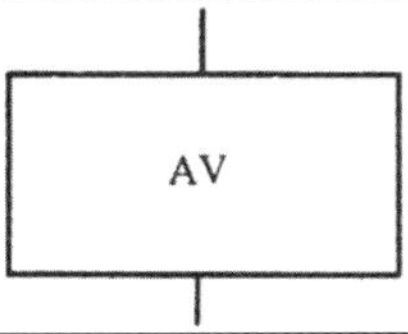 AV	视频补偿器	video compensator	
9.16	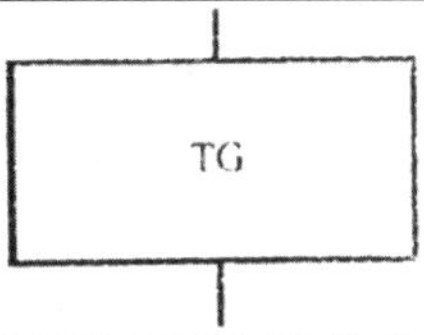 TG	时间信号发生器		
9.17	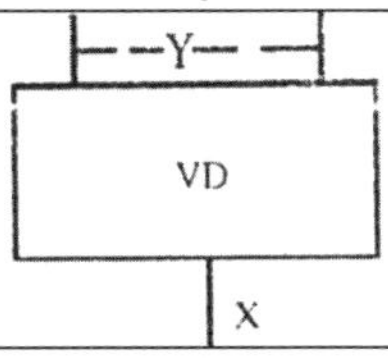 Y VD X	视频分配器		X 代表输入 Y 代表几位输出
9.18		云台		
9.19	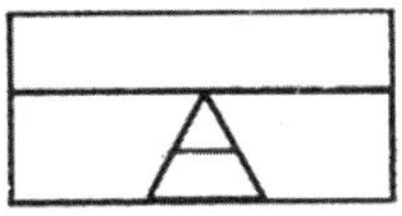	云台、镜头控制器		
9.20	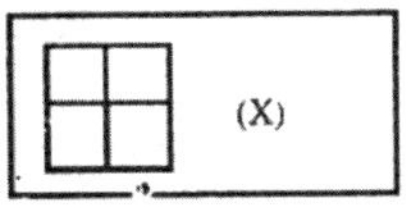 (X)	图像分隔器		X 代表画面数
9.21	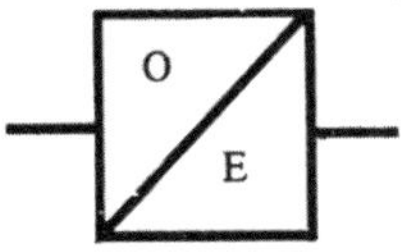 O E	光、电信号转换器		GB 4728.10
9.22	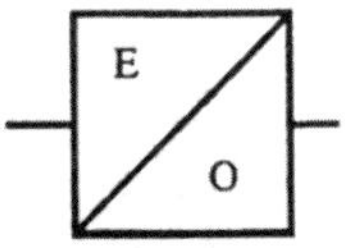 E O	电、光信号转换器		

续表

编号	图形符号	名　称	英　文	说　明
10		电源器材	power supply unit	与其他设备构成整体时，则不必单独另画
10.1	2 PSU	直流供电器	combination of rechargeable battery and transformed charger	具有再充电电池和变压器充电器组合设备
10.2	PSU	交流供电器	main supply power source	
10.3	G PSU	备用发电机	standby generator	
10.4	UPS	不间断电源	uninterrupted power supply	

名　称	图形符号	名　称	图形符号
直流配电线		单根导线	
控制及信号线		2 根导线	
交流配电线		3 根导线	
同轴电缆		4 根导线	
线路交叉连接		n 根导线	n
交叉而不连接		视频线	V
光导纤维		电报和数据传输线	T
声道	S	电话线	F
		屏蔽导线	

名　称	符　号	名　称	符　号
明配线	M	暗配线	A
瓷瓶配线	CP	木槽板或铝槽板配线	CB
水煤气管配线	G	塑料线槽配线	XC
电线管(薄管)配线	DG	塑料管配线	VG
铁皮蛇管配线	SPG	用钢索配线	B
用卡钉配线	QD	用瓷夹或瓷卡配线	GJ
沿钢索配线	S	沿梁架下弦配线	L
沿柱配线	Z	沿墙配线	Q
沿天棚配线	P	沿竖井配线	SQ
在能进入的吊顶内配线	PN	沿地板配线	D

附录F　本市数字视频安防监控系统基本技术要求

1 应用范围

本要求规定了本市数字视频安防监控系统的技术规范，是数字视频安防监控系统设计、建设、评审、检测、验收的依据之一。

本要求的技术内容适用于数字视频安防监控系统。

前端图像采集由模拟摄像机加编码器组成的系统也适用于本要求。

2 定义

2.1 数字视频安防监控系统

图像的前端采集、传输、控制及显示记录等采用数字设备组成的视频安防监控系统。数字视频安防监控系统传输构成模式可分为网络型数字视频安防监控系统和非网络型数字视频安防监控系统。

2.2 网络型数字视频安防监控系统

图像在前端采集后经压缩、封包、处理，具有符合 TCP/IP 特征，传输数字信号的视频安防监控系统。(如由网络摄像机、模拟摄像机加编码器等相关设备组成的系统)。

2.3 非网络型数字视频安防监控系统

图像在前端采集后未经压缩、封包即传输数字信号的视频安防监控系统。(如由 SDI 摄像机等相关设备组成的系统)。

3 总体要求

3.1 数字视频安防监控系统应符合下列规范及标准：

GB 50198—2011　民用闭路监视电视系统工程技术规范

GB 50311—2007　建筑与建筑群综合布线系统工程设计规范

GB 50348—2004　安全防范技术工程规范

GB/T 20271—2006　信息安全技术 信息系统通用安全技术要求

GB/T 21050—2007　信息安全技术 网络交换机安全技术要求

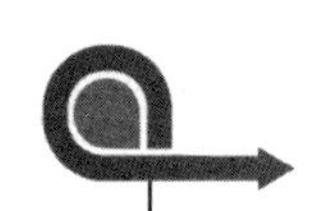

GB/T 25724—2010　安全防范监控数字视音频编解码技术要求
GB/T 28181—2011　安全防范视频监控联网系统 信息传输、交换、控制技术要求
GA/T 75　安全防范工程程序与要求
GA/T 367—2001　视频安防监控系统技术要求
GA/T 669.5—2008　城市监控报警联网系统 第5部分：信息传输、交换、控制技术要求
GY/T 157—2000　演播室高清晰度电视数字视频信号接口
GY/T 160—2000　数字分量演播室接口中的附属数据信号格式
GY/T 164—2000　演播室串行数字光纤传输系统
GY/T 165—2000　电视中心播控系统数字播出通路技术指标和测量方法
YD/T 1171—2001　IP网络技术要求—网络性能参数与指标
YD/T 1475—2006　基于以太网方式的无源光网络EPON
SMPTE 292M　串行数字接口高清电视系统
ISO/IEC 14496—10　通用视听业务的先进视频编码(AVC)
上海公安数字高清图像监控系统建设技术规范(V1.0)

3.2 系统中所使用的技防产品应符合现行国家标准、行业标准、地方标准及其他相关技术标准、本市技防管理部门制定的相关技术要求，并取得相应的型式检验合格报告、CCC认证证书、生产登记批准书。

3.3 系统应采用数据结构独立的专用网络(允许采用 VLAN 的独立网段)。系统传输与布线设计应符合GB 50198—2011中2.3、GB 50348--2004中3.11的相关规定；网络型数字视频安防监控系统传输与布线设计还应符合GB 50311—2007中3、4、5的相关规定；网络交换设备设计应符合GB/T 21050—2007的相关规定；传输基本要求应符合GA/T 669.5—2008中5的相关规定；信息交换基本要求应符合GA/T 669.5—2008中6的相关规定；网络性能指标应符合YD/T 1171—2001中规定的1级(交互式)或1级以上服务质量等级；非网络型数字视频安防监控系统的传输性能还应符合SMPTE 292M、GY/T 157—2000、GY/T 160—2000、GY/T 164—2000 、GY/T 165—2000中的相关规定。

3.4 应采用 SVAC、AVS、ITU-T H.264 或 MPEG-4 视频编码标准，应支持 ITU-T G.711/G.723.1/G.729音频编解码标准。

3.5 网络型数字视频安防监控系统的设备接口协议应至少符合 GB/T 28181—2011、ONVIF、PSIA等相关标准中的一种；非网络型数字视频安防监控系统的设备接口协议应符合HDcctv等相关标准。与公安联网的数字视频安防监控系统的设备接口协议应符合GB/T 28181—2011、上海公安数字高清图像监控系统建设技术规范(V1.0)及其他相关标准。

3.6 网络型数字视频安防监控系统的设备应扩展支持SIP、RTSP、RTP、RTCP等网络协议；宜支持IP组播技术。

3.7 根据传输构成模式不同，系统设备应满足兼容性要求，系统可扩展性应满足简单扩容和集成的要求。

3.8 系统传输的图像数据格式应满足系统编码的要求，所采用的视(音)频信号编解码标准以及网络接口和协议应在设计文件中明确规定，并应在技术文件中明示。

3.9 所有存储图像资料，应不经转换即可用通用视(音)频播放软件(可在互联网免费下载、升级)(选一)播放。

3.10 系统应提供开放的控制接口及二次开发的软件接口。

3.11 系统的设置、运行、故障等信息的保存时间应≥30d。

3.12 安全性。

3.12.1 系统安全性设计应符合 GB 50348—2004 中 3.5 的相关要求。

3.12.2 网络型数字视频安防监控系统，应对系统中所有接入设备的网络端口予以管理和绑定；需要与外网相通的网络型数字视频安防监控系统，除应对系统中所有接入设备的网络端口予以管理和绑定外，还应使用防火墙、入侵检测系统、漏洞扫描工具等来提高网络通信的安全性，并应提供相应的测试方法。

3.13 供电。

3.13.1 系统供电设计应符合 GB 50348-2004 中 3.12 的相关要求。

3.13.2 前端设备(不含辅助照明装置)供电应合理配置，宜采用集中供电方式。网络型数字视频安防监控系统摄像机供电宜采用 POE 供电方式，且传输距离应不超过 75m。

3.14 系统应用中有不同清晰度等级要求的，应针对其特性指标分别规划、设计和检测，并应在技术文件中明示。

3.15 宜在数字视频安防监控系统中采用智能化视频处理技术(如周界越线检测分析、物品滞留、丢失分析、方向判断等)，其功能检测及性能指标应符合设计文件说明。

4 技术要求

4.1 数字视频安防监控系统的图像质量和技术指标应符合下列规定：

a) 图像质量可按五级损伤制评定，图像质量不应低于 4 分；

b) 峰值信噪比(PSNR)不应低于 32dB；

c) 数字视频安防监控系统应按其清晰度由低到高分为 A、B、C 三级，相应的系统清晰度要求如下：

1) A 级系统水平分辨率应≥400 TVL；

2) B 级系统水平分辨率应≥600 TVL；

3) C 级系统水平分辨率应≥800 TVL。

d) 图像画面的灰度应≥8 级；

e) 视音频记录失步应≤1s。

4.2 网络型数字视频安防监控系统相邻两个交换层之间互联的 IP 有线网络指标应符合下列规定：

a) 时延应≤400ms；

b) 时延抖动应≤50ms；

c) 丢包率应≤1×10^{-3}。

4.3 采用云台摄像机的网络型数字视频安防监控系统的 IP 有线网络指标应≤400ms。

4.4 非网络型数字视频安防监控系统时延应≤250ms。

4.5 数字视频安防监控系统经由有线传输时，信息延迟时间应符合下列规定：

a) 前端设备与监控中心控制设备间端到端的信息延迟时间应≤2s；

b) 前端设备与用户终端设备间端到端的信息延迟时间应≤4s；

c) 视频报警联动响应时间应≤4s。

4.6 数字视频安防监控系统按接入图像数量应分为Ⅰ类、Ⅱ类、Ⅲ类、Ⅳ类，相应规

模的图像接入路数对应如下：

a) Ⅰ类：图像接入路数≤32 路；

b) Ⅱ类：图像接入路数≤128 路；

c) Ⅲ类：图像接入路数≤512 路；

d) Ⅳ类：图像接入路数 >512 路。

4.7 数字视频安防监控系统远程传输的图像质量应不低于 D1，单路图像占用 IP 有线网络的带宽应不低于 2m。

4.8 前端设备。

4.8.1 网络型数字视频安防监控系统摄像机及非网络型数字视频安防监控系统摄像机视音频编码设备，应符合下列规定：

a) 图像延时应≤250ms；

b) 应是嵌入式设备，且应有实时操作系统；

c) 应支持多码率的编码、传输，并应有双码流(含)以上输出功能；

d) 应具有可设定的点对点、点对多点传输能力；应支持多点对一点或多点对多点的切换控制功能；

e) 应具有视频移动侦测能力，并应提供移动侦测报警；

f) 应有设备认证功能、防篡改功能及加密传输能力；

g) 应支持声音复核；

h) 应具有字符叠加功能；

i) 应具有图像存储功能；每路前端存储时间应≥6h；

j) 应支持时间同步；

k) 应具有日志功能。

4.8.2 非网络型数字视频安防监控系统摄像机，应符合下列规定：

a) 图像延时应≤50ms；

b) 宜有 RS232 或 RS485 等数据通道，以支持常用控制协议；

c) 宜支持声音复核。

4.8.3 前端摄像机宜配置定焦、固定/自动光圈镜头；前端摄像机的布控要求，可参照附录一的计算方法。

4.9 网络传输。

4.9.1 网络型数字视频安防监控系统网络交换层不应超过三级；不应采用桌面型网络交换设备。

4.9.1.1 一级交换机每个接入端口带宽应≥100m，宜不超过 24 个接入端口，宜具有 2 个 1000m 以太网端口；二级交换机每个接入端口带宽应≥1000m，支持网络管理功能，支持网络风暴抑制，支持 VLAN 划分；三级交换机除满足二级交换机的性能指标外，还应根据系统规模另行专业设计。

4.9.1.2 交换机的基本参数应符合下列规定：

a) 一级交换机：①交换容量应≥19.2Gbps；②包转发率应≥6.5Mpps。

b) 二级交换机：①交换容量应≥192 Gbps；②包转发率应≥36Mpps。

4.9.2 网络型数字视频安防监控系统的带宽设计应能满足前端设备接入监控中心、用户终端接入监控中心的带宽要求并留有余量。所有传输节点实用带宽应≤传输带宽的 45%。网络实用带宽的估算方法应符合以下规定：

a) 对Ⅱ类及以下规模的数字视频安防监控系统，前端设备接入监控中心所需的网络实用带宽应≥系统接入的视频路数×单路视频码率×2；

b) 对Ⅱ类以上规模的数字视频安防监控系统，网络实用带宽的估算方法应符合以下规定：①数字录像设备置于监控中心的数字视频安防监控系统，前端设备接入监控中心所需的网络实用带宽应≥系统接入的视频路数×单路视频码率+允许并发显示的视频路数×单路视频码率；②数字录像设备置于前端的数字视频安防监控系统，前端设备接入网络视频录像设备所需的网络实用带宽应≥系统接入的视频路数×单路视频码率，前端设备和数字录像设备接入监控中心所需的网络实用带宽应≥允许并发显示的视频路数×单路视频码率+允许并发回放的视频路数×单路视频码率。

4.9.3 用户终端接入监控中心所需的网络实用带宽应≥并发显示的视频路数×单路视频码率。

4.9.4 监控中心互联的网络带宽至少为并发连接视频路数×单路视频码率。

4.9.5 预留的网络实用带宽应根据系统的应用情况确定，一般应包括其他业务数据传输带宽、业务扩展所需带宽和网络正常运行需要的冗余带宽。

4.9.6 二级交换以上或系统规模Ⅱ类以上，宜采用无源网络，网络传输应至少具有网络拓扑、配置、故障、性能、安全等管理功能。

4.9.7 应优先保证报警信号和控制信号的传输。

4.10 记录设备。

4.10.1 应根据安全管理的要求、系统的规模、网络的状况，选择采用分布式存储、集中式存储以及两种方式相结合的记录设备。

4.10.2 应对数字视频安防监控系统中摄像机数量、采集视频的格式和编码率等参数进行统计、分析，计算出存储的总带宽和存储容量要求，选用存储的方式。

4.10.3 网络型数字视频安防监控系统的记录设备可为磁盘阵列、网络视频录像、数字录像等设备；非网络型数字视频安防监控系统的记录设备可为包括数字图像采集、编解码等图像处理功能的数字录像设备等。记录设备应符合下列规定：

a) 应支持按图像的来源、记录时间、报警事件类别等多种方式对存储的图像数据进行检索，支持多用户同时访问同一数据资源；

b) 在实时存储的同时应满足备份存储，并宜支持异地容灾、数据迁移和远程镜像；

c) 应有不可修改的系统特征信息(如系统“时间戳”、跟踪文件或其他硬件措施)，以保证系统记录资料的完整性；

d) 应支持时间同步；

e) 应具有日志功能。

4.11 显示设备。

4.11.1 系统解码设备、显示终端的分辨率指标应与前端摄像机的分辨率相适配。

4.11.2 网络型数字视频安防监控系统视音频解码设备除满足上述要求外，还应符合下

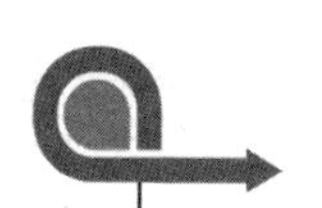

列规定：

a) 应支持多码率的解码、传输，并应有双码流(含)以上输出功能；

b) 应具有报警联动功能，自动将对应图像切换到显示通道；

c) 应有设备认证功能、防篡改功能及加密传输能力；

d) 宜支持声音输出；

e) 应支持时间同步；

f) 应具有日志功能。

4.11.3 系统观察者与显示终端之间的距离宜为整个显示屏墙高度的3～6倍；显示终端的配置数量应满足现场监视用摄像机数量和管理使用的要求。显示设备最低配置数量应符合附录二的规定。

4.12 控制设备。

4.12.1 控制设备应包含对数字视频安防监控系统各个部分的设置及控制。网络型数字视频安防监控系统控制设备还应包括对前端、传输、显示、录像、回放、状态、联动、通讯以及与系统有关的相关设置及控制；非网络型数字视频安防监控系统控制设备还应包含数字图像信号的分配等设备。其中部分设备可以是混合的集成式设备或分离式设备。

4.12.2 控制设备中用于数据库、视频分发、安全认证等重要信息的服务器宜采用双机备份方式。

5 功能要求

5.1 系统应有保证信息安全的身份认证和 2 级或以上的权限管理设定模式，并应提供相应的测试方法。

5.2 应能对系统设备、网络进行管理，收集、监测网络内设备的运行情况；应能实现所有设备时钟同步。

5.3 系统的日志应包括运行日志和操作日志。运行日志应能记录系统内设备启动、自检、异常、故障、回复、关闭等状态信息及发生时间；操作日志应能记录操作人员进入、退出系统的时间和主要操作情况；应具有支持日志信息查询和报表制作等功能。

5.4 应能通过手动或编程实现图像切换功能，图像信号应能在指定的显示设备上进行固定显示或时序显示。

5.5 应具有对存储系统配置参数、系统管理日志、用户管理数据、报警文件等重要信息的自动备份功能；并应支持与对应图像数据的同步更新。

5.6 应具有视频丢失检测报警和系统自诊断功能。

5.7 应具有固定摄像机监视角度异常变化报警功能。

5.8 应具有报警联动功能。

5.9 应提供 RS232 或 RS485 数据通道，可用于支持常用控制协议。

5.10 规模Ⅱ类以上的数字视频安防监控系统应配置系统集中管理软件，对系统所有设备进行统一集中的管理和控制。

5.11 应能直接与“上海安全技术防范监督管理平台”联网。

附录一 (资料性附录)

数字视频安防监控系统前端布控应用案例参考

	点(纵深)		线(水平)	面(区域)	周界(纵深)
A 级	≤15m	≤40m	≤4m	≤60m^2	≤100m
B 级	≤17m	≤50m	≤7m	≤120m^2	≤300m
C 级	≤20m	≤60m	≤10m	≤180m^2	≤500m
图像内容	体貌特征及活动情况	车辆活动情况	脸部特征及车辆牌照	人员及车辆活动情况	物体穿越等
应用举例	走廊、通道	停车场通道及道路主干道	出入口等	停车场、广场、大厅等	周界、围栏
测试说明	前端采集设备：采用定焦、固定光圈且≥系统分级的标准镜头，数字摄像机为 16∶9 低照度彩色摄像机				

注 1：摄像机及镜头：推荐采用定焦、固定/自动光圈镜头；摄像机的图像尺寸应适合监视画面的纵深、水平及区域，对纵深较远(如周界)的监视画面应选用 4∶3 的图像尺寸。

注 2：布点设计原则：室外以 1080P 为主，室内视实际情况而定。

附录二 (规范性附录)

数字视频安防监控系统终端显示屏数量配置表

序号	摄像机接入数量	多画面轮巡显示终端显示屏配置数量	切换显示终端显示屏配置数量	合计终端显示屏配置数量
1	16	1	1	2
2	32	2	2	4
3	48	3	3	6
4	64	4	4	8
5	80	5	5	10
6	96	6	6	12
7	112	7	7	14
8	128	8	8	16
9	160	8	9	17
10	192	8	10	18
11	224	8	11	19
12	256	8	12	20
13	288	8	13	21
14	320	8	14	22
15	352	8	15	23
16	384	8	16	24
17	416	8	17	25

续表

序号	摄像机接入数量	多画面轮巡显示终端显示屏配置数量	切换显示终端显示屏配置数量	合计终端显示屏配置数量
18	448	8	18	26
19	480	8	19	27
20	512	8	20	28
21	576	8	21	29
22	640	8	22	30
23	704	8	23	31
24	768	8	24	32
25	832	8	25	33
26	896	8	26	34
27	960	8	27	35
28	1024	8	28	36

参 考 文 献

1. 周永柏. 智能监控技术[M]. 大连：大连理工大学出版社，2012.
2. 周遐. 安防系统工程[M]. 北京：机械工业出版社，2003.
3. 郑李明，徐鹤生. 安全防范系统工程[M]. 北京：高等教育出版社，2006.
4. 陈龙. 居住小区智能化系统与技术[M]. 北京：中国建筑工业出版社，2002.
5. 石萍萍，张野. 智能建筑设备招标技术文件编制手册[M]. 北京：中国电力出版社，2002.
6. 梁华. 实用建筑弱电工程设计资料集[M]. 北京：中国建筑工业出版社，2000.
7. 孙廷华. 安全技术防范操作系统教程[M]. 2007.
8. 安全技术防范培训教材[M]. 上海：上海市公安局技术防范办公室编印，2001.
9. 孙国强. 安全防范工程技术[M]. 上海：上海交通大学出版社，2013.
10. 上海市地方标注及技术规范汇编[M]. 上海：上海安全防范报警协会编印，2016.
11. 历新. 商业广告创意摄影教程[M]. 新一版. 上海：上海人民美术出版社，2015.